高等院校计算机任务驱动教改教材

# Windows Server 2008
# 网络操作系统

## （微课版）

主　编　于继江　杨　云

副主编　刘景林　杨景花　章　明　乔寿合

清华大学出版社

北京

# 内 容 简 介

本书从网络的实际应用出发，按照"项目导向、任务驱动"的教学改革思路进行教材的编写，是一本基于工作过程导向的工学结合的教材。

本书包含 10 个项目：规划与安装 Windows Server 2008 R2、管理活动目录与用户、配置与管理文件服务器和磁盘、配置与管理打印服务器、配置与管理 DNS 服务器、配置与管理 DHCP 服务器、配置与管理 Web 服务器和 FTP 服务器、配置与管理远程桌面服务器、配置与管理数字证书服务器、配置与管理 VPN 服务器和 NAT 服务器。每个项目的后面是项目实训或工程案例。全书最后有两个综合实训。

本书既可以作为应用型本科和高职高专计算机类专业理论与实践结合的一体化教材，也可作为系统管理和网络管理相关人员的自学指导书。

**图书在版编目(CIP)数据**

Windows Server 2008 网络操作系统：微课版/于继江，杨云主编. —北京：清华大学出版社，2019(2023.2重印)
(高等院校计算机任务驱动教改教材)
ISBN 978-7-302-51497-8

Ⅰ. ①W… Ⅱ. ①于… ②杨… Ⅲ. ①Windows 操作系统-网络服务器-高等学校-教材 Ⅳ. ①TP316.86

中国版本图书馆 CIP 数据核字(2018)第 244545 号

责任编辑：张龙卿
封面设计：墨创文化
责任校对：刘　静
责任印制：朱雨萌

出版发行：清华大学出版社
　　　　网　　址：http://www.tup.com.cn，http://www.wqbook.com
　　　　地　　址：北京清华大学学研大厦 A 座　　　　　邮　　编：100084
　　　　社 总 机：010-83470000　　　　　　　　　　邮　　购：010-62786544
　　　　投稿与读者服务：010-62776969，c-service@tup.tsinghua.edu.cn
　　　　质量反馈：010-62772015，zhiliang@tup.tsinghua.edu.cn
　　　　课件下载：http://www.tup.com.cn，010-83470410
印 装 者：三河市少明印务有限公司
经　　销：全国新华书店
开　　本：185mm×260mm　　　印　　张：20.75　　　字　　数：502 千字
版　　次：2019 年 2 月第 1 版　　　　　　　　　印　　次：2023 年 2 月第 5 次印刷
定　　价：57.00 元

产品编号：079969-01

## 一、编写背景

Windows Server 2008 以其稳定性、易用性、安全性和可伸缩性为世人称道，并已经替代 Windows Server 2003 成为中低端服务器首选的操作系统，越来越多的中小型企业开始基于 Windows Server 2008 组建网络。因此，了解并掌握 Windows Server 2008 平台下各种网络服务的搭建、配置与管理，就成为所有系统管理员，以及梦想成为系统管理员的人们应该重点了解和掌握的实用技术。

目前，市场上有关 Windows Server 组网方面的教材大多内容浅显，无法适应技术发展和网络应用的需要，更无法满足 Windows Server 组网教学的需要。在这些教材中，要么理论过于深奥，缺乏对实用技术和典型案例的介绍，无法用于解决实践中遇到的问题；要么趋于简单化，缺乏对网络服务系统的全面剖析，往往无法使读者达到融会贯通的目的。鉴于此，根据职业教育的特点，针对中小型网络实际应用，作者决定编写 Windows Server 组网技术课程的实用型教材。减少枯燥难懂的理论，对网络服务的搭建、配置与管理进行全面细致的讲解，让读者读得懂、学得会、用得上是本书要达到的目标。

## 二、本书特点

本书共包含 10 个项目，最大的特色是"易教易学"。

### 1. 细致的项目设计＋详尽的网络拓扑图

作者对每个项目都进行了细致的项目设计并绘制详尽的网络拓扑图，并以网络拓扑图为主线设计教学方案，利于教师上课和学生学习。全书共有十几个详尽的网络拓扑图。

### 2. 搭建完善的虚拟化教学环境

借鉴微软先进的虚拟化技术，利用 Hyper-V 精心设计并搭建虚拟教学环境，彻底解决了教师上课、学生实训时教学环境搭建的难题。同时兼顾利用 VMware 搭建虚拟教学环境的内容。

### 3. 打造立体化教材

丰富的网站资源、素材和精彩的项目实录视频为教和学提供了最大便利。

项目实录视频是微软高级工程师录制的，包括项目背景、网络拓扑、项目实施、深度思考等内容，配合教材，极大地方便了教师教学、学生预习、对照实训和学生的自主学习。

另外，授课计划、项目指导书、电子教案、课程标准、大赛资料、试卷、拓展提升、项目任务单、实训指导书等相关参考内容可向作者索取。PPT 电子课件、习题解答等必备资料可到清华大学出版社网站免费下载使用。

## 三、教学大纲

本书的参考学时为 64 学时，其中实训环节为 36 学时。各项目的参考学时参见下面的学时分配表。

| 项目 | 课 程 内 容 | 学 时 分 配 | |
|------|-----------|:---:|:---:|
| | | 讲授 | 实训 |
| 项目 1 | 规划与安装 Windows Server 2008 R2 | 2 | 2 |
| 项目 2 | 管理活动目录与用户 | 2 | 2 |
| 项目 3 | 配置与管理文件服务器和磁盘 | 2 | 2 |
| 项目 4 | 配置与管理打印服务器 | 4 | 4 |
| 项目 5 | 配置与管理 DNS 服务器 | 2 | 2 |
| 项目 6 | 配置与管理 DHCP 服务器 | 4 | 4 |
| 项目 7 | 配置与管理 Web 服务器和 FTP 服务器 | 2 | 2 |
| 项目 8 | 配置与管理远程桌面服务器 | 4 | 4 |
| 项目 9 | 配置与管理数字证书服务器 | 4 | 4 |
| 项目 10 | 配置与管理 VPN 服务器和 NAT 服务器 | 2 | 2 |
| | 综合实训一、二 | — | 8 |
| | 课 时 总 计 | 28 | 36 |

## 四、其他

本书由菏泽学院于继江、山东现代学院杨云担任主编，泉州职业技术学院刘景林、商丘学院杨景花、广东岭南职业技术学院章明、山东外事翻译学院乔寿合担任副主编。张晖、王春身、杨昊龙、韩巍、杨翠玲、王世存、王瑞、崔希、唐柱斌、戴万长、杨定成等老师也参加了部分章节的编写。

订购教材后请向作者索要相关立体化教学资源。QQ：68433059；Windows & Linux（教师群）：189934741。

编 者

2019 年 1 月 1 日

# 目　录

# 规划与安装
# Windows Server 2008 R2

**本项目学习要点**

Windows Server 2008 不但继承了 Windows 2003 的简易性和稳定性,而且提供了更高的硬件支持和更强大的功能,无疑是中小型企业应用服务器的首选。本章介绍 Windows Server 2008 家族及安装规划。

- 了解不同版本的 Windows Server 2008 系统的安装要求。
- 了解 Windows Server 2008 的安装方式。
- 掌握如何完全安装 Windows Server 2008 R2。
- 掌握如何配置 Windows Server 2008 R2。
- 掌握如何添加与管理角色。
- 掌握如何使用 Windows Server 2008 R2 管理控制台。

## 1.1 项目基础知识

基于微软 NT 技术构建的操作系统现在已经发展了 5 代：Windows NT Server、Windows 2000 Server、Windows Server 2003 和 Windows Server 2008/2012。Windows Server 2008 继承了微软产品一贯的易用性。

### 1.1.1 Windows Server 2008 新特性

Windows Server 2008 是微软服务器操作系统的名称,Windows Server 2008 在进行开发及测试时的代号为 Windows Server Longhorn。

据专家测试结果显示,Windows Server 2008 的传输速率比 Windows Server 2003 快 45 倍,这只是 Windows Server 2008 功能强大的一种体现。Windows Server 2008 保留了 Windows Server 2003 的所有优点,同时还引进了多项新技术,如虚拟化应用、网络负载均衡、网络安全服务等。

Windows Server 2008 操作系统中增加了许多新功能,并且易用、稳定、安全、强大,主要表现在以下几个方面。

### 1. 虚拟化

虚拟化技术已成为目前网络技术发展的一个重要方向,而 Windows Server 2008 中引进了 Hyper-V 虚拟化技术,可以让用户整合服务器,以便更有效地使用硬件,以及增强终端机服务功能。利用虚拟化技术,客户端无须单独购买软件,就能将服务器角色虚拟化,能够在单一计算机中部署多个系统。

硬件式虚拟化技术可完成高工作负载需求的任务。

### 2. 服务器核心

Windows Server 2008 提供了服务器核心(Server Core)功能,这是个不包含服务器图形用户界面的操作系统。和 Linux 操作系统一样,它只安装必要的服务和应用程序,只提供基本的服务器功能。由于服务器上安装和运行的程序与组件较少,暴露在网络上的攻击面也较少,因此更安全。

### 3. IIS 7.0

IIS 7.0 与 Windows Server 2008 绑定在一起,相对于 IIS 6.0 而言,是最具飞跃性的升级产品。IIS 7.0 在安全性和全面执行方面都有重大的改进,如 Web 站点的管理权限更加细化了,可以将各种操作权限委派给指定管理员,极大地优化了网络管理。

### 4. 只读域控制器

只读域控制器(RODC)是一种新型的域控制器,主要在分支环境中进行部署。通过RODC,可以降低在无法保证物理安全的远程位置(如分支机构)中部署域控制器的风险。

除账户密码外,RODC 可以驻留可写域控制器驻留的所有 Active Directory 域服务(AD DS)对象和属性。不过,客户端无法将更改直接写入 RODC。由于更改不能直接写入RODC,因此不会发生本地更改,作为复制"伙伴"的可写域控制器不必从 RODC 导入更改。管理员角色分离指定可将任何域用户委派为 RODC 的本地管理员,而无须授予该用户对域本身或其他域控制器的任何用户权限。

### 5. 网络访问保护

网络访问保护(NAP)可允许网络管理员自定义网络访问策略,并限制不符合这些要求的计算机访问网络,或者立即对其进行修补以使其符合要求。NAP 强制执行管理员定义的正常运行策略,这些策略包括连接网络的计算机的软件要求、安全更新要求和所需的配置设置等内容。

NAP 强制实现方法支持 4 种网络访问技术,与 NAP 结合使用来强制实现正常运行策略,包括 Internet 协议安全(IPSec)强制、802.1×强制、用于路由和远程访问的虚拟专用网络(VPN)强制以及动态主机配置协议(DHCP)强制。

### 6. Windows 防火墙高级安全功能

Windows Server 2008 中的防火墙可以依据其配置和当前运行的应用程序来允许或阻止网络通信,从而保护网络免遭恶意用户和程序的入侵。防火墙的这种功能是双向的,可以同时对传入和传出的通信进行拦截。在 Windows Server 2008 中已经配置了系统防火墙专用的 MMC 控制台单元,可以通过远程桌面或终端服务等实现远程管理和配置。

### 7. BitLocker 驱动器加密

BitLocker 驱动器加密是 Windows Server 2008 中的一个重要的新功能,可以保护服务器、工作站和移动计算机。BitLocker 可对磁盘驱动器的内容加密或运行其他软件工具绕过文件和系统保护,或者对存储在受保护驱动器上的文件进行脱机查看。

### 8. 下一代加密技术

下一代加密技术(Cryptography Next Generation,CNG)提供了灵活的加密开发平台,允许 IT 专业人员在与加密相关的应用程序(如 Active Directory 证书服务、安全套接层和 Internet 协议安全)中创建、更新和使用自定义加密算法。

### 9. 增强的终端服务

终端服务包含新增的核心功能,改善了最终用户连接到 Windows Server 2008 终端服务器时的体验。TS RemoteApp 能允许远程用户访问在本地计算机硬盘上运行的应用程序。这些应用程序能够通过网络入口进行访问或者直接通过双击本地计算机上配置的快捷图标进入。终端服务安全网关通过 HTTPS 的通道,因此用户不需要使用虚拟个人网络就能通过互联网安全使用 TS RemoteApp。本地的打印系统也得到了很大程度的简化。

### 10. 服务器管理器

服务器管理器是一个新功能,将 Windows Server 2003 的许多功能替换并合并在一起,如"管理您的服务器""配置您的服务器""添加或删除 Windows 组件"和"计算机管理"等,使管理更加方便。

## 1.1.2 Windows Server 2008 版本

Windows Server 2008 操作系统发行版本主要有 9 个,即 Windows Server 2008 标准版、Windows Server 2008 企业版、Windows Server 2008 数据中心版、Windows Web Server 2008、Windows Server 2008 安腾版、Windows Server 2008 标准版(无 Hyper-V)、Windows Server 2008 企业版(无 Hyper-V)、Windows Server 2008 数据中心版(无 Hyper-V)和 Windows HPC Server 2008。除安腾版只有 64-bit 版本外,其余 8 个 Windows Server 2008 都包含 32-bit 和 64-bit 两个版本。

### 1. Windows Server 2008 标准版

Windows Server 2008 标准版是最稳固的 Windows Server 操作系统,内建了强化 Web 和虚拟化功能,是专为增加服务器基础架构的可靠性和弹性而设计的,可节省时间并降低成本。它包含功能强大的工具,拥有更佳的服务器控制能力,可简化设定和管理工作,而且增强的安全性功能可以强化操作系统,协助保护数据和网络,为企业提供扎实且可高度信赖的基础服务架构。

Windows Server 2008 标准版最大可支持 4 路处理器,x86 版最多可支持 4GB 内存,而 64 位版最大可支持 64GB 内存。

### 2. Windows Server 2008 企业版

Windows Server 2008 企业版是为满足各种规模的企业的一般用途而设计的,可以部署业务关键性的应用程序。其所具备的丛集和热新增(Hot-Add)处理器功能可协助改善可用性,而整合的身份识别管理功能可协助改善安全性,利用虚拟化授权权限整合应用程序则可减少基础架构的成本,因此 Windows Server 2008 能提供高度动态、可扩充的 IT 基础架构。

Windows Server 2008 企业版在功能类型上与标准版基本相同,只是支持更高硬件系统,同时具有更加优良的可伸缩性和可用性,并且添加了企业技术,例如 Failover Clustering 与活动目录联合服务等。

Windows Server 2008 企业版最多可支持 8 路处理器,x86 版最多可支持 64GB 内存,而 64 位版最大可支持 2TB 内存。

### 3. Windows Server 2008 数据中心版

Windows Server 2008 数据中心版是为运行企业和任务所倚重的应用程序而设计的,可在小型和大型服务器上部署具有业务关键性的应用程序及大规模的虚拟化。其所具备的丛集和动态硬件分割功能,可改善可用性,支持虚拟化授权的权限整合而成的应用程序,从而减少基础架构的成本。另外,Windows Server 2008 数据中心版还可以提供无限量的虚拟镜像应用。

Windows Server 2008 x86 数据中心版最多可支持 32 路处理器和 64GB 内存,而 64 位版最多可支持 64 路处理器和 2TB 内存。

### 4. Windows Web Server 2008

Windows Web Server 2008 专门为单一用途 Web 服务器而设计,它建立在 Web 基础架构功能之上,整合了重新设计架构的 IIS 7.0、ASP. NET 和 Microsoft. NET Framework,以便快速部署网页、网站、Web 应用程序和 Web 服务。

Windows Web Server 2008 最多可支持 4 路处理器,x86 版最多可支持 4GB 内存,而 64 位版最多可支持 32GB 内存。

### 5. Windows Server 2008 安腾版

Windows Server 2008 安腾版为 Intel Itanium 64 路处理器而设计,针对大型数据库、各种企业和自定义应用程序进行优化,可提供高可用性和扩充性,能符合高要求且具关键性的解决方案的需求。

Windows Server 2008 安腾版最多可支持 64 路处理器和 2TB 内存。

### 6. Windows HPC Server 2008

Windows HPC Server 2008 具备高效能运算(HPC)特性,可以建立高生产力的 HPC 环境。由于其建立于 Windows Server 2008 及 64 位技术上,因此,可有效地扩充至数以千计的处理核心,并可提供管理控制台,协助管理员主动监督和维护系统健康状况及稳定性。其所具备的工作流程的互操作性和弹性,可让 Windows 和 Linux 的 HPC 平台间进行整合,也可支持批次作业以及服务导向架构(SOA)工作负载,而增强的生产力、可扩充的效能以及使用容易等特色,则可使 Windows HPC Server 2008 成为同级中最佳的 Windows 环境。

## 1.1.3 Windows Server 2008 R2 系统和硬件设备要求

Windows Server 2008 R2 版本共有 6 个:基础版、标准版、企业版、数据中心版、Web 版和安腾版,每个 Windows Server 2008 R2 都提供了关键功能,用于支撑各种规模的业务和 IT 需求,如表 1-1 所示。

表 1-1　Windows Server 2008 R2 各版本提供的关键功能

| 版本 | 名　称 | 说　明 |
|---|---|---|
| 基础版 | Windows Server 2008 R2 Foundation | Windows Server 2008 R2 Foundation 为用户提供了符合成本效益的技术平台。它主要针对小型企业所有者和支持小型企业的 IT 专员。该版本应用了价格低廉、易于部署、成熟而可靠的技术,它为组织运行最流行的商业应用程序,以及信息和资源的共享提供了基础 |
| 标准版 | Windows Server 2008 R2 Standard | Windows Server 2008 R2 Standard 为公司业务提供了更符合成本效益、更可靠的支持,是一个先进的服务器平台。它在虚拟化、节能和可管理性方面提供了创新功能,帮助移动工作者更容易地访问公司资源 |
| 企业版 | Windows Server 2008 R2 Enterprise | Windows Server 2008 R2 Enterprise 为关键业务提供了更符合成本效益、更可靠的支持,是一个先进的服务器平台。它在虚拟化、节能和可管理性方面提供了创新功能,帮助移动工作者更容易地访问公司资源 |
| 数据中心版 | Windows Server 2008 R2 Datacenter | Windows Server 2008 R2 Datacenter 为关键业务提供了更符合成本效益、更可靠的支持,是一个先进的服务器平台。它在虚拟化、节能和可管理性方面提供了创新功能,帮助移动工作者更容易地访问公司资源 |
| Web 版 | Windows Web Server 2008 R2 | Windows Web Server 2008 R2 是一个强大的 Web 应用程序和服务平台。它包含 Internet 信息服务(IIS)7.5,专门为 Internet 服务器所设计,并且提供了改进的管理和诊断工具,从而在和不同的流行开发平台使用时可以帮助用户减少基础结构的成本。通过其内置的 Web 服务器和 DNS 服务器角色以及改进的可靠性与可伸缩性,该平台使用户可以管理最为苛刻的环境 |
| 安腾版 | Windows Server 2008 R2 for Itanium-Based Systems | Windows Server 2008 R2 for Itanium-Based Systems 为部署业务关键应用程序提供了一个企业级平台。它可用于大型数据库、业务线应用程序和定制的应用程序,从而可以满足不断增长的业务需求。借助故障转移群集和动态硬件分区功能,它可以帮助用户改善系统的可用性。它还提供了不限数量的 Windows Server 虚拟机实例运行权利来进行虚拟化部署。Windows Server 2008 R2 for Itanium-Based Systems 为高度动态的 IT 基础结构提供了基础。需要注意两点:<br>• 需要支持的服务器硬件。<br>• 需要第三方虚拟化技术。目前 Hyper-V 不可用于 Itanium 系统 |

其中,Windows Server 2008 R2 企业版包含 Windows Server R2 所有重要功能,本书中

所有项目的部署与配置均使用此版本。

Windows Server 2008 R2 服务器操作系统对计算机硬件配置有一定要求,其最低硬件配置需求如表 1-2 所示。值得注意的是,硬件的配置是根据实际需求和安装功能、应用的负荷决定的,所以前期规划出服务器的使用环境是很有必要的。

表 1-2　Windows Server 2008 R2 操作系统的最低硬件配置需求

| 硬　件 | 需　求 |
| --- | --- |
| 处理器 | 最低:1.4GHz(x64 处理器)或以上<br>注意:Windows Server 2008 R2 for Itanium-Based Systems 版本需要 Intel Itanium 2 处理器 |
| 内存 | 最小:512MB<br>最大:32GB(Standard、Web Server 和 Foundation)或 2TB(Enterprise、Datacenter 和基于 Itanium 的系统) |
| 可用磁盘空间 | 基础版:10GB 或以上<br>其他版:32GB 或以上<br>注意:配备 16GB 以上内存的计算机需要更多的磁盘空间进行分页、休眠和转储文件 |
| 其他 | (1) DVD 光驱<br>(2) 支持 Super-VGA(800 像素×600 像素)或更高清晰度的屏幕<br>(3) 键盘及 Microsoft 鼠标或兼容的指向装置<br>(4) Internet 访问(可能需要付费) |

## 1.1.4　制订安装配置计划

为了保证网络的稳定运行,在将计算机安装或升级到 Windows Server 2008 R2 之前,需要在实验环境下全面测试操作系统,并且要有一个清晰、文档化的过程。这个文档化的过程就是配置计划。

首先是关于目前的基础设施和环境的信息、公司组织的方式和网络详细描述,包括协议、寻址和到外部网络的连接(例如,局域网之间的连接和 Internet 的连接)。此外,配置计划应该标识出在当前的环境下正常使用的程序可能因 Windows Server 2008 R2 的引入而受到影响,这些程序包括多层应用程序、基于 Web 的应用程序和将要运行在 Windows Server 2008 R2 计算机上的所有组件。一旦确定需要的各个组件,配置计划就应该记录安装的具体特征,包括测试环境的规格说明、将要被配置的服务器的数目和实施顺序等。

最后作为应急预案,配置计划还应该包括发生错误时需要采取的步骤。制订偶然事件的处理方案来对付潜在的配置问题是计划阶段最重要的工作之一。很多 IT 公司都有维护灾难性问题的恢复计划,这个计划标识了具体步骤,以备在将来的自然灾害事件中恢复服务器,并且这是存放当前的硬件平台、应用程序版本相关信息的好地方,也是重要商业数据存放的地方。

## 1.1.5　Windows Server 2008 的安装方式

Windows Server 2008 有多种安装方式,分别适用于不同的环境,选择合适的安装方式可以提高工作效率。除了常规的使用 DVD 启动全新安装方式以外,还有升级安装、远程安装及 Server Core 安装。

**1. 全新安装**

使用 DVD 启动服务器并进行全新安装，这是最基本的方法。根据提示信息适时插入 Windows Server 2008 安装光盘即可。

**2. 升级安装**

如果计算机中安装了 Windows 2000 Server、Windows Server 2003 或 Windows Server 2008 等操作系统，则可以直接升级成 Windows Server 2008 R2，不需要卸载原来的 Windows 操作系统，而且升级后还可保留原来的配置。

在 Windows 状态下，将 Windows Server 2008 R2 安装光盘插入光驱并自动运行，会显示出"安装 Windows"界面。单击"现在安装"按钮，即可启动安装向导，当进行至如图 1-1 所示"您想进行何种类型的安装？"界面时，选择"升级"选项，即可升级到 Windows Server 2008 R2。

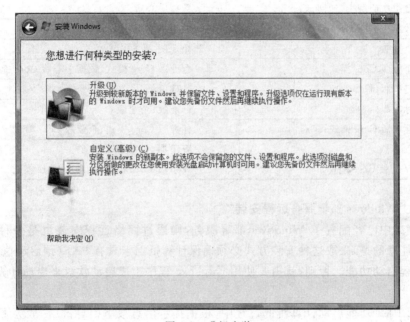

图 1-1　升级安装

升级原则如表 1-3～表 1-5 所示。

表 1-3　从 Windows Server 2003（SP2，R2）升级到 Windows Server 2008 R2

| 当前系统版本 | 升级到的 Windows Server 2008 R2 版本 |
| --- | --- |
| Windows Server 2003 数据中心版 | 数据中心版 |
| Windows Server 2003 企业版 | 企业版、数据中心版 |
| Windows Server 2003 标准版 | 标准版、企业版 |

表 1-4　从 Windows Server 2008（RTM-SP1，SP2）升级到 Windows Server 2008 R2

| 当前系统版本 | 升级到的 Windows Server 2008 R2 版本 |
| --- | --- |
| 数据中心版 | 数据中心版 |
| 数据中心版 Core 模式 | 数据中心版 Core 模式 |

| 当前系统版本 | 升级到的 Windows Server 2008 R2 版本 |
| --- | --- |
| 企业版 | 企业版、数据中心版 |
| 企业版 Core 模式 | 企业版 Core 模式、数据中心版 Core 模式 |
| 基础版(仅 SP2) | 基础版 |
| 标准版 | 标准版、企业版 |
| 标准版 Core 模式 | 标准版 Core 模式、企业版 Core 模式 |
| Web 版 | Web 版、标准版 |
| Web 版 Core 模式 | Web 版 Core 模式、标准版 Core 模式 |

表 1-5　从 Windows Server 2008(RC,IDS)升级到 Windows Server 2008 R2

| 当前系统版本 | 升级到的 Windows Server 2008 R2 版本 |
| --- | --- |
| 数据中心版 | 数据中心版 |
| 数据中心版 Core 模式 | 数据中心版 Core 模式 |
| 企业版 | 企业版、数据中心版 |
| 企业版 Core 模式 | 企业版 Core 模式、数据中心版 Core 模式 |
| 基础版(仅 SP2) | 基础版 |
| 标准版 | 标准版、企业版 |
| 标准版 Core 模式 | 标准版 Core 模式、企业版 Core 模式 |
| Web 版 | Web 版、标准版 |
| Web 版 Core 模式 | Web 版 Core 模式、标准版 Core 模式 |

### 3. 通过 Windows 部署服务远程安装

如果网络中已经配置了 Windows 部署服务,则通过网络远程安装也是一种不错的选择,但需要注意的是,采取这种安装方式必须确保计算机网卡具有 PXE(预启动执行环境)芯片,支持远程启动功能。否则,就需要使用 rbfg.exe 程序生成启动软盘来启动计算机进行远程安装。

在利用 PXE 功能启动计算机的过程中,根据提示信息按下引导键(一般为 F12 键),会显示当前计算机所使用的网卡的版本等信息,并提示用户按下 F12 键启动网络服务引导。

### 4. Server Core 安装

Server Core 是新推出的功能,如图 1-2 所示。确切地说,Windows Server 2008 Server Core 是微软公司在 Windows Server 2008 中推出的革命性的功能部件,是不具备图形界面的纯命令行服务器操作系统,只安装了部分应用和功能,因此会更加安全和可靠,同时降低了管理的复杂度。

通过 RAID 卡实现磁盘冗余是大多数服务器常用的存储方案,既可以提高数据存储的安全性,又可以提高网络传输速率。带有 RAID 卡的服务器在安装和重新安装操作系统之前,往往需要配置 RAID。不同品牌和型号服务器的配置方法略有不同,应注意查看服务器使用手册。对于品牌服务器而言,也可以使用随机提供的安装向导光盘引导服务器,这样,将会自动加载 RAID 卡和其他设备的驱动程序,并提供相应的 RAID 配置界面。

**注意**:安装 Windows Server 2008 时,必须在"您想将 Windows 安装在何处"对话框中单击"**加载驱动程序**"超链接,打开如图 1-3 所示的"**选择要安装的驱动程序**"对话框,为该 RAID 卡安装驱动程序。另外,RAID 卡的设置应当在操作系统安装之前进行。如果重新设置 RAID,将删除所有硬盘中的全部内容。

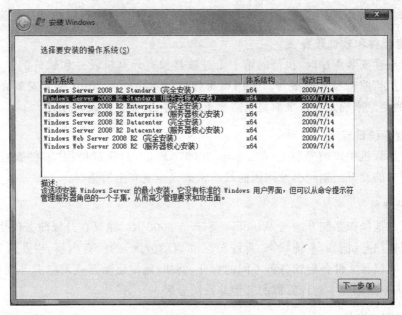

图 1-2　选择要安装的操作系统

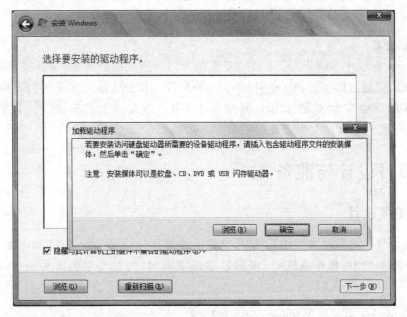

图 1-3　选择要安装的驱动程序

## 1.1.6　安装前的注意事项

为了保证 Windows Server 2008 R2 的顺利安装,在开始安装之前必须做好准备工作,如备份文件、检查系统兼容性等。

### 1. 切断非必要的硬件连接

如果当前计算机正与打印机、扫描仪、UPS(管理连接)等非必要外设连接,则在运行安装程序之前将其断开,因为安装程序将自动监测连接到计算机串行端的所有设备。

### 2. 检查硬件和软件兼容性

为升级启动安装程序时,执行的第一个过程是检查计算机硬件和软件的兼容性。安装程序在继续执行前将显示各报告。使用该报告以及 Relnotes. htm(位于安装光盘的\Docs文件夹)中的信息来确定在升级前是否需要更新硬件、驱动程序或软件。

### 3. 检查系统日志

如果在计算机中以前安装有 Windows 2000/XP/2003,建议使用"事件查看器"查看系统日志寻找可能在升级期间引发问题的最新错误或重复发生的错误。

### 4. 备份文件

如果从其他操作系统升级至 Windows Server 2008 R2,建议在升级前备份当前的文件,包括含有配置信息(例如,系统状态、系统分区和启动分区)的所有内容,以及所有的用户和相关数据。建议将文件备份到各种不同的媒介,例如,磁带驱动器或网络上其他计算机的硬盘,而尽量不要保存在本地计算机的其他非系统分区。

### 5. 断开网络连接

网络中可能会有病毒在传播,因此,如果不是通过网络安装操作系统,在安装之前就应拔下网线,以免新安装的系统感染上病毒。

### 6. 规划分区

Windows Server 2008 R2 要求必须安装在 NTFS 格式的分区上,全新安装时直接按照默认设置格式化磁盘即可。如果是升级安装,则应预先将分区格式化成 NTFS 格式,并且如果系统分区的剩余空间不足 32GB(基础版 10GB),则无法正常升级。建议将 Windows Server 2008 R2 目标分区至少设置为 40GB 或更大。

## 1.2 项目设计与准备

### 1.2.1 安装设计

我们在为学校选择网络操作系统时,首先推荐 Windows Server 2008 操作系统。在安装 Windows Server 2008 操作系统时,根据教学环境不同,为教与学的方便设计不同的安装形式。

### 1. 在 VMware 中安装 Windows Server 2008

(1)镜像文件提前存入计算机中。

(2)物理主机采用 Windows 7,计算机名为 client1,并且安装了 VMware Workstation 10 版以上的软件。

(3)要求 Windows Server 2008 的安装分区大小为 50GB,文件系统格式为 NTFS,计算机名为 Win2008-1,管理员密码为 P@ssw0rd1,服务器的 IP 地址为 10.10.10.1,子网掩码为 255.255.255.0,DNS 服务器为 10.10.10.1,默认网关为 10.10.10.254,属于工作组 COMP。

(4) 要求配置桌面环境,关闭防火墙,放行 ping 命令。

(5) 该网络拓扑图如图 1-4 所示。

角色:独立服务器
主机名:Win2008-0
IP地址:10.10.10.254/24
操作系统:Windows Server 2008
工作组名:COMP

角色:物理主机
主机名:client1
IP地址:10.10.10.100/24
操作系统:Windows 7

角色:独立服务器
主机名:Win2008-1
IP地址:10.10.10.1/24
操作系统:Windows Server 2008
工作组名:COMP

图 1-4　安装 Windows Server 2008 网络拓扑图

**2. 使用 Hyper-V 安装 Windows Server 2008 R2**

(1) 物理主机安装了 Windows Server 2008 R2,计算机名为 client1,并且成功安装了 Hyper-V 角色。

(2) Windows Server 2008 R2(64 位版本)DVD-ROM 或镜像已准备好。

(3) 接下来的设计要求参考上面的"1. 在 VMware 中安装 Windows Server 2008"。

提示:如果计算机性能受到制约或者个人习惯性的原因,使用 VMware 安装虚拟机进行实训是更常见的操作。

### 1.2.2　安装准备

(1) 满足硬件要求的计算机 1 台。

(2) Windows Server 2008 相应版本的安装光盘或镜像文件。

(3) 用纸张记录安装文件的产品密钥(安装序列号)。规划启动盘的大小。

(4) 在可能的情况下,在运行安装程序前用磁盘扫描程序扫描所有硬盘,检查硬盘错误并进行修复,否则安装程序运行时如检查到有硬盘错误会很麻烦。

(5) 如果想在安装过程中格式化 C 盘或 D 盘(建议安装过程中格式化用于安装 Windows Server 2008 操作系统的分区),需要备份 C 盘或 D 盘有用的数据。

(6) 导出电子邮件账户和通讯簿,将"C:\Documents and Settings\Administrator(或你的用户名)"中的"收藏夹"目录复制到其他盘,以备份收藏夹。

# 1.3　项目实施

Windows Server 2008 R2 操作系统有多种安装方式,和 Windows Server 2003 相比,安装步骤大大减少,经过几步简单设置,十几分钟即可安装完成,从而提高了效率。而系统平台安装好以后,就可以按照网络需要,以集中或分布的方式处理各种服务器角色。

下面讲解如何安装与配置 Windows Server 2008 R2。

### 1.3.1 使用光盘安装 Windows Server 2008 R2

使用 Windows Server 2008 R2 企业版的引导光盘进行安装是最简单的安装方式。在安装过程中,需要用户干预的地方不多,只需掌握几个关键点即可顺利完成安装。需要注意的是,如果当前服务器没有安装 SCSI 设备或者 RAID 卡,则可以略过相应步骤。

(1) 设置光盘引导。重新启动系统并把光盘驱动器设置为第一启动设备,保存设置。

(2) 从光盘引导。将 Windows Server 2008 R2 安装光盘放入光驱并重新启动。如果硬盘内没有安装任何操作系统,计算机会直接从光盘启动到安装界面;如果硬盘内安装有其他操作系统,计算机就会显示"Press any key to boot from CD or DVD…"的提示信息,此时在键盘上按任意键,才从 DVD-ROM 启动。

(3) 启动安装过程以后,显示如图 1-5 所示"安装 Windows"对话框,首先需要选择安装语言及输入法设置。

图 1-5  "安装 Windows"对话框

(4) 单击"下一步"按钮,接着出现是否立即安装 Windows Server 2008 的对话框,如图 1-6 所示。

(5) 单击"现在安装"按钮,显示"选择要安装的操作系统"对话框,在"操作系统"列表框中列出了可以安装的操作系统。这里选择"Windows Server 2008 Enterprise(完全安装)",安装 Windows Server 2008 企业版。

(6) 单击"下一步"按钮,选择"我接收许可条款"接收许可协议。单击"下一步"按钮,出现"您想进行何种类型的安装?"对话框。"升级"选项用于从 Windows Server 2003 升级到 Windows Server 2008,且如果当前计算机没有安装操作系统,则该项不可用;"自定义(高级)"选项用于全新安装。

图 1-6　现在安装

（7）选择"自定义（高级）"选项，显示如图 1-7 所示的"您想将 Windows 安装在何处？"对话框，显示当前计算机硬盘上的分区信息。如果服务器上安装有多块硬盘，则会依次显示为磁盘 0、磁盘 1、磁盘 2……

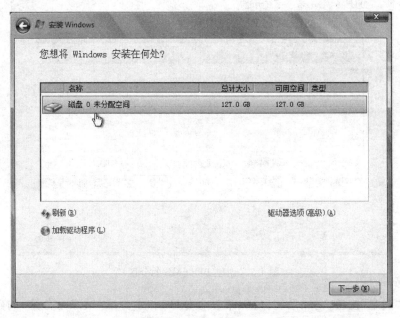

图 1-7　"您想将 Windows 安装在何处？"对话框

（8）单击"驱动器选项（高级）"按钮，显示如图 1-8 所示的对话框，在此可以对硬盘进行分区、格式化和删除已有分区的操作。

（9）要对硬盘进行分区，单击"新建"按钮，在"大小"文本框中输入分区大小，比如10000MB，如图 1-9 所示。单击"应用"按钮，弹出如图 1-10 所示的自动创建额外分区的提示

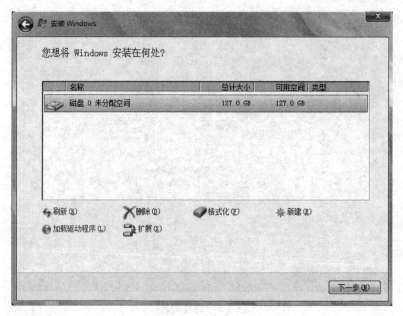

图 1-8　显示驱动器选项

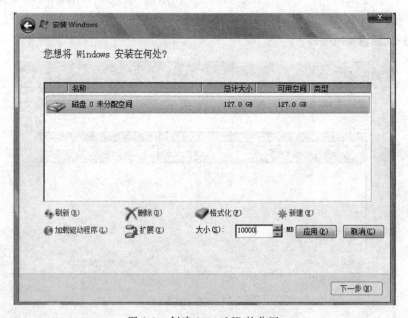

图 1-9　创建 10000MB 的分区

信息。单击"确定"按钮，完成系统分区（第一个分区）和主分区（第二个分区）的建立。其他分区照此操作。

（10）选择第二个分区来安装操作系统，单击"下一步"按钮，显示如图 1-11 所示的"正在安装 Windows"对话框，开始复制文件并安装 Windows。

（11）在安装过程中，系统会根据需要自动重新启动。安装完成，第一次登录，会要求更改密码，如图 1-12 所示。

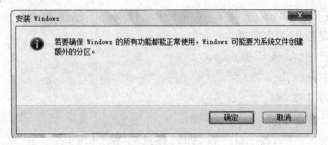

图 1-10　创建额外分区的提示信息

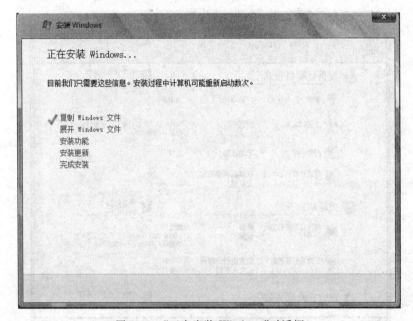

图 1-11　"正在安装 Windows"对话框

图 1-12　提示更改密码

对于账户密码，Windows Server 2008 的要求非常严格，无论管理员账户还是普通账户，都要求必须设置强密码。除必须满足"至少6个字符"和"不包含 Administrator 或 admin"的要求外，还至少满足以下2个条件。

- 包含大写字母(A、B、C等)。
- 包含小写字母(a、b、c等)。
- 包含数字(0、1、2等)。
- 包含非字母数字字符(♯、&、～等)。

(12) 按要求输入密码，按 Enter 键，即可登录到 Windows Server 2008 操作系统，并默认自动启动"初始配置任务"窗口，如图 1-13 所示。

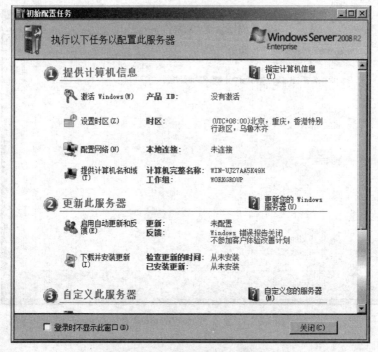

图 1-13　"初始配置任务"窗口

(13) 激活 Windows Server 2008。选择"开始"→"控制面板"→"系统和安全"→"系统"命令，打开如图 1-14 所示的"系统"对话框。右下角显示 Windows 激活的状况，可以在此激活 Windows Server 2008 网络操作系统和更改产品密钥。激活有助于验证 Windows 的副本是否为正版，以及在多台计算机上使用的 Windows 数量是否已超过 Microsoft 软件许可条款所允许的数量。激活的最终目的有助于防止软件伪造。如果不激活，可以试用 60 天。

至此，Windows Server 2008 安装完成，现在就可以使用了。

## 1.3.2　配置 Windows Server 2008 R2

安装 Windows Server 2008 与 Windows Server 2003 最大的区别就是，在安装过程中不会提示设置计算机名、网络连接信息等，因此所需时间大大减少，一般十多分钟即可安装完成。在安装完成后，应先设置一些基本配置，如计算机名、IP 地址、配置自动更新等，这些均可在"服务器管理器"中完成。

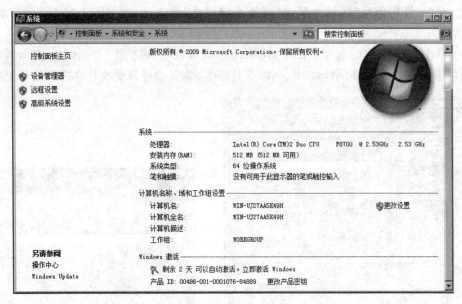

图 1-14　"系统"对话框

### 1. 更改计算机名

Windows Server 2008 操作系统在安装过程中不需要设置计算机名,而是使用由系统随机配置的计算机名。但系统配置的计算机不但冗长,而且不便于标记。因此,为了更好地标识和识别服务器,应将其更改为易记或有一定意义的名称。

(1)打开"开始"→"所有程序"→"管理工具"→"服务器管理器",打开"服务器管理器"窗口,如图 1-15 所示。

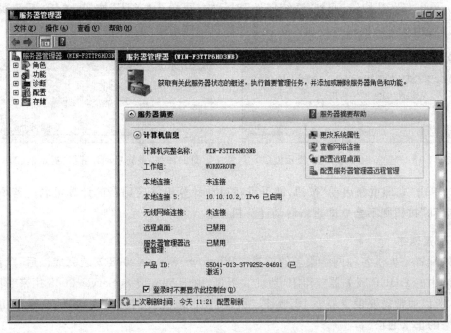

图 1-15　"服务器管理器"窗口

(2) 在"计算机信息"区域中单击"更改系统属性"按钮,出现如图 1-16 所示的"系统属性"对话框。

(3) 单击"更改"按钮,显示如图 1-17 所示的"计算机名/域更改"对话框。在"计算机名"文本框中输入新的名称,如 Win2008。在"工作组"文本框中可以更改计算机所处的工作组。

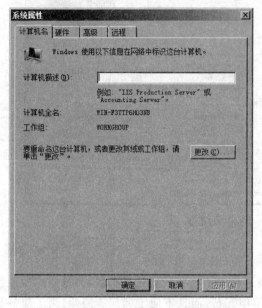

图 1-16 "系统属性"对话框

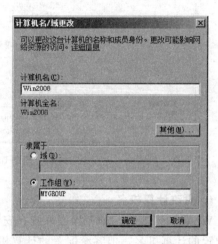

图 1-17 "计算机名/域更改"对话框

(4) 单击"确定"按钮,显示"计算机名/域更改"提示框,提示必须重新启动计算机才能应用更改,如图 1-18 所示。

(5) 单击"确定"按钮,回到"系统属性"对话框,再单击"关闭"按钮,关闭"系统属性"对话框。接着出现对话框提示必须重新启动计算机以应用更改,如图 1-19 所示。

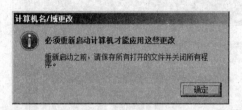

图 1-18 "重新启动计算机"提示框(1)

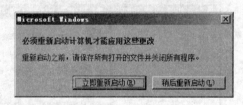

图 1-19 "重新启动计算机"提示框(2)

(6) 单击"立即重新启动"按钮,即可重新启动计算机并应用新的计算机名。若单击"稍后重新启动"按钮则不会立即重新启动计算机。

### 2. 配置网络

网络配置是提供各种网络服务的前提。Windows Server 2008 安装完成以后,默认为自动从网络中的 DHCP 服务器获得 IP 地址。不过,由于 Windows Server 2008 用来为网络提供服务,所以通常需要设置静态 IP 地址。另外,还可以配置网络发现、文件共享等功能,实现与网络的正常通信。

1）配置 TCP/IP

（1）右击桌面右下角任务托盘区域的网络连接图标，选择快捷菜单中的"网络和共享中心"命令，打开如图 1-20 所示"网络和共享中心"对话框。

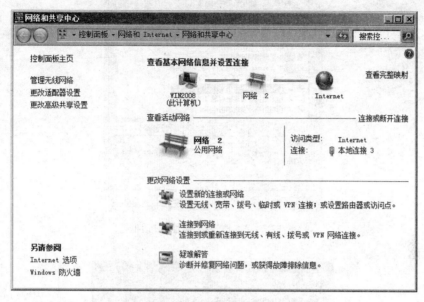

图 1-20　"网络和共享中心"对话框

（2）单击"Internet 本地连接 3"，打开"本地连接 3 状态"对话框，如图 1-21 所示。

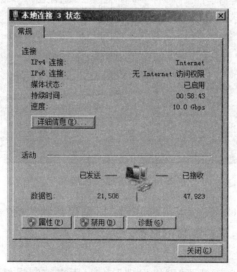

图 1-21　显示本地连接状态

（3）单击"属性"按钮，显示如图 1-22 所示"本地连接 属性"对话框。Windows Server 2008 中包含 IPv6 和 IPv4 两个版本的 Internet 协议，并且默认都已启用。

（4）在"此连接使用下列项目"列表框中选择"Internet 协议版本 4（TCP/IPv4）"，单击"属性"按钮，显示如图 1-23 所示"Internet 协议版本 4（TCP/IPv4）属性"对话框。选中"使用下面的 IP 地址"单选按钮，分别输入为该服务器分配的 IP 地址、子网掩码、默认网关和 DNS

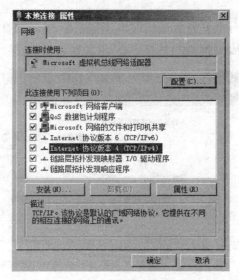

图 1-22　"本地连接 属性"对话框

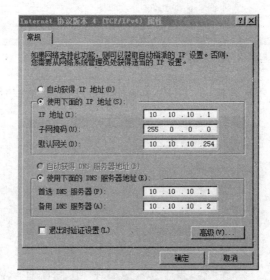

图 1-23　本地连接属性

服务器。如果要通过 DHCP 服务器获取 IP 地址,则保留默认的"自动获得 IP 地址"。

(5)单击"确定"按钮,保存所做的修改。

2)启用网络发现

Windows Server 2008 新增了"网络发现"功能,用来控制局域网中计算机和设备的发现与隐藏。如果启用"网络发现"功能,单击"开始"菜单中的"网络"选项,打开如图 1-24 所示的"网络"窗口,显示当前局域网中发现的计算机,也就是"网络邻居"功能。同时,其他计算机也可发现当前计算机。如果禁用"网络发现"功能,则既不能发现其他计算机,也不能被发现。不过,关闭"网络发现"功能时,其他计算机仍可以通过搜索或指定计算机名、IP 地址的方式访问到该计算机,但不会显示在其他用户的"网络邻居"中。

提示:如果在"开始"菜单中没有"网络"选项,则可以右击"开始"菜单,选择"属性"命令,再

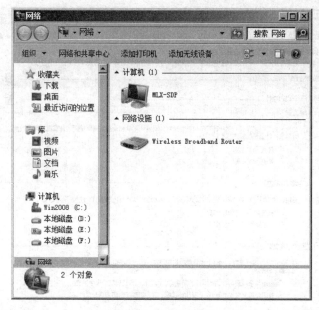

图 1-24　"网络"窗口

单击"'开始'菜单"选项卡,单击"自定义"按钮,然后选中"网络"选项,单击"确定"按钮即可。

　　为了便于计算机之间的相互访问,可以启用此功能。在图 1-24 中单击菜单条上的"网络和共享中心"按钮,出现"网络和共享中心"窗口,再单击"更改高级共享设置"按钮,出现如图 1-25 所示的"高级共享设置"对话框,选择"启用网络发现"单选按钮,并单击"保存修改"按钮即可。

　　奇怪的是,当重新打开"高级共享设置"对话框,显示仍然是"关闭网络发现"。如何解决这个问题呢?

　　为了解决这个问题,需要在服务中启用以下 3 个服务。

- Function Discovery Resource Publication。
- SSDP Discovery。
- UPnP Device Host。

将以上 3 个服务设置为自动并启动,这样就可以解决问题了。

　　**提示 1**:依次选择"开始"→"管理工具"→"服务"命令,将上述 3 个服务设置为自动并启动即可。

　　**提示 2**:如果在"开始"和"所有程序"菜单中没有"管理工具"选项,则可以右击"开始"菜单,选择"属性"命令,再单击"'开始'菜单"选项卡,单击"自定义"按钮,然后选中"管理工具"中的"在'所有程序'菜单和'开始'菜单上显示"选项,单击"确定"按钮即可。

　　3) 文件共享

　　网络管理员可以通过启用或关闭文件共享功能,实现为其他用户提供服务或访问其他计算机共享资源。在"高级共享设置"对话框中选择"启用文件和打印机共享"单选按钮,并单击"保存修改"按钮,即可启用文件共享功能。

　　4) 密码保护的共享

　　如果选中"启用密码保护共享"选项,则其他用户必须使用当前计算机上有效的用户账

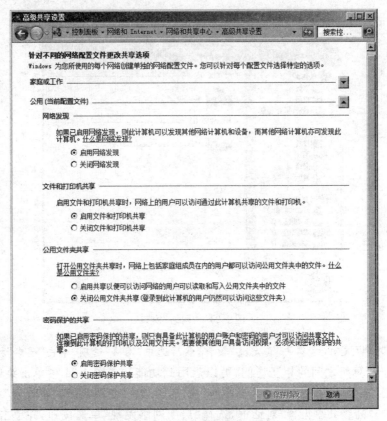

图 1-25 "高级共享设置"对话框

户和密码才可以访问共享资源。Windows Server 2008 默认启用该功能。

### 3. 配置文件夹选项

设置文件夹选项，隐藏受保护的操作系统文件（推荐）、隐藏已知文件类型的扩展名以及显示隐藏的文件和文件夹，设置文件夹选项步骤如下。

(1) 依次选择"开始"→"控制面板"→"外观"→"文件夹选项"命令，打开"文件夹选项"对话框，如图 1-26 所示。

(2) 在"常规"选项卡中可以对浏览文件夹、打开项目的方式和导航窗格进行设置。

- 在"文件夹选项"对话框的"浏览文件夹"选项区域中，如果选择"在同一窗口中打开每个文件夹"单选按钮，则在资源管理器中打开不同的文件夹时，文件夹会出现在同一窗口中；如果选择"在不同窗口中打开不同的文件夹"单选按钮，则每打开一个文件夹就会显示相应的新的窗口，这样设置方便移动或复制文件。

- 在"文件夹选项"对话框的"打开项目的方式"选项区域中，如果选择"通过单击打开项目（指向时选定）"单选按钮，资源管理器中的图标将以超文本的方式显示，单击图标就能打开文件、文件夹或者应用程序。图标的下划线何时加上由与该选项关联的两个按钮来控制。如果选择"通过双击打开项目（单击时选定）"单选按钮，则打开文件、文件夹和应用程序的方法与 Windows 操作系统的使用方法一样。

(3) 在"文件夹选项"对话框的"查看"选项卡中，可以设置文件或文件夹在资源管理器

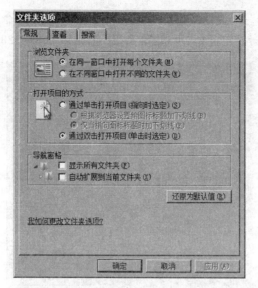

图 1-26　"常规"选项卡

中的显示属性,如图 1-27 所示。单击"文件夹视图"选项区域中的"应用到文件夹"按钮时,会把当前设置的文件夹视图应用到所有文件夹。单击"重置文件夹"按钮时,会使系统恢复文件夹的视图为默认值。

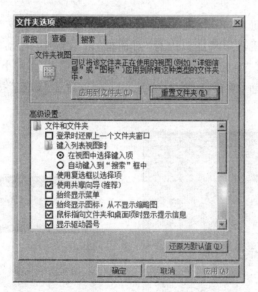

图 1-27　"查看"选项卡

### 4. 配置虚拟内存

在 Windows 中,如果内存不够,系统会把内存中暂时不用的一些数据写到磁盘上以腾出内存空间给其他应用程序使用,当系统需要这些数据时再重新把数据从磁盘读回内存中。用来临时存放内存数据的磁盘空间称为虚拟内存。建议将虚拟内存的大小设为实际内存的1.5 倍,虚拟内存太小会导致系统没有足够的内存运行程序,特别是当实际的内存不大时。下面是设置虚拟内存的具体步骤。

（1）依次选择"开始"→"控制面板"→"系统和安全"→"系统"命令，然后单击"高级系统设置"按钮，打开"系统属性"对话框，再选择"高级"选项卡，如图 1-28 所示。

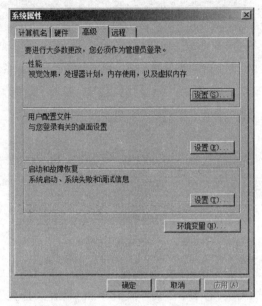

图 1-28　"系统属性"对话框

（2）单击"设置"按钮，打开"性能选项"对话框，再选择"高级"选项卡，如图 1-29 所示。

（3）单击"更改"按钮，打开"虚拟内存"对话框，取消选中"自动管理所有驱动器的分页文件大小"复选框。选择"自定义大小"单选按钮，并设置初始大小为 40000MB，最大值为 60000MB，然后单击"设置"按钮，如图 1-30 所示。最后单击"确定"按钮并重启计算机，即可完成虚拟内存的设置。

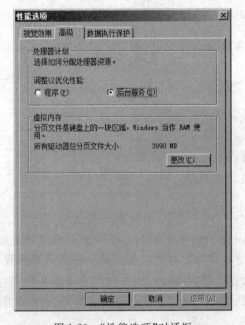

图 1-29　"性能选项"对话框

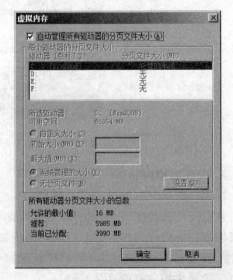

图 1-30　"虚拟内存"对话框

**提示**：虚拟内存可以分布在不同的驱动器中，总的虚拟内存等于各个驱动器上的虚拟内存之和。如果计算机上有多个物理磁盘，建议把虚拟内存放在不同的磁盘上以增加虚拟内存的读/写性能。虚拟内存的大小可以自定义，即管理员手动指定，或者由系统自行决定。页面文件所使用的文件名是根目录下的 pagefile.sys，不要轻易删除该文件，否则可能会导致系统的崩溃。

### 5. 设置显示属性

在"外观"对话框中可以对计算机的显示、任务栏和"开始"菜单、轻松访问中心、文件夹选项和字体进行设置。前面已经介绍了对文件夹选项的设置。下面介绍设置"显示属性"的具体步骤如下。

依次选择"开始"→"控制面板"→"外观"→"显示"命令，打开"显示"对话框，如图 1-31 所示。可以对分辨率、亮度、桌面背景、配色方案、屏幕保护程序、显示器、连接到投影仪、ClearType 文本和自定义文本大小（DPI）进行逐项设置。

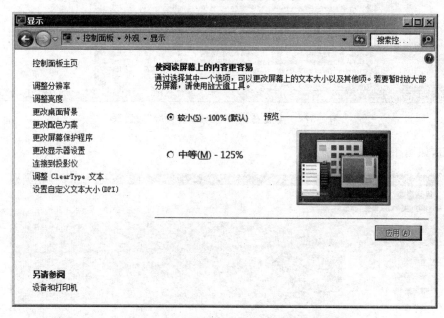

图 1-31 "显示"对话框

### 6. 配置防火墙，放行 ping 命令

Windows Server 2008 安装后，默认自动启用防火墙，而且 ping 命令默认被阻止，ICMP 协议包无法穿越防火墙。为了满足后面实训的要求及实际需要，应该设置防火墙，允许 ping 命令通过。若要放行 ping 命令有两种方法。一是在防火墙设置中新建一条允许 ICMPv4 协议通过的规则，并启用；二是在防火墙设置中在"入站规则"中启用"文件和打印共享（回显请求-ICMPv4-In）（默认不启用）"的预定义规则。下面介绍第一种方法的具体步骤。

（1）依次选择"开始"→"控制面板"→"系统和安全"→"Windows 防火墙"→"高级设置"命令。在打开的"高级安全 Windows 防火墙"对话框中单击左侧目录树中的"入站规则"，如图 1-32 所示。（第二种方法在此入站规则中设置即可，请读者思考。）

（2）选择"操作"列的"新建规则"选项，出现"新建入站规则向导"对话框，选择"自定义"

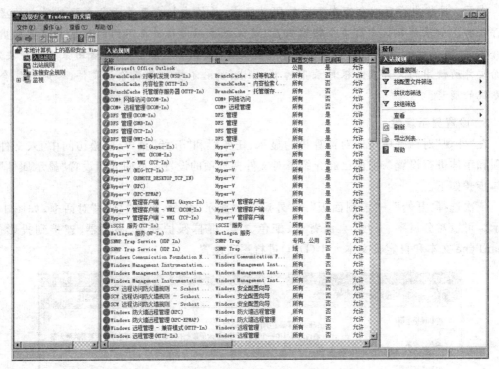

图 1-32　"高级安全 Windows 防火墙"对话框

单选按钮，如图 1-33 所示。

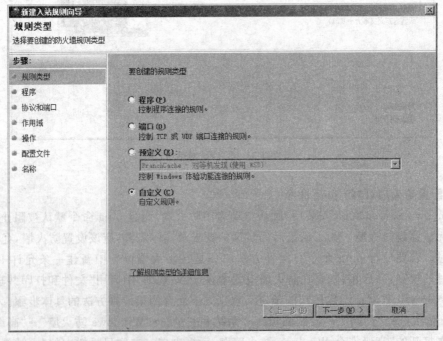

图 1-33　"新建入站规则向导——规则类型"对话框

（3）选择"步骤"列的"协议和端口"选项，如图 1-34 所示。在"协议类型"下拉列表框中选择 ICMPv4。

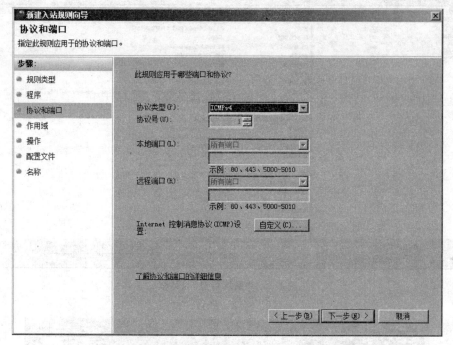

图 1-34　"新建入站规则向导——协议和端口"对话框

（4）单击"下一步"按钮，在出现的对话框中选择应用于哪些本地 IP 地址和哪些远程 IP 地址。

（5）继续单击"下一步"按钮，选择"允许连接"。

（6）再次单击"下一步"按钮，选择何时应用本规则。

（7）最后单击"下一步"按钮，输入本规则的名称。比如，"ICMPv4 协议规则"。单击"完成"按钮，使新规则生效。

### 7. 查看系统信息

系统信息包括硬件资源、组件和软件环境等内容。依次选择"开始"→"所有程序"→"附件"→"系统工具"→"系统信息"命令，显示如图 1-35 所示的"系统信息"对话框。

### 8. 设置自动更新

系统更新是 Windows 操作系统必不可少的功能，Windows Server 2008 也是如此。为了增强系统功能，避免因漏洞而造成故障，必须及时安装更新程序，以保护系统的安全。

单击"开始"菜单右侧的"服务器管理器"图标，打开"服务器管理器"窗口，选中左侧的"服务器管理器（Win2008-0）"，在"安全信息"区域中单击"配置更新"超链接，显示如图 1-36 所示 Windows Update 对话框。

单击"更改设置"超链接，显示如图 1-37 所示的"更改设置"对话框，在"选择 Windows 安装更新的方法"界面中选择一种安装方法即可。

单击"确定"按钮保存设置。Windows Server 2008 就会根据所做配置自动从 Windows Update 网站检测并下载更新。

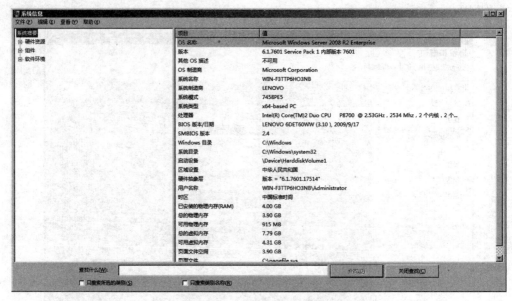

图 1-35　"系统信息"对话框

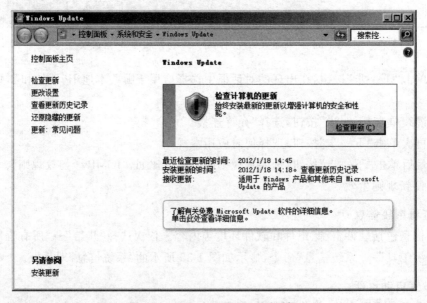

图 1-36　Windows Update 对话框

### 1.3.3　添加与管理角色

　　Windows Server 2008 的一个亮点就是组件化,所有角色、功能甚至用户账户都可以在"服务器管理器"中进行管理。同时,它去掉了 Windows Server 2003 中的"添加/删除Windows 组件"功能。

#### 1. 添加服务器角色

　　Windows Server 2008 支持的网络服务虽然多,但默认不会安装任何组件,只是一个提

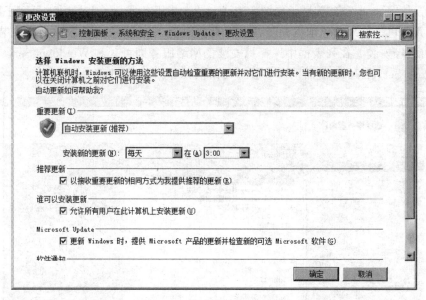

图 1-37  "更改设置"对话框

供用户登录的独立的网络服务器,用户应根据自己的实际需要选择安装相关的网络服务。

(1) 依次选择"开始"→"所有程序"→"管理工具"→"服务器管理器"命令,打开"服务器管理器"对话框,选中左侧的"角色"目录树,再单击"添加角色"超链接启动"添加角色向导"。首先显示如图 1-38 所示"开始之前"对话框,提示此向导可以完成的工作以及操作之前需要注意的相关事项。

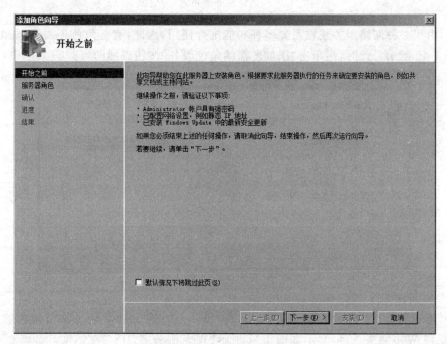

图 1-38  "开始之前"对话框

（2）单击"下一步"按钮，显示如图 1-39 所示"选择服务器角色"对话框，显示了所有可以安装的服务角色。如果角色前面的复选框没有被选中，则表示该网络服务尚未安装；如果已选中，说明已经安装。在列表框中选择拟安装的网络服务即可。和 Windows Server 2003 相比，Windows Server 2008 增加了一些服务器角色，但同时也减少了一些角色。

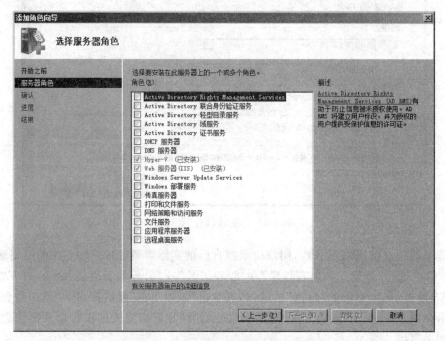

图 1-39  "选择服务器角色"对话框

（3）由于一种网络服务往往需要多种功能配合使用，因此，有些角色还需要添加其他功能，如图 1-40 所示。此时，需单击"添加所需的角色服务"按钮添加即可。

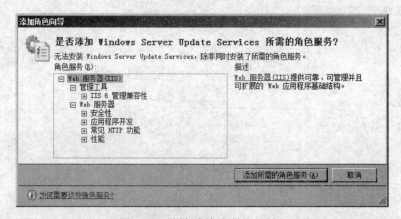

图 1-40  "添加角色向导"对话框

（4）选中了要安装的网络服务以后，单击"下一步"按钮，通常会显示该角色的简介信息。以安装 Web 服务为例，显示如图 1-41 所示"Web 服务器(IIS)"对话框。

（5）单击"下一步"按钮，显示"选择角色服务"对话框，可以为该角色选择详细的组件，如图 1-42 所示。

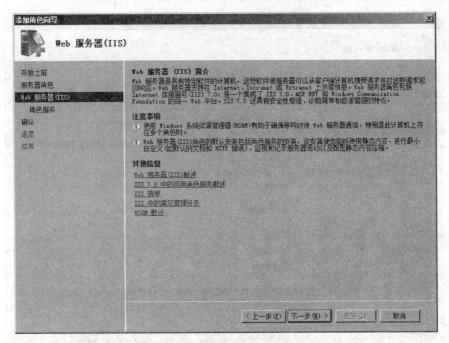

图 1-41  "Web 服务器(IIS)"对话框

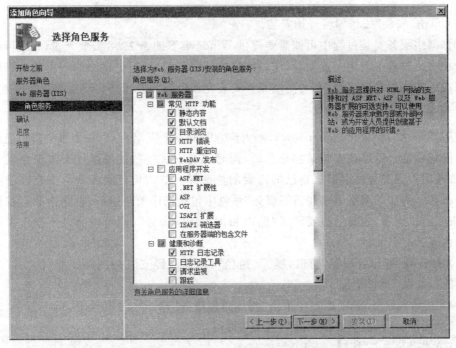

图 1-42  "选择角色服务"对话框(1)

（6）单击"下一步"按钮，显示如图 1-43 所示"确认安装选择"对话框。如果在选择服务器角色的同时选中了多个，则会要求选择其他角色的详细组件。

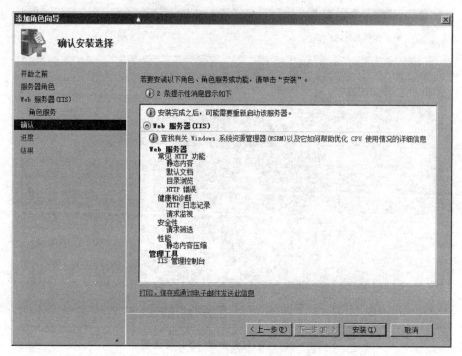

图 1-43　"确认安装选择"对话框

（7）单击"安装"按钮即可开始安装。

部分网络服务安装过程中可能需要提供 Windows Server 2008 安装光盘，有些网络服务可能会在安装过程中调用配置向导，作一些简单的服务配置，但更详细的配置通常都借助于安装完成后的网络管理实现（有些网络服务安装完成以后需要重新启动系统才能生效）。

**2．添加角色服务**

服务器角色的模块化是 Windows Server 2008 的一个突出特点，每个服务器角色都具有独立的网络功能。但是在安装某些角色时，同时还会安装一些扩展组件来实现更强大的功能，而普通用户则完全可以根据自己的需要酌情选择。添加角色服务就是安装以前没有选择的子服务。例如，"网络策略和访问服务"角色中包括网络策略服务器、路由和远程访问服务、健康注册机构等，先前已经安装了"路由和远程访问服务"，则可按照以下操作步骤完成其他角色服务的添加。

（1）打开"服务器管理器"窗口，展开"角色"，选择已经安装的网络服务，例如，"路由和远程访问"，如图 1-44 所示。

（2）在"角色服务"选项区域中单击"添加角色服务"超链接，打开如图 1-45 所示"选择角色服务"对话框，可以选择要添加的角色服务即可。

（3）单击"下一步"按钮，即可开始安装。

**3．删除服务器角色**

服务器角色的删除同样可以在"服务器管理器"窗口中完成，建议删除角色之前确认是

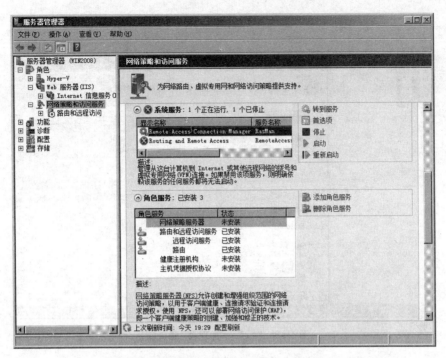

图 1-44 "服务器管理器"窗口(1)

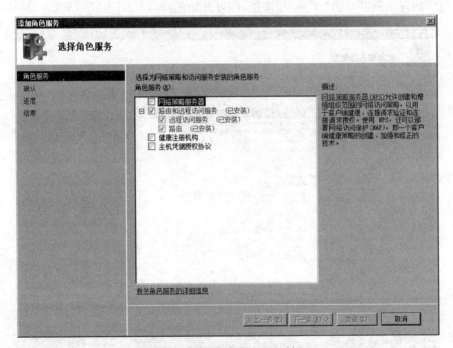

图 1-45 "选择角色服务"对话框(2)

否有其他网络服务或 Windows 功能需要调用当前服务,以免删除之后服务器瘫痪。步骤如下。

(1) 在"服务器管理器"窗口中选择"角色",显示已经安装的服务角色,如图 1-46 所示。

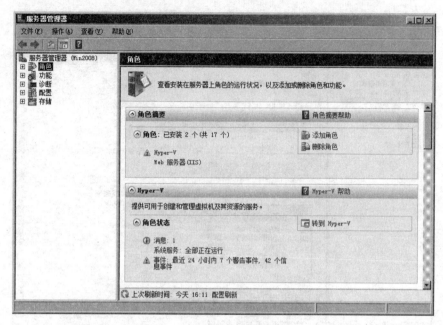

图 1-46 "服务器管理器"窗口(2)

(2)单击"删除角色"超链接,打开如图 1-47 所示"删除服务器角色"对话框,取消想要删除的角色前的复选框并单击"下一步"按钮,即可开始删除。

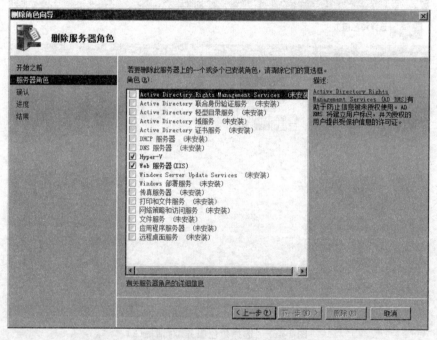

图 1-47 "删除服务器角色"对话框

提示:角色服务的删除,同样需要在指定服务器角色的"服务器管理器"窗口中完成,单击"角色服务"选项框边的"删除角色"超链接即可。

#### 4. 管理服务器角色

Windows Server 2008 的网络服务管理更加智能化了,大多数服务器角色都可以通过控制台直接管理。最简单的方法就是在"服务器管理器"窗口中展开角色,并单击相应的服务器角色进入管理,如图 1-48 所示。

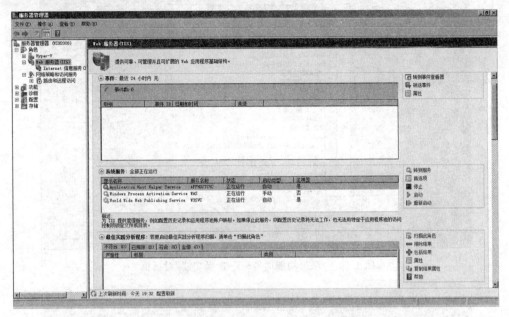

图 1-48　"服务器管理器——角色"对话框

除此之外,也可以通过选择"开始"→"所有程序"→"管理工具"命令,并从中选择想要管理的服务器角色来打开单独的控制台窗口,对服务器进行配置和管理。

#### 5. 添加和删除功能

用户可以通过"添加功能"为自己的服务器添加更多的实用功能,Windows Server 2008 的许多功能都是需要特殊硬件配置支持的,因此默认安装过程中不会添加任何扩展功能。在使用过程中,用户可以根据自己的需要添加必需的功能。在"初始配置任务"窗口中单击"配置此服务器"选项框中的"添加功能"超链接,打开如图 1-49 所示"添加功能向导"对话框。选中欲安装功能组件前的复选框,并单击"安装"或"下一步"按钮即可。

除此之外,同样可以在"服务器管理器"窗口中完成 Windows 功能组件的添加或删除。在"服务器管理器"窗口中打开如图 1-50 所示"功能摘要"窗口,在这里可以配置和管理已经安装的 Windows 功能组件。单击"添加功能"超链接,即可启动添加功能向导,从中选择想要添加的功能。单击"删除功能"超链接,可以打开"删除功能向导"对话框,选择已经安装但又不需要的功能,将其删除。

## 1.3.4　使用 Windows Server 2008 的管理控制台

Microsoft 管理控制台(Microsoft Management Console,MMC)虽然不能执行管理功能,但却是集成管理必不可少的工具,这在 Windows Server 2008 中尤为突出。在一个控制台窗口中即可实现对本地所有服务器角色,甚至远程服务器的管理和配置,大大简化了管理工作。

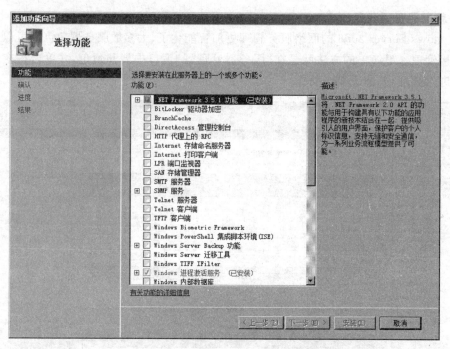

图 1-49 "添加功能向导——选择功能"对话框

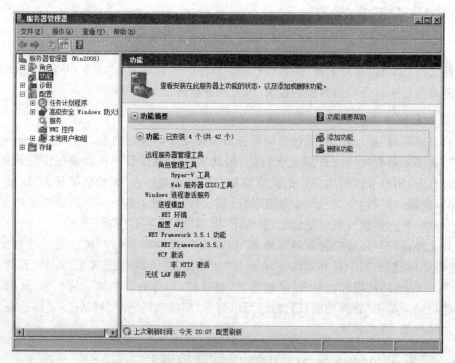

图 1-50 "服务器管理器——功能摘要"对话框

## 1. 管理单元

在 MMC 中，每一个单独的管理工具当作一个"管理单元"，每一个管理单元完成一个任务。在一个 MMC 中,可以同时添加许多的"管理单元"。在 Windows Server 2008 中,每一个管理工具都是一个"精简"的 MMC,并且许多非系统内置管理工具,也可以以管理单元的方式添加到控制台中,实现统一管理。

**2. 添加、删除管理单元**

Windows Server 2008 中的控制台版本为 MMC 3.0。使用 MMC 控制台进行管理时,需要添加相应的管理单元,方法及步骤如下。

(1) 选择"开始"→"运行"命令,在"运行"对话框中输入 MMC,单击"确定"按钮,打开"MMC 管理控制台"对话框。

(2) 选择"文件"→"添加/删除管理单击"命令,或者按 Ctrl＋M 组合键,打开"添加或删除管理单元"对话框,如图 1-51 所示。

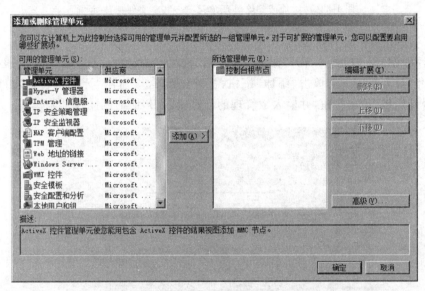

图 1-51　"添加或删除管理单元"对话框

(3) 在该对话框中列出了当前计算机中安装的所有 MMC 插件。选择一个插件,单击"添加"按钮,即可将其添加到 MMC 控制台中。如果添加的插件是针对本地计算机的,管理插件会自动添加到 MMC 控制台;如果添加的插件也可以管理远程计算机,比如添加"共享文件夹",将打开选择管理对象的对话框,如图 1-52 所示。

若是直接在被管理的服务器上安装 MMC,可以选择"本地计算机(运行此控制台的计算机)"单选按钮,将只能管理本地计算机。若要实现对远程计算机的管理,则选择"另一台计算机"单选按钮,并输入另一台计算机的名称。

(4) 添加完成后,单击"确定"按钮,新添加的管理单元将出现在控制台树中。

(5) 选择"文件"中的"保存"或者"另存为"命令,可以保存控制台文件。下次双击控制台文件打开控制台时,原先添加的管理单元仍会存在,可以方便地进行计算机管理。

**3. 使用 MMC 管理远程服务**

使用 MMC,还可以管理网络上的远程服务器。实现远程管理的前提如下。

• 拥有管理该计算机的相应权限。

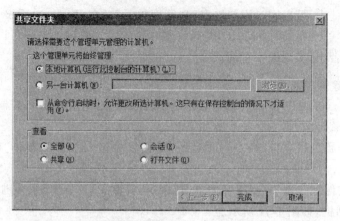

图 1-52 "添加或删除管理单元——共享文件夹"对话框

- 在本地计算机上有相应的 MMC 插件。

（1）运行 MMC 控制台，打开"添加或删除管理单元"对话框。选择要管理的服务所对应的管理单元"计算机管理"，单击"添加"按钮，打开如图 1-53 所示"计算机管理"对话框。选择"另一台计算机"单选按钮，并输入欲管理的计算机的 IP 地址或计算机名。

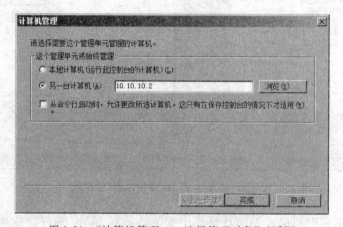

图 1-53 "计算机管理——选择管理对象"对话框

（2）单击"完成"按钮，返回"添加或删除管理单元"对话框。打开所添加的管理工具，如图 1-54 所示，即可像管理本地计算机一样，对远程计算机上的服务进行配置。

（3）选择"文件"→"保存"命令，可将控制台保存为文件，以方便日后再次打开。

在管理远程计算机时，如果出现"拒绝访问"或"没有访问远程计算机的权限"警告框，说明当前登录的账号没有管理远程计算机的权限。此时，可以保存当前的控制台为"远程计算机管理"，关闭 MMC 控制台。然后在"管理工具"对话框中右击"远程计算机管理"图标，从弹出的快捷菜单中选择"以管理员身份运行"命令。再次进入 MMC 控制台，就可以管理远程计算机了。

提示：如果当前计算机和被管理的计算机不是 Active Directory 的成员，在输入远程计算机的用户名和密码时，当前计算机也要有个相同的用户名和密码。

### 4. MMC 模式

控制台有两种模式：作者模式和用户模式。如果控制台为作者模式，用户既可以往控

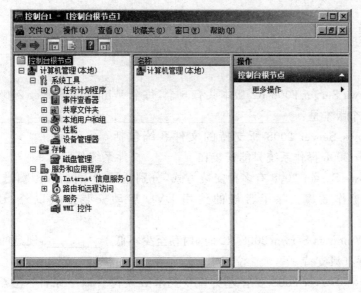

图 1-54　"控制台——计算机管理"窗口

制台中添加、删除管理单元,也可以在控制台中创建新的窗口、改变视图等。在用户模式下,用户具有以下 3 种访问权限。

- 完全访问:用户不能添加、删除管理单元或属性,但是可以完全访问。
- 受限访问,多窗口:仅允许用户访问在保存控制台时可见的控制台树的区域,可以创建新的窗口,但是不能关闭已有的窗口。
- 受限访问,单窗口:仅允许用户访问在保存控制台时可见的控制台树的区域,可以创建新的窗口,阻止用户打开新的窗口。

在控制台窗口中选择"文件"→"选项"命令,打开如图 1-55 所示的"选项"对话框,可以设置控制台模式。

图 1-55　"选项"对话框

# 1.4 习题

**1. 填空题**

(1) Windows Server 2008 R2 版本共有 6 个,每个 Windows Server 2008 R2 都提供了关键功能,这 6 个版本是:_____、_____、_____、_____、_____和_____。

(2) Windows Server 2008 所支持的文件系统包括_____、_____和_____。Windows Server 2008 操作系统只能安装在_____文件系统分区。

(3) Windows Server 2008 有多种安装方式,分别适用于不同的环境,选择合适的安装方式可以提高工作效率。除了常规的使用 DVD 启动安装方式以外,还有_____、_____及_____。

(4) 安装 Windows Server 2008 R2 时,内存至少不低于_____,硬盘的可用空间不低于_____。并且只支持_____位版本。

(5) Windows Server 2008 要管理员口令要求必须符合以下条件:①至少 6 个字符;②不包含用户账户名称超过两个以上连续字符;③包含_____、_____ 大写字母(A~Z)、小写字母(a~z)4 组字符中的 3 组。

(6) Windows Server 2008 中的_____ ,相当于 Windows Server 2003 中的 Windows 组件。

(7) Windows Server 2008 安装完成后,为了保证能够长期正常使用,必须和其他版本的 Windows 操作系统一样进行激活,否则只能够试用_____。

(8) 页面文件所使用的文件名是根目录下的_____,不要轻易删除该文件,否则可能会导致系统的崩溃。

(9) 对于虚拟内存的大小,建议为实际内存的_____。

(10) MMC 有_____和_____模式。

**2. 选择题**

(1) 在 Windows Server 2008 操作系统中,如果要输入 DOS 命令,则在"运行"对话框中输入(    )。

    A. CMD        B. MMC        C. AUTOEXE    D. TTY

(2) Windows Server 2008 操作系统安装时生成的 Documents and Settings、Windows 以及 Windows\System32 文件夹是不能随意更改的,因为它们是(    )。

    A. Windows 的桌面

    B. Windows 正常运行时所必需的应用软件文件夹

    C. Windows 正常运行时所必需的用户文件夹

    D. Windows 正常运行时所必需的系统文件夹

(3) 有一台服务器的操作系统是 Windows Server 2003,文件系统是 NTFS,无任何分区,现要求对该服务进行 Windows Server 2008 的安装,保留原数据,但不保留操作系统,应使用下列(    )进行安装才能满足需求。

    A. 在安装过程中进行全新安装并格式化磁盘

    B. 对原操作系统进行升级安装,不格式化磁盘

C. 做成双引导,不格式化磁盘

D. 重新分区并进行全新安装

（4）现要在一台装有 Windows Server 2003 操作系统的机器上安装 Windows Server 2008,并做成双引导系统。此计算机硬盘的大小是 100GB,有两个分区：C 盘 20GB,文件系统是 FAT；D 盘 80GB,文件系统是 NTFS。为使计算机成为双引导系统,下列（　　）是最好的方法。

A. 安装时选择升级选项,并且选择 D 盘作为安装盘

B. 全新安装,选择 C 盘上与 Windows 相同目录作为 Windows Server 2008 的安装目录

C. 升级安装,选择 C 盘上与 Windows 不同目录作为 Windows Server 2008 的安装目录

D. 全新安装,且选择 D 盘作为安装盘

（5）下面（　　）不是 Windows Server 2008 的新特性。

A. Active Directory

B. Server Core

C. Power Shell

D. Hyper-V

### 3. 简答题

（1）简述 Windows Server 2008 R2 操作系统的最低硬件配置需求。

（2）在安装 Windows Server 2008 R2 前有哪些注意事项？

## 1.5　项目实训　安装与基本配置 Windows Server 2008 R2

### 一、项目实训目的

- 了解 Windows Server 2008 各种不同的安装方式,能根据不同的情况正确选择不同的方式来安装 Windows Server 2008 操作系统。
- 熟悉 Windows Server 2008 安装过程以及系统的启动与登录。
- 掌握 Windows Server 2008 的各项初始配置任务。
- 掌握 VMware Workstation 9.0 的用法。

### 二、项目环境

#### 1. 网络环境

（1）已建好的 100Mbps 以太网络,包含交换机（或集线器）、五类（或超五类）UTP 直通线若干、3 台及以上数量的计算机。

（2）计算机配置要求 CPU 最低 1.4GHz 以上,x64 和 x86 系列均有 1 台及以上数量,内存不小于 1024MB,硬盘剩余空间不小于 10GB,有光驱和网卡。

#### 2. 软件

Windows Server 2008 R2 安装光盘,或 ISO 安装镜像。

公司新购进一台服务器,硬盘空间为 500GB。已经安装了 Windows 7 网络操作系统和 VMware,计算机名为 client1。Windows Server 2008 x86 的镜像文件已保存在硬盘上。网

络拓扑图参照图 1-4。

注意：①如果不作特殊说明，本书以后出现的"网络环境"都应包括以上条件。②所有的项目环境都可以在 VMware 9.0 上或 Hyper-V 中实现，请读者根据所处的实际环境选择相应的虚拟机软件。③后面书中出现的 Windows Server 2008 一般代指 Windows Server 2008 R2 版本。

## 三、项目要求

在 3 台计算机裸机（全新硬盘中）中完成下述操作。

首先进入 3 台计算机的 BIOS，全部设置为从 CD-ROM 上启动系统。

### 1. 设置第 1 台计算机

在第 1 台计算机（x86 系列）上，将 Windows Server 2008 R2 安装光盘插入光驱，从 CD-ROM 中引导，并开始全新的 Windows Server 2008 R2 安装，要求如下。

（1）安装 Windows Server 2008 R2 企业版，系统分区的大小为 20GB，管理员密码为 P@ssword1；

（2）对系统进行以下初始配置：计算机名称 Win2008-1，工作组为 office；

（3）设置 TCP/IP 协议，其中要求禁用 TCP/IPv6 协议，服务器的 IP 地址为 192.168.2.1，子网掩码为 255.255.255.0，网关设置为 192.168.2.254，DNS 地址为 202.103.0.117、202.103.6.46；

（4）设置计算机虚拟内存为自定义方式，其初始值为 1560MB，最大值为 2130MB；

（5）激活 Windows Server 2008 R2，启用 Windows 自动更新；

（6）启用远程桌面和防火墙；

（7）在微软管理控制台中添加"计算机管理""磁盘管理"和 DNS 这 3 个管理单元。

### 2. 设置第 2 台计算机

在第 2 台计算机（x64 系列）上，将 Windows Server 2008 R2 安装光盘插入光驱，从 CD-ROM 中引导，并开始全新的 Windows Server 2008 R2 安装，要求如下。

（1）安装 Windows Server 2008 R2 企业版，系统分区的大小为 20GB，管理员密码为 P@ssword2；

（2）对系统进行以下初始配置，计算机名称 Win2008-2，工作组为 office；

（3）设置 TCP/IP 协议，其中要求禁用 TCP/IPv6 协议，服务器的 IP 地址为 192.168.2.10，子网掩码为 255.255.255.0，网关设置为 192.168.2.254，DNS 地址为 202.103.0.117、202.103.6.46；

（4）设置计算机虚拟内存为自定义方式，其初始值为 1560MB，最大值为 2130MB；

（5）激活 Windows Server 2008 R2，启用 Windows 自动更新；

（6）启用远程桌面和防火墙；

（7）在微软管理控制台中添加"计算机管理""磁盘管理"和 DNS 这 3 个管理单元。

### 3. 比较 x86 和 x64 的区别

分别查看第 1 台和第 2 台计算机上的"添加角色"和"添加功能"向导以及控制面板，找出两台计算机中不同的地方。

**4. 设置第 3 台计算机**

在第 3 台计算机(x64 系列)上,安装 Windows Server Core,系统分区的大小为 20GB,管理员密码为 P@ssword3,并利用 cscript scregedit. wsf /cli 命令,列出 Windows Server Core 提供的常用命令行。

## 四、在虚拟机中安装 Windows Server 2008 的注意事项

在虚拟机中安装 Windows Server 2008 较简单,但安装的过程中需要注意以下事项。

(1) Windows Server 2008 安装完成后,必须安装"VMware 工具"。我们知道,在安装完成操作系统后,需要安装计算机的驱动程序。VMware 专门为 Windows、Linux、Netware 等操作系统"定制"了驱动程序光盘,称作"VMware 工具"。VMware 工具除了包括驱动程序外,还有一系列的功能。

安装方法:选择"虚拟机"→"安装 VMware 工具"命令,根据向导完成安装。

安装 VMware 工具并且重新启动后,从虚拟机返回主机,不再需要按 Ctrl+Alt 组合键,只要把鼠标指针从虚拟机中向外"移动"超出虚拟机窗口后,就可以返回到主机,在没有安装 VMware 工具之前,移动鼠标指针会受到窗口的限制。另外,启用 VMware 工具之后,虚拟机的性能会提高很多。

(2) 修改本地策略,禁用按 Ctrl+Alt+Del 组合键登录选项,步骤如下。

选择"开始"→"运行"命令,输入 gpedit. msc,打开"组策略编辑器"窗口,选择"计算机配置"→"Windows 设置"→"安全设置"→"本地策略"→"安全选项"命令,双击"交互式登录:无须按 Ctrl+Alt+Del　已禁用"图标,改为"已启用",如图 1-56 所示。

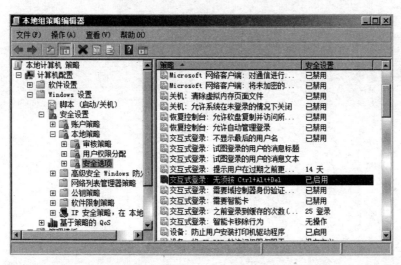

图 1-56　无须按 Ctrl+Alt+Del 组合键

这样设置后可避免与主机的快捷键发生冲突。

## 五、项目实训思考题

- 安装 Windows Server 2008 网络操作系统时需要哪些准备工作?
- 安装 Windows Server 2008 网络操作系统时应注意哪些问题?

- 如何选择分区格式？同一分区中有多个系统又该如何选择文件格式？如何选择授权模式？
- 如果服务器上只有一个网卡，而又需要多个 IP 地址，该如何操作？
- 在 VMware 中安装 Windows Server 2008 网络操作系统时，如果不安装 VMware 工具会出现什么问题？

## 六、项目实训报告要求

- 实训目的。
- 实训环境。
- 实训要求。
- 实训步骤。
- 实训中的问题和解决方法。
- 回答实训思考题。
- 实训心得与体会。

# 项目 2
# 管理活动目录与用户

**本项目学习要点**

Active Directory 又称活动目录,是 Windows Server 2003 和 Windows Server 2008 操作系统中非常重要的目录服务。Active Directory 用于存储网络上各种对象的有关信息,包括用户账户、组、打印机、共享文件夹等,并把这些数据存储在目录服务数据库中,便于管理员和用户查询及使用。活动目录具有安全性、可扩展性、可伸缩性的特点,与 DNS 集成在一起,可基于策略进行管理。

- 理解域与活动目录的概念。
- 掌握活动目录的创建与配置。
- 掌握域用户和组的管理。
- 了解组织单元的管理。
- 了解信任关系的管理。

## 2.1 项目基础知识

### 2.1.1 认识活动目录及其意义

什么是活动目录呢?活动目录就是 Windows 网络中的目录服务(Directory Service),也即活动目录域服务(AD DS)。所谓目录服务,有两方面内容:目录和与目录相关的服务。

活动目录负责目录数据库的保存、新建、删除、修改与查询等服务,用户很容易在目录内寻找所需要的数据。活动目录具有以下意义。

#### 1. 简化管理

活动目录和域密切相关。域是指网络服务器和其他计算机的一种逻辑分组,凡是在共享域逻辑范围内的用户都使用公共的安全机制和用户账户信息,每个使用者在域中只拥有一个账户,每次登录的是整个域。

活动目录用于将域中的资源分层次地组织在一起,每个域都包含一个或多个域控制器(Directory Controller,DC)。域控制器就是安装活动目录的 Windows Server 2008 的计算机,它存储域目录完整的副本。为了简化管理,域中的所有域控制器都是对等的,可以在任意一台域控制器上做修改,更新的内容将被复制到该域中所有其他域控制器,活动目录为管理网络上的所有资源提供单一入口，进一步简化了管理，管理员可以登录任意一台计算机管理网络。

**2. 安全性**

安全性通过登录身份验证及目录对象的访问控制集成在活动目录中。通过单点网络登录，管理员可以管理分散在网络各处的目录数据和组织单位，经过授权的网络用户可以访问网络任意位置的资源，基于策略的管理简化了网络的管理。

活动目录通过对象访问控制列表及用户凭据保护用户账户和组信息，因为活动目录不但可以保存用户凭据，而且可以保存访问控制信息，所以登录到网络上的用户既能够获得身份验证，也可以获得访问系统资源所需的权限。例如，在用户登录到网络时，安全系统会利用存储在活动目录中的信息验证用户的身份，在用户试图访问网络服务时，系统会检查在服务的自由访问控制列表（DCAL）中所定义的属性。

活动目录允许管理员创建组账户，管理员可以更加有效地管理系统的安全性，通过控制组权限可控制组成员的访问操作。

**3. 改进的性能与可靠性**

Windows Server 2008 能够更加有效地管理活动目录的复制与同步，不管是在域内还是在域间，管理员都可以更好地控制要在域控制器间进行同步的信息类型。活动目录还提供了许多技术可以智能地选择只复制发生更改的信息，而不是机械地复制整个目录的数据库。

## 2.1.2 认识活动目录的逻辑结构

活动目录结构是指网络中所有用户、计算机以及其他网络资源的层次关系，就像一个大型仓库中分出若干个小储藏间，每个小储藏间分别用来存放东西。通常活动目录的结构可以分为逻辑结构和物理结构，分别包含不同的对象。

活动目录的逻辑结构非常灵活，目录中的逻辑单元包括域、组织单位（Organizational Unit，OU）、域树和域林。

**1. 域**

域是在 Windows NT/2000/2003/2008 网络环境中组建客户机/服务器网络的实现方式。所谓域，是由网络管理员定义的一组计算机集合，实际上就是一个网络。在这个网络中，至少有一台称为域控制器的计算机，充当服务器角色。在域控制器中保存着整个网络的用户账号及目录数据库，即活动目录。管理员可以通过修改活动目录的配置来实现对网络的管理和控制。如管理员可以在活动目录中为每个用户创建域用户账号，使他们可登录域并访问域的资源。同时，管理员也可以控制所有网络用户的行为，如控制用户能否登录、在什么时间登录、登录后能执行哪些操作等。而域中的客户计算机要访问域的资源，必须先加入域，并通过管理员为其创建的域用户账号登录域，才能访问域资源。同时，也必须接受管理员的控制和管理。构建域后，管理员可以对整个网络实施集中控制和管理。

**2. 组织单位**

OU 是组织单位，在活动目录（Active Directory，AD）中扮演着特殊的角色，它是一个当普通边界不能满足要求时创建的边界。OU 把域中的对象组织成逻辑管理组，而不是安全组或代表地理实体的组。OU 是可以应用组策略和委派责任的最小单位。

组织单位是包含在活动目录中的容器对象。创建组织单位的目的是对活动目录对象进行分类。比如,由于一个域中的计算机和用户较多,会使活动中的对象非常多。这时,管理员如果想查找某一个用户账号并进行修改是非常困难的。另外,如果管理员只想对某一部门的用户账号进行操作,实现起来不太方便。但如果管理员在活动目录中创建了组织单位,所有操作就会变得非常简单。比如,管理员可以按照公司的部门创建不同的组织单位,如财务部组织单位、市场部组织单位、策划部组织单位等,并将不同部门的用户账号建立在相应的组织单位中,这样管理时也就非常容易、方便了。除此之外,管理员还可以针对某个组织单位设置组策略,实现对该组织单位内所有对象的管理和控制。

总之,创建组织单位有以下好处。

- 可以分类组织对象,使所有对象结构更清晰。
- 可以对某些对象配置组策略,实现对这些对象的管理和控制。
- 可以委派管理控制权,如管理员可以给不同部门的网络主管授权,让他们管理本部门的账号。

因此组织单位是可将用户、组、计算机和其他单元放入活动目录的容器,组织单位不能包括来自其他域的对象。组织单位是可以指派组策略设置或委派管理权限的最小作用单位。使用组织单位,可在组织单位中代表逻辑层次结构的域中创建容器,这样就可以根据组织模型管理网络资源的配置和使用。可授予用户对域中某个组织单位的管理权限,组织单位的管理员不需要具有域中任何其他组织单位的管理权。

### 3. 域目录树

当要配置一个包含多个域的网络时,应该将网络配置成域目录树结构,如图 2-1 所示。

在图 2-1 所示的域目录树中,最上层的域名为 china.com,是这棵域目录树的根域,也称为父域。下面两个域 jinan.china.com 和 beijing.china.com 是 china.com 域的子域,3 个域共同构成了这棵域目录树。

活动目录的域名仍然采用 DNS 域名的命名规则进行命名。图 2-1 所示的域目录树中,两个子域的域名 jinan.china.com 和 beijing.china.com 中仍包含父域的域名 china.com,因此,它们的名称空间是连续的。这也是判断两个域是否属于同一棵域目录树的重要条件。

图 2-1   域目录树

在整棵域目录树中,所有域共享同一个活动目录,即整棵域目录树中只有一个活动目录。只不过这个活动目录分散地存储在不同的域中(每个域只负责存储和本域有关的数据),整体上形成一个大的分布式的活动目录数据库。在配置一个较大规模的企业网络时,可以配置为域目录树结构,比如,将企业总部的网络配置为根域,各分支机构的网络配置为子域,整体上形成一棵域目录树,以实现集中管理。

### 4. 域目录林

如果网络的规模比前面提到的域目录树还要大,甚至包含多棵域目录树,这时可以将网络配置为域目录林(也称森林)结构。域目录林由一棵或多棵域目录树组成,如图 2-2 所示。

域目录林中的每棵域目录树都有唯一的命名空间，它们之间并不是连续的，这一点从图 2-2 中的两棵目录树中可以看到。

在整个域目录林中也存在着一个根域，这个根域是域目录林中最先安装的域。在图 2-2 所示的域目录林中，china.com 是最先安装的，则这个域是域目录林的根域。

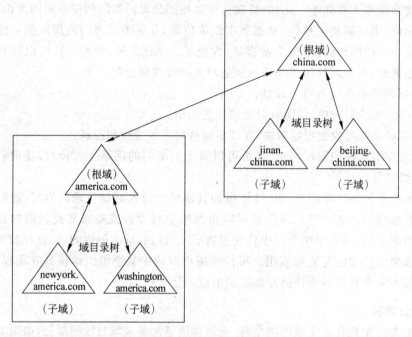

图 2-2　域目录林

**注意**：在创建域目录林时，组成域目录林的两棵域目录树的树根之间会自动创建相互的、可传递的信任关系。由于有了双向的信任关系，使域目录林中的每个域中的用户都可以访问其他域的资源，也可以从其他域登录到本域中。

### 2.1.3　认识活动目录的物理结构

活动目录的物理结构与逻辑结构是彼此独立的两个概念。逻辑结构侧重于网络资源的管理，而物理结构则侧重于网络的配置和优化。物理结构的 3 个重要概念是站点、域控制器和全局编录服务器。

**1. 站点**

站点由一个或多个 IP 子网组成，这些子网通过高速网络设备连接在一起。站点往往由企业的物理位置分布情况决定，可以依据站点结构配置活动目录的访问和复制拓扑关系，使网络更有效地连接，并且可使复制策略更合理，用户登录更快速。活动目录中的站点与域是两个完全独立的概念，一个站点中可以有多个域，多个站点也可以位于同一个域中。

活动目录站点和服务可以通过使用站点提高大多数配置目录服务的效率。通过使用活动目录站点和服务来发布站点，并提供有关网络物理结构的信息，从而确定如何复制目录信息和处理服务的请求。计算机站点是根据其在子网或组已连接好子网中的位置指定的，子网用来为网络分组，类似于生活中使用邮政编码划分地址。划分子网可方便发送有关网络与目录连接的物理信息,而且同一子网中计算机的连接情况通常优于不同网络。

使用站点的意义主要在于以下 3 点。

(1) 提高了验证过程的效率。当客户使用域账户登录时,登录机制首先搜索与客户处于同一站点内的域控制器,使用客户站点内的域控制器可以使网络传输本地化,加快了身份验证的速度,提高了验证过程的效率。

(2) 平衡了复制频率。活动目录信息可在站点内部或站点之间进行信息复制,但由于网络的原因,活动目录在站点内部复制信息的频率高于站点间的复制频率,这样做可以平衡对最新目录的信息需求和可用网络带宽带来的限制,可以通过站点链接来定制活动目录如何复制信息以指定站点的连接方法,活动目录使用有关站点如何连接的信息生成连接对象以便提供有效的复制和容错。

(3) 可提供有关站点链接信息。活动目录可使用站点链接信息费用、链接使用次数、链接何时可用以及链接使用频度等信息确定应使用哪个站点来复制信息以及何时使用该站点。定制复制计划使复制在特定时间(诸如网络传输空闲时)进行,会使复制更为有效。通常所有域控制器都可用于站点间信息的变换,也可以通过指定桥头堡服务器优先发送和接收站间复制信息的方法进一步控制复制行为。当拥有希望用于站间复制的特定服务器时,宁愿建立一个桥头堡服务器而不使用其他可用服务器。或在配置代理服务器时建立一个桥头堡服务器,用于通过防火墙发送和接收信息。

**2. 域控制器**

域控制器是指安装了活动目录的 Windows Server 2008 的服务器,它保存了活动目录信息的副本。域控制器管理目录信息的变化,并把这些变化复制到同一个域中的其他域控制器上,使各域控制器上的目录信息同步。域控制器负责用户的登录过程以及其他与域有关的操作,如身份鉴定、目录信息查找等。一个域可以有多个域控制器,规模较小的域可以只有两个域控制器,一个做实际应用;另一个用于容错性检查,规模较大的域则使用多个域控制器。

域控制器没有主次之分,采用多主机复制方案,每一个域控制器都有一个可写入的目录副本,这为目录信息容错带来了无尽的好处。尽管在某个时刻,不同的域控制器中的目录信息可能有所不同,但一旦活动目录中的所有域控制器执行同步操作之后,最新的变化信息就会一致。

**3. 全局编录服务器**

尽管活动目录支持多主机复制方案,然而由于复制引起通信流量以及网络潜在的冲突,变化的传播并不一定能够顺利进行,因此有必要在域控制器中指定全局编录(Global Catalog,GC)服务器以及操作主机。全局编录是个信息仓库,包含活动目录中所有对象的部分属性,是在查询过程中访问最为频繁的属性,利用这些信息,可以定位任何一个对象实际所在的位置。全局编录服务器是一个域控制器,它保存了全局编录的一份副本,并执行对全局编录的查询操作。全局编录服务器可以提高活动目录中大范围内对象检索的性能,比如,在域林中查询所有的打印机操作,如果没有全局编录服务器,那么必须调动域林中每一个域的查询过程。如果域中只有一个域控制器,那么它就是全局编录服务器。如果有多个域控制器,那么管理员必须把一个域控制器配置为全局编录服务器。

## 2.2 项目设计与准备

### 2.2.1 项目设计

图 2-3 是本项目的综合网络拓扑图。实施完本项目，也就完成了拓扑中的所有工作任务。该拓扑的域林有两棵域树：long.com 和 smile.com，其中 long.com 域树下有 china.long.com 子域，在 long.com 域中有两个域控制器 Win2008-1 与 Win2008-2；在 china.long.com 域中除了有一个域控制器 Win2008-3 外，还有一个成员服务器 Win2008-5。下面先创建 long.com 域树，然后再创建 smile.com 域树，smile.com 域中有一个域控制器 Win2008-4。IP 地址、服务器角色等具体参数在后面各任务中将分别设计。

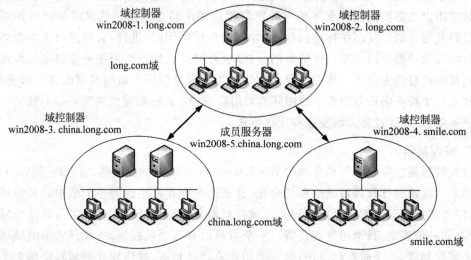

图 2-3 网络规划拓扑图

### 2.2.2 项目准备

为了搭建图 2-3 所示的网络环境，需要以下设备。

- 安装 Windows Server 2008 R2 的 1 台 PC。
- 已在 Windows Server 2008 R2 上安装 Hyper-V 角色，并且安装了符合要求的虚拟机。
- Windows Server 2008 R2 安装光盘或 ISO 镜像。

如果是在虚拟 PC 中部署网络环境，不能使用 x64 版本，但在 VMware 中可实现各种版本的虚拟机。

**注意**：超过一台的计算机参与部署环境时，一定要保证各计算机间通信畅通，否则无法进行后续的工作。当使用 ping 命令测试失败时，有两种可能：一种情况是计算机间配置确实存在问题，比如 IP 地址、子网掩码等；另一种情况也可能是本身计算机间通信是畅通的，但由于对方防火墙等阻挡了 ping 命令的执行。第二种情况可以通过配置防火墙并放行 ping 命令进行处理。

## 2.3　项目实施

### 2.3.1　创建第一个域(目录林根级域)

**1. 部署需求**

在部署目录林根级域之前需满足以下要求。

- 设置域控制器的 TCP/IP 属性,手动指定 IP 地址、子网掩码、默认网关和 DNS 服务器 IP 地址等。
- 在域控制器上准备 NTFS 卷,如"C:"。

**2. 部署环境**

本书中所有实例被部署在该域环境下。域名为 long.com。Win2008-1 和 Win2008-2 是 Hyper-V 服务器的 2 台虚拟机。在做实训时,为了不相互影响,建议在 Hyper-V 服务器中虚拟网络的模式选"专用"。网络拓扑图及参数规划如图 2-4 所示。

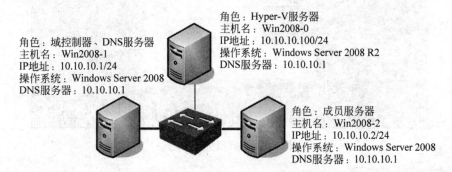

角色:域控制器、DNS服务器
主机名:Win2008-1
IP地址:10.10.10.1/24
操作系统:Windows Server 2008
DNS服务器:10.10.10.1

角色:Hyper-V服务器
主机名:Win2008-0
IP地址:10.10.10.100/24
操作系统:Windows Server 2008 R2
DNS服务器:10.10.10.1

角色:成员服务器
主机名:Win2008-2
IP地址:10.10.10.2/24
操作系统:Windows Server 2008
DNS服务器:10.10.10.1

图 2-4　创建目录林根级域的网络拓扑图

**提示**:将已经安装 Windows Server 2008 R2 的独立服务器按要求进行 IP 地址、DNS 服务器、计算机名等的设置,为后续工作奠定基础。

由于域控制器所使用的活动目录和 DNS 有着非常密切的关系,因此网络中要求有 DNS 服务器存在,并且 DNS 服务器要支持动态更新。如果没有 DNS 服务器存在,可以在创建域时一起把 DNS 安装上。这里假设图 2-4 中的 Win2008-1 服务器未安装 DNS,并且是该域林中的第一台域控制器。

**3. 安装 Active Directory 域服务**

活动目录在整个网络中的重要性不言而喻,经过 Windows 2000 Server 和 Windows Server 2003 的不断完善,Windows Server 2008 中的活动目录服务功能更加强大,管理更加方便。在 Windows Server 2008 操作系统中安装活动目录时,需要先安装 Active Directory 域服务,然后运行 dcpromo.exe 命令来启动安装向导。

Active Directory 域服务的主要作用是存储目录数据并管理域之间的通信,包括用户登录处理、身份验证和目录搜索等。如果直接运行 dcpromo.exe 命令启动 Active Directory 服务,则自动在后台安装 Active Directory 域服务。

(1)首先确认 Win2008-1 的"本地连接"属性 TCP/IP 中首选 DNS 指向了自己(本例定

为 10.10.10.1)。

(2) 以管理员用户身份登录到 Win2008-1 上,选择"开始"→"管理工具"→"服务器管理器"→"角色"选项,显示"服务器管理器"窗口。

(3) 单击"添加角色"按钮,运行"添加角色向导"对话框。当显示如图 2-5 所示的"选择服务器角色"窗口时,选中"Active Directory 域服务"复选框。

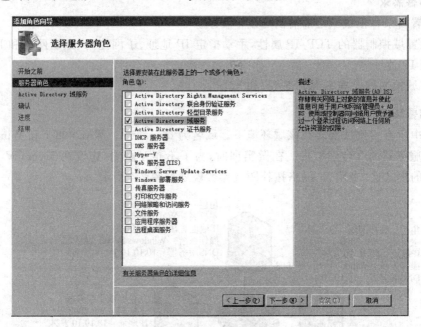

图 2-5　选择服务器角色

(4) 单击"下一步"按钮,显示"Active Directory 域服务"窗口,窗口中简要介绍了 Active Directory 域服务的主要功能以及安装过程中的注意事项,如图 2-6 所示。

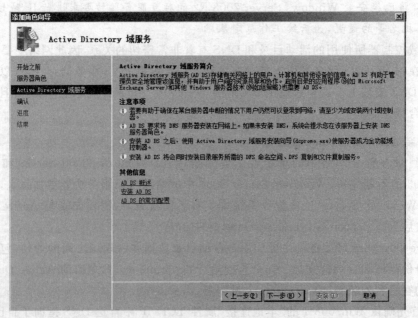

图 2-6　"Active Directory 域服务"安装向导

（5）单击"下一步"按钮，显示"确认安装选择"对话框，在对话框中显示确认要安装的服务。

（6）单击"安装"按钮即可开始安装。安装完成后显示如图 2-7 所示的"安装结果"对话框，提示"Active Directory 域服务"已经成功安装。

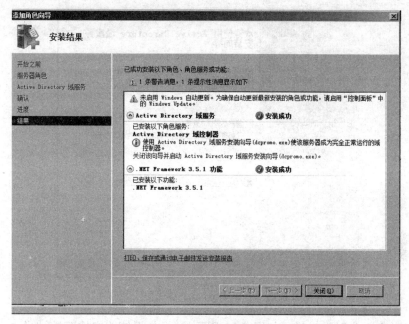

图 2-7　"安装结果"对话框

（7）单击"关闭"按钮关闭安装向导，并返回"服务器管理器"窗口。

**4．安装活动目录**

（1）选择"开始"→"管理工具"→"服务器管理器"选项，打开"服务器管理器"窗口，展开"角色"，即可看到已经安装成功的"Active Directory 域服务"，如图 2-8 所示。

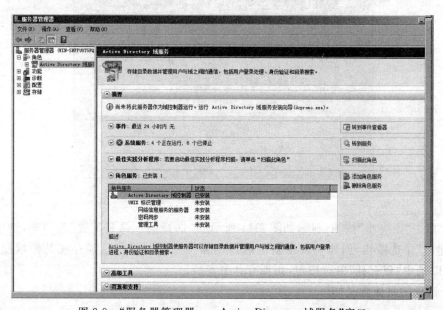

图 2-8　"服务器管理器——Active Directory 域服务"窗口

（2）单击"摘要"区域中的"……运行 Active Directory 域服务安装向导（dcpromo.exe）"超链接或者运行 dcpromo 命令，可启动"Active Directory 域服务安装向导"对话框，首先显示如图 2-9 所示的欢迎界面。

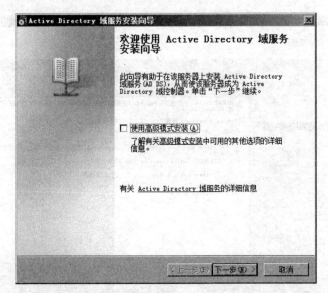

图 2-9　"欢迎使用 Active Directory 域服务安装向导"对话框

（3）单击"下一步"按钮，显示如图 2-10 所示的"操作系统兼容性"对话框。

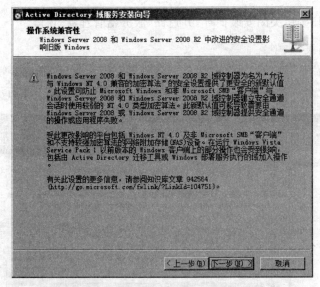

图 2-10　"操作系统兼容性"对话框

（4）单击"下一步"按钮，显示如图 2-11 所示的"选择某一部署配置"对话框，选中"在新林中新建域"单选按钮，创建一台全新的域控制器。如果网络中已经存在其他域控制器或林，则可以选中"现有林"单选按钮，在现有林中安装。

3 个选项的具体含义如下。

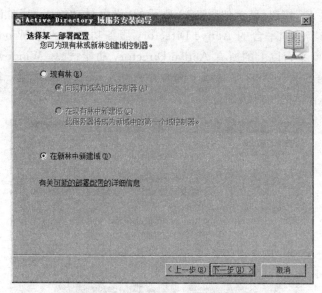

图 2-11　"选择某一部署配置"对话框

- "现有林"→"向现有域添加域控制器"：可以向现有域添加第 2 台或更多域控制器。
- "现有林"→"在现有林中新建域"：在现有林中创建现有域的子域。
- "在新林中新建域"：新建全新的域。

提示：网络既可以有一台域控制器，也可以配置多台域控制器，以分担用户的登录和访问。多台域控制器可以一起工作，自动备份用户账户和活动目录数据，即使部分域控制器瘫痪后网络访问仍然不受影响，从而提高网络安全性和稳定性。

（5）单击"下一步"按钮，显示如图 2-12 所示的"命名林根域"对话框。在"目录林根级域的 FQDN"文本框中输入林根域的域名（如本例为 long.com）。林中的第 1 台域控制器是根域，在根域下可以继续创建从属于根域的子域控制器。

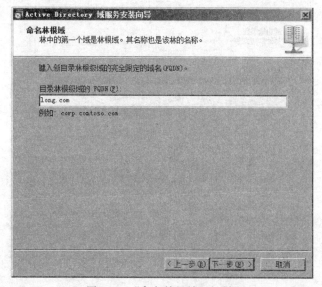

图 2-12　"命名林根域"对话框

（6）单击"下一步"按钮，显示如图 2-13 所示的"设置林功能级别"对话框。不同的林功能级别可以向下兼容不同平台的 Active Directory 服务功能。选择 Windows 2000，则可以提供 Windows 2000 平台以上的所有 Active Directory 功能；选择 Windows Server 2003，则可以提供 Windows Server 2003 平台以上的所有 Active Directory 功能。用户可以根据自己实际网络环境选择合适的功能级别。

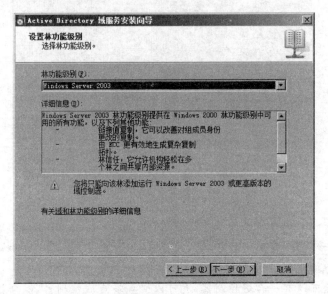

图 2-13  "设置林功能级别"对话框

**提示**：安装后若要设置"林功能级别"，请登录域控制器，打开"Active Directory 域和信任关系"窗口，右击"Active Directory 域和信任关系"，在弹出的快捷菜单中选择"提升林功能级别"选项，选择相应的林功能级别。

（7）单击"下一步"按钮，显示如图 2-14 所示的"设置域功能级别"对话框。设置不同的

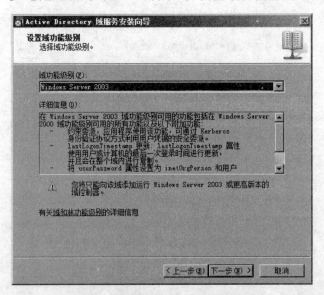

图 2-14  "设置域功能级别"对话框

域功能级别主要是为兼容不同平台下的网络用户和子域控制器。例如,设置为 Windows Server 2003,则只能向该域中添加 Windows Server 2003 平台或更高版本的域控制器。

提示:安装后若要设置"域功能级别",请登录域控制器,打开"Active Directory 域和信任关系"窗口,右击域名 long.com,在弹出的快捷菜单中选择"提升域功能级别"选项,选择相应的域功能级别。

(8)单击"下一步"按钮,显示如图 2-15 所示的"其他域控制器选项"对话框。林中的第 1 台域控制器必须是全局编录服务器且不能是只读域控制器,所以"全局编录"和"只读域控制器(RODC)"两个选项都是不可选的。建议选中"DNS 服务器"复选框,在域控制器上同时安装 DNS 服务。

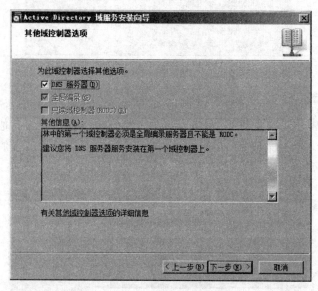

图 2-15　"其他域控制器选项"对话框

注意:在运行"Active Directory 域服务安装向导"对话框时,建议安装 DNS。如果这样做,该向导将自动创建 DNS 区域委派。无论 DNS 服务器服务是否与 AD DS 集成,都必须将其安装在部署的 AD DS 目录林根级域的第 1 台域控制器上。

(9)单击"下一步"按钮,开始检查 DNS 配置,并显示如图 2-16 所示的警告框。该信息表示因为无法找到有权威的父区域或者未运行 DNS 服务器,所以无法创建该 DNS 服务器的委派。

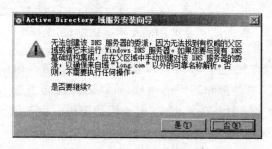

图 2-16　无法创建 DNS 服务器委派

**注意**：如果服务器没有分配静态 IP 地址,此时就会显示如图 2-17 所示的"静态 IP 分配"对话框。提示需要配置静态 IP 地址。可以返回重新设置,也可以跳过此步骤,只使用动态 IP 地址。

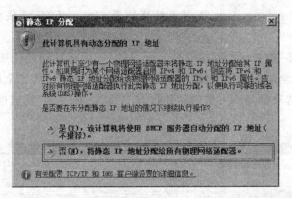

图 2-17 "静态 IP 分配"对话框

(10) 单击"是"按钮,显示如图 2-18 所示的"数据库、日志文件和 SYSVOL 的位置"对话框,默认位于 C：\Windows 文件夹下,也可以单击"浏览"按钮更改为其他路径。其中,数据库文件夹用来存储互动目录数据库;日志文件文件夹用来存储活动目录的变化日志,以便于日常管理和维护。需要注意的是,SYSVOL 文件夹必须保存在 NTFS 格式的分区中。

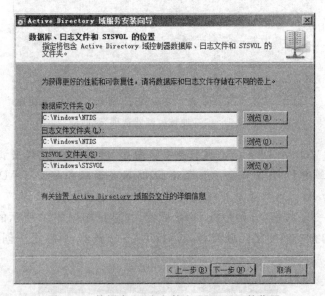

图 2-18 数据库、日志文件和 SYSVOL 的位置

(11) 单击"下一步"按钮,显示如图 2-19 所示的"目录服务还原模式的 Administrator 密码"对话框。由于有时需要备份和还原活动目录,且还原时必须进入"目录服务还原模式"下,所以此处要求输入"目录服务还原模式"时使用的密码。由于该密码和管理员密码可能不同,所以一定要牢记该密码。

(12) 单击"下一步"按钮,显示如图 2-20 所示的"摘要"对话框,列出前面所有的配置信息。如果需要修改,可单击"上一步"按钮返回。

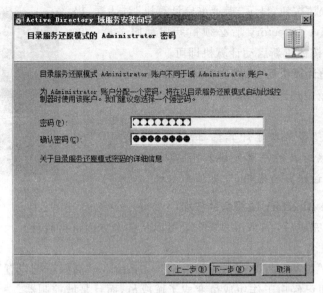

图 2-19　目录服务还原模式的 Administrator 密码

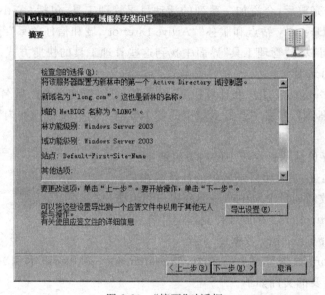

图 2-20　"摘要"对话框

　　**提示**：单击"导出设置"按钮，即可将当前安装设置输出到记事本中，以用于其他类似域控制器的无人值守安装。

　　（13）单击"下一步"按钮即可开始安装，显示"Active Directory 域服务安装向导"对话框，根据所设置的选项配置 Active Directory。由于这个过程一般比较长，可能要花几分钟或更长时间，所以要耐心等待，也可选中"完成后重新启动"复选框，则安装完成后计算机会自动重新启动。

　　（14）配置完成后，显示"完成 Active Directory 域服务安装向导"对话框，表示 Active Directory 已安装成功了。

（15）单击"完成"按钮，显示"提示重启计算机"对话框，提示在安装完成 Active Directory 后必须重新启动服务器。单击"立即重新启动"按钮重新启动计算机即可。

（16）重新启动计算机后，升级为 Active Directory 域控制器之后，必须使用域用户账户登录，格式为域名\用户账户，如图 2-21 所示。

提示：如果希望登录本地计算机，请单击"切换用户"→"其他用户"按钮，然后在用户名处输入"计算机名\登录账户名"，在密码处输入该账户的密码，即可登录本机。

图 2-21 "登录"对话框

### 5. 验证 Active Directory 域服务的安装

活动目录安装完成后，在 Win2008-1 上可以从各个方面进行验证。

1）查看计算机名

选择"开始"→"控制面板"→"系统和安全"→"系统"→"高级系统设置"→"计算机"选项卡，可以看到计算机已经由工作组成员变成了域成员，而且是域控制器。

2）查看管理工具

活动目录安装完成后，会添加一系列的活动目录管理工具，包括"Active Directory 用户和计算机""Active Directory 站点和服务""Active Directory 域和信任关系"等。选择"开始"→"管理工具"命令，可以在"管理工具"界面中找到这些管理工具的快捷方式。

3）查看活动目录对象

打开"Active Directory 用户和计算机"管理工具，可以看到企业的域名 long.com。单击该域，窗口右侧详细信息窗格中会显示域中的各个容器。其中包括一些内置容器，主要有以下内置容器。

- built-in：存放活动目录域中的内置组账户。
- computers：存放活动目录域中的计算机账户。
- users：存放活动目录域中的一部分用户和组账户。
- domain controllers：存放域控制器的计算机账户。

4）查看 Active Directory 数据库

Active Directory 数据库文件保存在 %SystemRoot%\Ntds（本例为 C：\Windows\Ntds）文件夹中，主要的文件如下。

- Ntds.dit：数据库文件。
- Edb.chk：检查点文件。
- Temp.edb：临时文件。

5）查看 DNS 记录

为了让活动目录正常工作，需要 DNS 服务器的支持。活动目录安装完成后，重新启动 Win2008-1 时会向指定的 DNS 服务器上注册 SRV 记录。一个注册了 SRV 记录的 DNS 服务器如图 2-22 所示（在"服务器管理器"窗口中查询 DNS 角色）。

有时由于网络连接或者 DNS 配置的问题，造成未能正常注册 SRV 记录的情况。对于这种情况，可以先维护 DNS 服务器，并将域控制器的 DNS 设置指向正确的 DNS 服务器，然后重新启动 NETLOGON 服务。

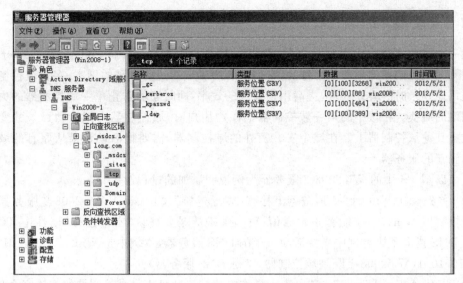

图 2-22  注册 SRV 记录

具体操作可以使用以下命令：

```
net stop netlogon
net start netlogon
```

**试一试**：SRV 记录手动添加无效。将注册成功的 DNS 服务器中 long.com 域下面的 SRV 记录删除一些，试着在域控制器上使用上面的命令恢复 DNS 服务器被删除的内容。

**6. 将客户端计算机加入域中**

下面再将 Win2008-2 独立服务器加入 long.com 域中，将 Win2008-2 提升为 long.com 的成员服务器。其步骤如下。

（1）首先在 Win2008-2 服务器上，确认"本地连接"属性中的 TCP/IP 首选 DNS 指向了 long.com 域的 DNS 服务器，即 10.10.10.1。

（2）选择"开始"→"控制面板"→"系统和安全"→ "系统"→"高级系统设置"选项，弹出"系统属性"对话框，选择"计算机名"选项卡，单击"更改"按钮，弹出"计算机名/域更改"对话框，如图 2-23 所示。

（3）在"隶属于"选项区中选择"域"单选按钮，并输入要加入的域的名字 long.com，单击"确定"按钮。

（4）输入有权限加入该域的账户的名称和密码，确定后重新启动计算机即可。

**提示**：Windows 2003 的计算机要加入域中的步骤和 Windows Server 2008 加入域中的步骤是一样的。

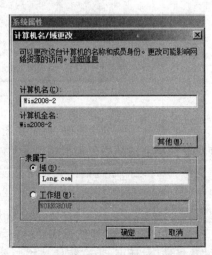

图 2-23  "计算机名/域更改"对话框

### 2.3.2　安装额外的域控制器

在一个域中可以有多台域控制器，和 Windows NT 4.0 不一样，Windows Server 2008 的域中不同域控制器的地位是平等的，它们都有所属域的活动目录的副本，多台域控制器可以分担用户登录时的验证任务，提高用户登录的效率，同时还能防止单一域控制器的失败而导致网络的瘫痪。在域中的某一域控制器上添加用户时，域控制器会把活动目录的变化复制到域中其他域控制器上。在域中安装额外的域控制器，需要把活动目录从原有的域控制器复制到新的服务器上。

下面以图 2-4 中的 Win2008-2 服务器为例说明添加的过程。

（1）首先要在 Win2008-2 服务器上检查"本地连接"属性，确认 Win2008-2 服务器和现在的域控制器 Win2008-1 能否正常通信；更为关键的是要确认"本地连接"属性中 TCP/IP 的首选 DNS 指向了原有域中支持活动目录的 DNS 服务器，本例中是 Win2008-1，其 IP 地址为 10.10.10.1（Win2008-1 既是域控制器，又是 DNS 服务器）。

（2）安装 Active Directory 域服务。操作方法与安装第 1 台域控制器的方法完全相同。

（3）启动 Active Directory 安装向导，当显示"选择某一部署配置"对话框时，选择"现有林"单选按钮，并选择"向现有域添加域控制器"单选按钮，如图 2-24 所示。

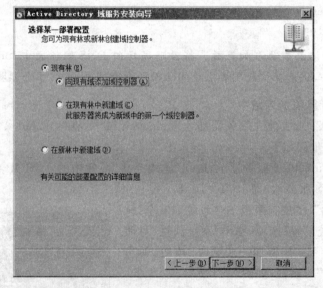

图 2-24　"选择某一部署配置"对话框

（4）单击"下一步"按钮，显示如图 2-25 所示的"网络凭据"对话框。在"键入位于计划安装此域控制器的林中任何域的名称"文本框中输入主域的域名。域林中可以存在多个主域控制器，彼此之间通过信任关系建立连接。

（5）单击"设置"按钮，显示如图 2-26 所示的"Windows 安全"对话框。需要指定可以通过相应主域控制器验证的用户账户凭据，该用户账户必须是 Domain Admins 组，拥有域管理员权限。

（6）单击"确定"按钮返回"网络凭据"对话框。单击"下一步"按钮，显示如图 2-27 所示的"选择域"对话框，为该额外域控制器选择域。在"域"列表框中选择主域控制器所在的域 long. com。

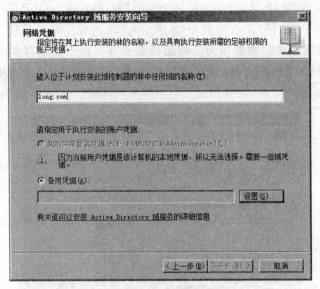

图 2-25　"网络凭据"对话框

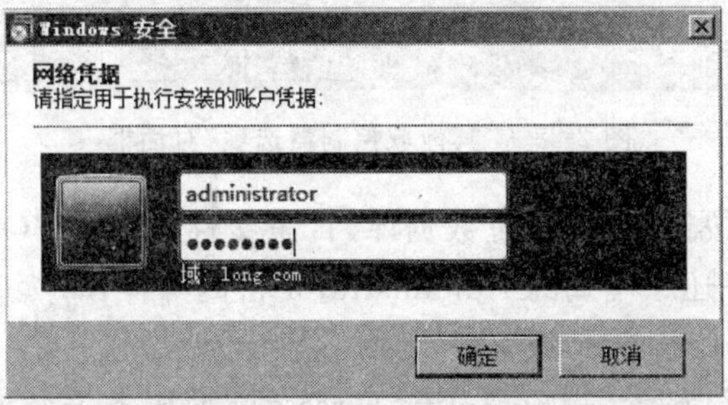

图 2-26　"Windows 安全"对话框

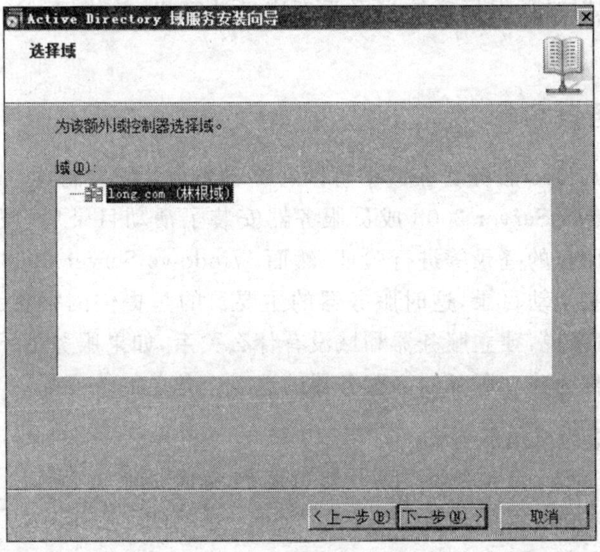

图 2-27　"选择域"对话框

（7）单击"下一步"按钮，显示"请选择一个站点"对话框，在"站点"列表框中选择站点。

（8）单击"下一步"按钮，显示如图 2-28 所示的"其他域控制器选项"对话框，选中"全局编录"复选框，将额外域控制器作为全局编录服务器。由于当前存在一个注册为该域的权威性名称服务器的 DNS 服务器，所以可以不选中"DNS 服务器"复选框。当然也可选中"DNS 服务器"复选框。

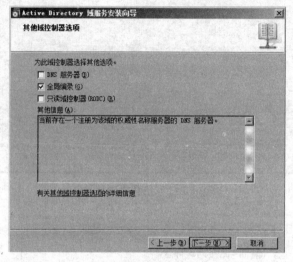

图 2-28 "其他域控制器选项"对话框

（9）单击"下一步"按钮，完成设置数据库、日志文件和 SYSVOL 的位置，并设置目录服务还原模式的 Administrator 密码等操作，然后开始安装并配置 Active Directory 域服务。

（10）配置完成以后，显示"完成 Active Directory 域服务安装向导"对话框，域的额外域控制器安装完成。

（11）单击"完成"按钮，根据系统提示重新启动计算机，并使用域用户账户登录到域。

## 2.3.3 转换服务器角色

Windows Server 2008 服务器在域中可以有 3 种角色：域控制器、成员服务器和独立服务器。当一台 Windows Server 2008 成员服务器安装了活动目录后，服务器就成为域控制器，域控制器可以对用户的登录等进行验证；然而 Windows Server 2008 成员服务器可以仅仅加入域中，而不安装活动目录，这时服务器的主要目的是提供网络资源，这样的服务器称为成员服务器。严格来说，独立服务器和域没有什么关系，如果服务器不加入域中也不安装活动目录，服务器就称为独立服务器。服务器的这 3 个角色的改变如图 2-29 所示。

**1. 域控制器降级为成员服务器**

在域控制器上把活动目录删除，服务器就降级为成员服务器了。下面以图 2-4 中的 Win2008-2 降级为例，介绍具体步骤。

1）删除活动目录注意要点

用户删除活动目录也就是将域控制器降级为独立服务器。降级时要注意以下 3 点。

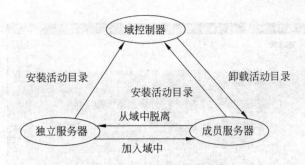

图 2-29　服务器角色的变化

（1）如果该域内还有其他域控制器，则该域会被降级为成员服务器。

（2）如果这台域控制器是该域的最后一台域控制器，则被降级后，该域内将不存在任何域控制器了。因此，该域控制器被删除，而该计算机被降级为独立服务器。

（3）如果这台域控制器是"全局编录"，则将其降级后，它将不再担当"全局编录"的角色，因此先确定网络上是否还有其他的"全局编录"域控制器。如果没有，则要先指派一台域控制器来担当"全局编录"的角色，否则将影响用户的登录操作。

提示：指派"全局编录"的角色时，可以依次打开"开始"→"管理工具"→"Active Directory 站点和服务"→Sites→Default-First-Site-Name→Servers，展开要担当"全局编录"角色的服务器名称，右击"NTDS Settings 属性"选项，在弹出的快捷菜单中选择"属性"命令，在显示的"NTDS Settings 属性"对话框中选中"全局编录"复选框。

2）删除活动目录

（1）以管理员身份登录 Win2008-2，直接运行命令 dcpromo，打开"Active Directory 域服务安装向导"对话框。但如果该域控制器是"全局编录"服务器，就会显示图 2-30 所示的提示框。

图 2-30　删除 AD 时的提示信息

（2）如图 2-31 所示，若该计算机是域中的最后一台域控制器，请选中"删除该域，因为此服务器是该域中的最后一个域控制器"复选框，则降级后变为独立服务器，此处由于 long.com 还有一台域控制器 Win2008-1.long.com，所以不选中复选框。单击"下一步"按钮。

3）输入密码并删除活动目录

输入删除 Active Directory 域服务后的管理员 administrator 的新密码，单击"下一步"按钮；确认从服务器上删除活动目录后，服务器将成为 long.com 域上的一台成员服务器。确定后，安装向导从该计算机删除活动目录。删除完成后重新启动计算机，这样就把域控制器降级为成员服务器了。

**2. 成员服务器降级为独立服务器**

Win2008-2 删除 Active Directory 域服务后，降级为域 long.com 的成员服务器。现在将该成员服务器继续降级为独立服务器。

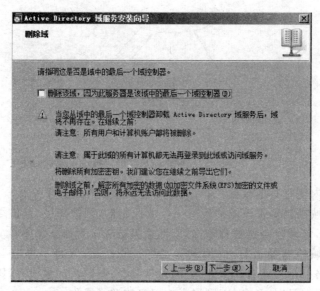

图 2-31　指明是否是域中的最后一个域控制器

首先在 Win2008-2 上以管理员身份登录。登录成功后选择"开始"→"控制面板"→"系统和安全"→"系统"→"高级系统设置"选项,弹出"系统属性"对话框,选择"计算机名"选项卡,单击"更改"按钮;弹出"计算机名/域更改"对话框;在"隶属于"选项区中选择"工作组"单选按钮,并输入从域中脱离后要加入的工作组的名字(本例为 WORKGROUP),单击"确定"按钮;输入有权限脱离该域的账户的名称和密码,确定后重新启动计算机。

## 2.3.4　创建子域

本任务要求创建 long.com 的子域 china.long.com。创建子域之前,读者需要了解本任务实例部署的需求和实训环境。

### 1. 部署需求

在向现有域中添加域控制器前需满足以下要求。

- 设置域中父域控制器和子域控制器的 TCP/IP 属性,手动指定 IP 地址、子网掩码、默认网关和 DNS 服务器 IP 地址等。
- 部署域环境,父域域名为 long.com,子域域名为 china.long.com。

### 2. 部署环境

本任务所有实例被部署在域环境下,父域域名为 long.com,子域域名为 china.long.com。其中父域的域控制器主机名为 Win2008-1,其本身也是 DNS 服务器,IP 地址为 10.10.10.1。子域的域控制器主机名为 Win2008-2,其本身也是 DNS 服务器,IP 地址为 10.10.10.2。具体网络拓扑图如图 2-32 所示。

**提示**:Win2008-1 和 Win2008-2 是 Hyper-V 服务器的 2 台虚拟机。读者在做实训时为了不相互影响,建议将 Hyper-V 服务器中虚拟网络的模式选择"专用"。

在计算机 Win2008-2 上安装 Active Directory 域服务,使其成为子域 china.long.com 中的域控制器。

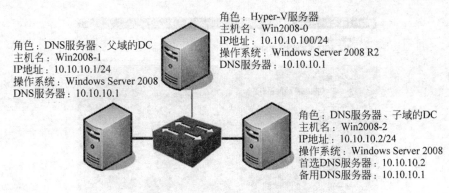

角色：Hyper-V服务器
主机名：Win2008-0
IP地址：10.10.10.100/24
操作系统：Windows Server 2008 R2
DNS服务器：10.10.10.1

角色：DNS服务器、父域的DC
主机名：Win2008-1
IP地址：10.10.10.1/24
操作系统：Windows Server 2008
DNS服务器：10.10.10.1

角色：DNS服务器、子域的DC
主机名：Win2008-2
IP地址：10.10.10.2/24
操作系统：Windows Server 2008
首选DNS服务器：10.10.10.2
备用DNS服务器：10.10.10.1

图 2-32 创建子域的网络拓扑图

### 3. 创建子域

（1）在 Win2008-2 上以管理员账户登录，打开"Internet 协议版本 4（TCP/IPv4）属性"对话框，按图 2-33 所示配置该计算机的 IP 地址、子网掩码、默认网关以及 DNS 服务器，其中 DNS 服务器一定要设置为自身的 IP 地址和父域的域控制器的 IP 地址。

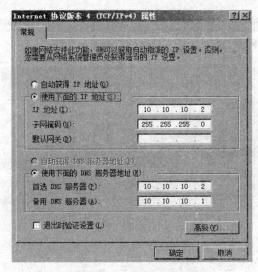

图 2-33 设置 DNS 服务器

（2）启动"Active Directory 安装向导"，在"选择某一部署配置"对话框中选择"现有林"和"在现有林中新建域"单选按钮，如图 2-34 所示。

（3）单击"下一步"按钮，显示如图 2-35 所示的"网络凭据"对话框。在"键入位于计划安装此域控制器的林中任何域的名称"文本框中输入当前域控制器父域的域名；选择"备用凭据"单选按钮，单击"设置"按钮添加备用凭据（一组域凭据）。

（4）单击"下一步"按钮，显示如图 2-36 所示的"命名新域"对话框。"父域的 FQDN"文本框中将自动显示当前域控制器的域名，在"子域的单标签 DNS 名称"文本框中输入所要创建的子域名称（本例为 china）。

（5）单击"下一步"按钮，显示"其他域控制器选项"对话框，默认已经选中"DNS 服务器"复选框，如图 2-37 所示。

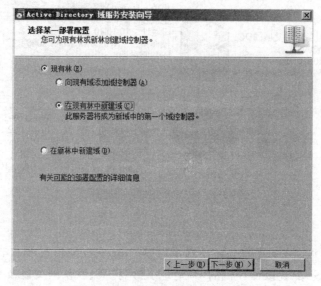

图 2-34 "选择某一部署配置"对话框

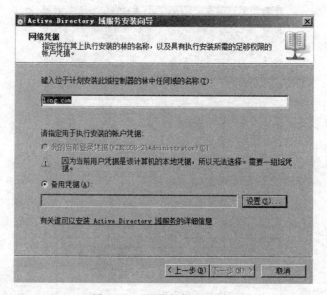

图 2-35 "网络凭据"对话框

(6)接下来的操作和额外域控制器的安装完全相同,只需按照向导单击"下一步"按钮。安装完成后,根据提示重新启动计算机,即可登录到子域中。

**4. 验证子域的创建**

(1)重新启动 Win2008-2 计算机后,用管理员登录到子域中。依次选择"开始"→"管理工具"→"Active Directory 用户和计算机"选项,打开"Active Directory 用户和计算机"窗口,就可以看到 china. long. com 子域了。

(2)在 Win2008-2 上,依次选择"开始"→"管理工具"→DNS 选项,打开"DNS 管理器"窗口,依次展开各选项,就可以看到区域 china. long. com 了,如图 2-38 所示。

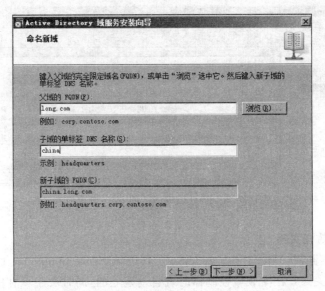

图 2-36 "命名新域"对话框

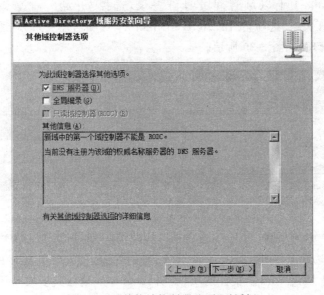

图 2-37 "其他域控制器选项"对话框

**观察**：打开 Win2008-1 的 DNS 服务器的"DNS 管理器"窗口，观察 china 区域下面有何记录。

（3）打开子域域控制器的"Active Directory 用户和计算机"，可以看到域 china. long. com。

**做一做**：在 Hyper-V 中再新建一台 Windows Server 2008 的虚拟机，计算机名为 Win2008-3，IP 地址为 10.10.10.3，子网掩码为 255.255.255.0，DNS 服务器第一种情况设置为 10.10.10.1，DNS 服务器第二种情况设置为 10.10.10.2。分两种情况分别加入 china. long. com，都能成功吗？能否设置为主辅 DNS 服务器？做完后请认真思考。

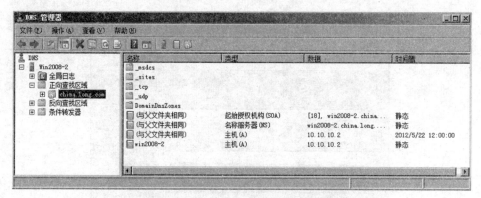

图 2-38　子域域控制器的 DNS 管理器

**5. 验证父子信任关系**

通过前面的任务，我们构建了 long.com 及其子域 china.long.com，而子域和父域的双向、可传递的信任关系是在安装域控制器时就自动建立的，同时由于域林中的信任关系是可传递的，因此同一域林中的所有域都显式或者隐式地相互信任。

（1）在 Win2008-1 上以域管理员身份登录，选择"开始"→"管理工具"→"Active Directory 域和信任关系"选项，弹出"Active Directory 域和信任关系"对话框，可以对域之间的信任关系进行管理，如图 2-39 所示。

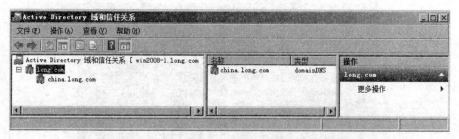

图 2-39　"Active Directory 域和信任关系"对话框

（2）在图 2-39 中的左侧，右击 long.com，选择"属性"命令，可以打开"long.com 属性"对话框，选择"信任"选项卡，如图 2-40 所示，可以看到 long.com 和其他域的信任关系。对话框的上部列出的是 long.com 所信任的域，表明 long.com 信任其子域 china.long.com；对话框的下部列出的是信任 long.com 的域，表明其子域 china.long.com 信任其父域 long.com。也就是说 long.com 和 china.long.com 有双向信任关系。

（3）在图 2-39 中选择 china.long.com 域，查看其信任关系，如图 2-41 所示。可以发现，该域只是显式地信任其父域 long.com，而和另一域树中的根域 smile.com 并无显式的信任关系。可以直接创建它们之间的信任关系以减少信任的路径。

## 2.3.5　管理域用户

下面的操作中，Win2008-2 的角色是 long.com 成员服务器。

**1. 域用户账户**

域用户账户用来使用户能够登录到域或其他计算机中，从而获得对

图 2-40　long.com 的信任关系

图 2-41　china.long.com 的信任关系

网络资源的访问权。经常访问网络的用户都应拥有网络唯一的用户账户。如果网络中有多台域控制器，可以在任何域控制器上创建新的用户账户，因为这些域控制器都是对等的。当在一个域控制器上创建新的用户账户时，这台域控制器会把信息复制到其他域控制器，从而确保该用户可以登录并访问任何一台域控制器。

　　安装完成活动目录，就已经添加了一些内置域账户，它们位于 Users 容器中，如Administrator、Guest，这些内置账户是在创建域时自动创建的。每个内置账户都有各自的权限。

　　Administrator 账户具有对域的完全控制权，并可以为其他域用户指派权限。默认情况下，Administrator 账户是以下组的成员：Administrators、Domain Admins、Enterprise Admins、Group Policy Creator Owners 和 Schema Admins。

不能删除 Administrator 账户,也不能从 Administrators 组中删除它。但是可以重命名或禁用此账户,这么做是为了增加恶意用户尝试非法登录的难度。

**2. 创建域用户账户**

下面在 Win2008-1 域控制器上建立域用户 yangyun。

(1)以域管理员身份登录 Win2008-1。打开"开始"→"管理工具"→"Active Directory 用户和计算机"工具。在"Active Directory 用户和计算机"窗口中展开 long.com 域。Windows Server 2008 把创建用户的过程进行了分解。首先创建用户和相应的密码;其次在另外一个步骤中配置用户的详细信息,包括组成员身份。

(2)右击 Users 容器,在弹出的快捷菜单中选择"新建"→"用户"命令,打开"新建对象-用户"对话框,如图 2-42 所示,在其中输入姓、名,系统可以自动填充完整的姓名。

图 2-42　新建用户

(3)输入用户登录名。域中的用户账户是唯一的。通常情况下,账户采用用户姓和名的第一个声母。如果只使用姓名的声母导致账户重复,则可以使用名的全拼,或者采用其他方式。这样既使用户间能够相互区别,又便于用户记忆。

(4)接下来设置用户密码,如图 2-43 所示。默认情况下,Windows Server 2008 强制用户下次登录时必须更改密码。这意味着可以为每个新用户指定公司的标准密码,然后当用

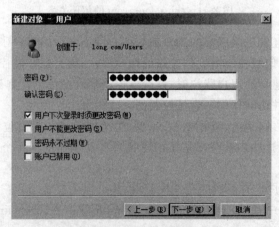

图 2-43　设置用户密码

户第一次登录时让他们创建自己的密码。用户的初始密码应当采用英文大小写、数字和其他符号的组合。同时，密码与用户名既不要相同也不要相关，以保证账户的访问安全。

- 用户下次登录时须更改密码。强制用户下次登录网络时更改密码，当希望该用户成为唯一知道其密码的人时，应当使用该选项。
- 用户不能更改密码。阻止用户更改其密码，当希望保留对用户账户(如来宾或临时账户)的控制权时，或者该账户是由多个用户使用时，应当使用该选项。此时，要取消选中"用户下次登录时须更改密码"复选框。
- 密码永不过期。防止用户密码过期。建议"服务"账户启用该选项，并且应使用强密码。
- 账户已禁用。防止用户使用选定的账户登录，当用户暂时离开企业时，可以使用该选项，以便日后迅速启用。也可以禁用一个可能有威胁的账户，当排除问题之后，再重新启用该账户。许多管理员将禁用的账户用作公用用户账户的模板。以后拟再使用该账户时，可以在该账户上右击，并在弹出的快捷菜单中选择"启用账户"命令即可。

弱密码会使攻击者易于访问计算机和网络，而强密码则难以破解，即使使用密码破解软件也难以办到。密码破解软件使用下面 3 种方法之一：巧妙猜测、词典攻击和自动尝试字符的各种可能的组合。只要有足够时间，这种自动方法可以破解任何密码。即便如此，破解强密码也远比破解弱密码困难得多。因为安全的计算机需要对所有用户账户都使用强密码。强密码具有以下特征。

- 长度至少有 7 个字符。
- 不包含用户名、真实姓名或公司名称。
- 不包含完整的字典词汇。
- 包含全部下列 4 组字符类型：大写字母(A，B，C...)、小写字母(a，b，c...)、数字(0，1，2，3，4，5，6，7，8，9)、键盘上的符号(键盘上所有未定义为字母和数字的字符)。

(5) 选择想要实行的密码选项，单击"下一步"按钮查看总结，然后单击"完成"按钮，在 Active Directory 中创建新用户。配置域用户的更多选项，需要在用户账户属性中进行设置。要为域用户配置或修改属性，应选择左窗格中的 Users 容器，这样，右窗格将显示用户列表。然后双击想要配置的用户，如图 2-44 所示，可以进行多类属性的配置。

(6) 当添加多个用户账号时，可以以一个设置好的用户账号作为模板。右击要作为模板的账号，并在弹出的快捷菜单中选择"复制"选项，即可复制该模板账号的所有属性，而不必再一一设置，从而提高账号添加效率。

**试一试**：域用户账户提供了比本地用户账户更多的属性，例如，登录时间和登录到哪台计算机的限制等。在"用户属性"对话框中选择相应的选项卡即可进行修改。

**观察**：将 Win2008-2 加入域 long.com 中，重新启动 Win2008-2。在域控制器 Win2008-1 上，观察"Active Directory 用户和计算机"工具的 Computers 容器在 Win2008-2 加入域前后的变化。理解计算机账号的意义。

**3. 验证域用户账户**

现在验证 yangyun 域用户能否在 Win2008-2 计算机(已加入域 long.com 中)上登录域。

(1) 在 Win2008-2 上注销，在登录窗口选择"切换用户"→"其他用户"选项。

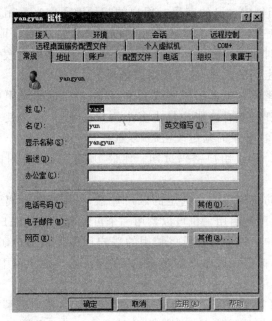

图 2-44 用户属性

（2）用户名：yangyun；密码：输入建立该域用户的密码。按 Enter 键登录到域 long.com。

## 2.3.6 管理域中的组账户

根据服务器的工作模式，组可以分为本地组和域组。

### 1. 创建组 sales 和 common

用户和组都可以在 Active Directory 中添加，但必须以 AD 中 Account Operators 组、Domain Admins 组或 Enterprise Admins 组成员的方式登录 Windows，或者必须有管理该活动目录的权限。除可以添加用户和组外，还可以添加联系人、打印机及共享文件夹等。

（1）以域管理员身份登录域控制器 Win2008-1，打开"Active Directory 用户和计算机"对话框，展开左窗格中的控制台目录树，右击目录树中的 Users 选项，或者选择 Users 选项并在右窗格的空白处右击，在弹出的快捷菜单中选择"新建"→"组"命令，或者直接单击工具栏中的"添加组"图标，均可打开"新建对象-组"对话框，如图 2-45 所示。

（2）在"组名"文本框中输入 sales，"组名（Windows 2000 以前版本）"文本框可采用默认值。

（3）在"组作用域"选项组中选择组的作用域，即该组可以在网络上的哪些地方使用。本地域组只能在其所属域内使用，只能访问域内的资源；通用组则可以在所有的域内（如果网络内有两个以上的域，并且域之间建立了信任关系）使用，可以访问每一个域内的资源。组作用域有 3 个选项。

① 本地域组。本地域组的概念是在 Windows 2000 中引入的。本地域组主要用于指定其所属域内的访问权限，以便访问该域内的资源。对于只拥有一个域的企业而言，建议选择"本地域"单选按钮。其特征如下。

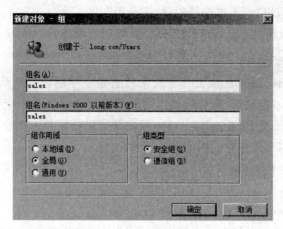

图 2-45　"新建对象-组"对话框

- 本地域组内的成员可以是任何一个域内的用户、通用组与全局组，也可以是同一个域内的本地域组，但不能是其他域内的本地域组。
- 本地域组只能访问同一个域内的资源，无法访问其他不同域内的资源。也就是说，当在某台计算机上设置权限时，可以设置同一域内的本地域组的权限，但无法设置其他域内的本地域组的权限。

② 全局组。全局组主要用于组织用户，即可以将多个被赋予相同权限的用户账户加入同一个全局组内。其特征如下。

- 全局组内的成员，只能包含所属域内的用户与全局组，即只能将同一个域内的用户或其他全局组加入全局组内。
- 全局组可以访问任何一个域内的资源，即可以在任何一个域内设置全局组的使用权限，无论该全局组是否在同一个域内。

③ 通用组。通用组可以设置在所有域内的访问权限，以便访问所有域资源。其特征如下。

- 通用组成员可以包括整个域林（多个域）中任何一个域内的用户，但无法包含任何一个域内的本地域组。
- 通用组可以访问任何一个域内的资源，也就是说，可以在任何一个域内设置通用组的权限，无论该通用组是否在同一个域内。

这意味着，一旦将适当的成员添加到通用组，并赋予通用组执行任务的权利和赋予成员适当的访问资源权限，成员就可以管理整个企业。管理企业最有效的方式就是使用通用组，而不必使用其他类型的组。

（4）在"组类型"选项中选择组的类型，包括以下两个选项。

① 安全组。可以列在随机访问控制列表（DACL）中的组，该列表用于定义对资源和对象的权限。"安全组"也可用作电子邮件实体，给这种组发送电子邮件的同时也会将该邮件发给组中的所有成员。

② 通信组。仅用于分发电子邮件并且没有启用安全性的组。不能将"通信组"列在用于定义资源和对象权限的随机访问控制列表（DACL）中。"通信组"只能与电子邮件应用程序（如 Microsoft Exchange）一起使用，以便将电子邮件发送到用户集合。如果仅仅为了安

全,可以选择创建"通信组"而不要选择创建"安全组"。

（5）单击"确定"按钮,完成 sales 组的创建。同理可创建 common 组。

### 2. 认识常用的内置组

- Domain Admins：该组的成员具有对该域的完全控制权。默认情况下,该组是加入该域中的所有域控制器、所有域工作站和所有域成员服务器上的 Administrators 组的成员。默认情况下,Administrator 账户是该组的成员。除非其他用户具备经验和专业知识,否则不要将它们添加到该组中。
- Domain Computers：该组包含加入此域的所有工作站和服务器。
- Domain Controllers：该组包含此域中的所有域控制器。
- Domain Guests：该组包含所有域来宾。
- Domain Users：该组包含所有域用户,即域中创建的所有用户账户都是该组成员。
- Enterprise Admins：该组只出现在林根域中。该组的成员具有对林中所有域的完全控制作用,并且该组是林中所有域控制器上 Administrators 组的成员。默认情况下,Administrator 账户是该组的成员。除非用户是企业网络问题专家,否则不要将它们添加到该组中。
- Group Policy Creator Owners：该组的成员可修改此域中的组策略。默认情况下,Administrator 账户是该组的成员。除非用户了解组策略的功能和应用之后的后果,否则不要将它们添加到该组中。
- Schema Admins：该组只出现在林根域中。该组的成员可以修改 Active Directory 架构。默认情况下,Administrator 账户是该组的成员。修改活动目录架构是对活动目录的重大修改,除非用户具备 Active Directory 方面的专业知识,否则不要将它们添加到该组中。

### 3. 为组 sales 指定成员

用户组创建完成后,还需要向该组中添加组成员。组成员可以包括用户账户、联系人、其他组和计算机。例如,可以将一台计算机加入某组,使该计算机有权访问另一台计算机上的共享资源。

当新建一个用户组之后,可以为组指定成员,向该组中添加用户和计算机。下面向组 sales 添加 yangyun 用户和 Win2008-2 计算机账户。

（1）仍以域管理员身份登录域控制器 Win2008-1,打开"Active Directoy 用户和计算机"对话框,展开左窗格中的控制台目录树,选择 Users 选项,在右窗格中右击要添加组成员的组 sales,在弹出的快捷菜单中选择"属性"命令,打开"sales 属性"对话框,选择"成员"选项卡,如图 2-46 所示。

（2）单击"添加"按钮,打开"选择用户、联系人、计算机、服务账户或组"对话框,如图 2-47 所示。

（3）单击"对象类型"按钮,打开"对象类型"对话框,如图 2-48 所示,选中"计算机"和"用户"复选框,单击"确定"按钮返回。

（4）单击"位置"按钮,打开"位置"对话框,选择在 long.com 域中查找,如图 2-49 所示,单击"确定"按钮返回。

图 2-46 "成员"选项卡

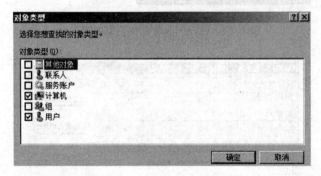

图 2-47 "选择用户、联系人、计算机、服务账户或组"对话框

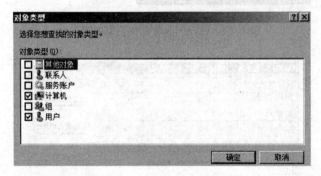

图 2-48 "对象类型"对话框

（5）单击"高级"按钮，打开"选择用户、联系人、计算机、服务账户或组"对话框，如图 2-50 所示，单击"立即查找"按钮，列出所有用户和计算机账户。按 Ctrl 键和鼠标左键单击选择用户账户 yangyun 和计算机账户 Win2008-2。

（6）单击"确定"按钮，所选择的计算机和用户账户将被添加至该组，并显示在"输入对象名称来选择（示例）"列表框中，如图 2-51 所示。当然，也可以直接在"输入对象名称来选择（示例）"列表框中输入要添加至该组的用户，用户之间用;分隔。

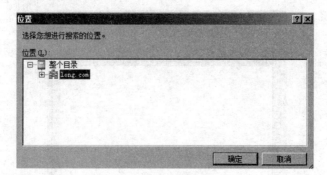

图 2-49 "位置"对话框

图 2-50 选择所有欲添加到组的用户

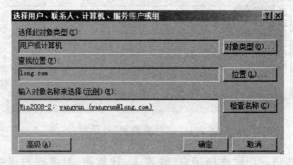

图 2-51 将计算机和用户账户添加到组

(7) 单击"确定"按钮,返回至"sales 属性"对话框,所有被选择的计算机和用户账户被添加至该组,如图 2-52 所示。

图 2-52　"sales 属性"对话框

### 4. 将用户添加至组

新建一个用户之后,可以将该用户添加至某个或某几个组。现在将 yangyun 用户添加到 sales 和 common 组。

(1) 仍以域管理员身份登录域控制器 Win2008-1,打开"Active Directory 用户和计算机"对话框,展开左窗格中的控制台目录树,选择 Users 选项,在右窗格中右击要添加至用户组的用户名 yangyun,在弹出的快捷菜单中选择"添加到组"选项,即可打开"选择组"对话框。

(2) 单击"添加"按钮,直接在"输入对象名称来选择(示例)"列表框中输入要添加到的组 sales 和 common,组之间用半角的";"隔开,如图 2-53 所示;也可以采用浏览的方式,查找并选择要添加到的组。在图 2-53 所示的对话框中单击"高级"按钮,打开"搜索结果"对话框,单击"立即查找"按钮,列出所有用户组。在列表中选择要将该用户添加到的组。

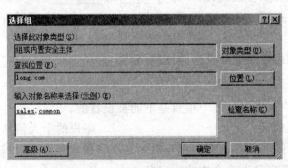

图 2-53　"选择组"对话框

(3) 单击"确定"按钮,用户被添加到所选择的组中。

### 5. 查看用户组 sales 的属性

(1) 仍以域管理员身份登录域控制器 Win2008-1,打开"Active Directory 用户和计算机"对话框,展开左窗格中的控制台目录树,选择 Users 选项,在右窗格中右击欲查看的用户组 sales,在弹出的快捷菜单中选择"属性"选项,即可打开"sales 属性"对话框,选择"成员"选项卡,显示用户组 sales 所拥有的所有计算机和用户账户。

(2) 在"Active Directory 用户和计算机"对话框中右击用户 yangyun,并在弹出的快捷菜单中选择"属性"命令,打开"用户属性"对话框,选择"隶属于"选项卡,显示该用户属于所有用户组。

# 2.4 习题

**1. 填空题**

(1) 通过 Windows Server 2008 操作系统组建客户机/服务器模式的网络时,应该将网络配置为_____。

(2) 在 Windows Server 2008 操作系统中安装活动目录的命令是_____。

(3) 在 Windows Server 2008 操作系统中安装了_____后,计算机即成为一台域控制器。

(4) 同一个域中的域控制器的地位是_____。域树中子域和父域的信任关系是_____。独立服务器上安装了_____就升级为域控制器。

(5) Windows Server 2008 服务器的 3 种角色是_____、_____和_____。

(6) 活动目录的逻辑结构包括_____、_____、_____和_____。

(7) 物理结构的 3 个重要概念是_____、_____和_____。

(8) 无论 DNS 服务器服务是否与 AD DS 集成,都必须将其安装在部署的 AD DS 目录林根级域的第_____台域控制器上。

(9) Active Directory 数据库文件保存在_____中。

(10) 解决在 DNS 服务器中未能正常注册 SRV 记录的问题,需要重新启动_____服务。

(11) 账户的类型分为_____、_____和_____。

(12) 根据服务器的工作模式,组分为_____和_____。

(13) 工作组模式下,用户账户存储在_____中;域模式下,用户账户存储在_____中。

(14) 活动目录中组按照能够授权的范围,分为_____、_____和_____。

**2. 选择题**

(1) 在设置域账户属性时( )项目是不能被设置的。

    A. 账户登录时间            B. 账户的个人信息

    C. 账户的权限              D. 指定账户登录域的计算机

(2) 下列( )账户名不是合法的账户名。

    A. abc_234                B. Linux book

    C. doctor *                D. addeofHELP

(3) 下面( )用户不是内置本地域组成员。

    A. Account Operator         B. Administrator

    C. Domain Admins           D. Backup Operators

**3. 判断题**

（1）在一台 Windows Server 2008 计算机上安装 AD 后，计算机就成了域控制器。（　　　）

（2）客户机在加入域时，需要正确设置首选 DNS 服务器地址，否则无法加入。（　　　）

（3）在一个域中，至少有一台域控制器（服务器），也可以有多台域控制器。（　　　）

（4）管理员只能在服务器上对整个网络实施管理。（　　　）

（5）域中所有账户信息都存储于域控制器中。（　　　）

（6）OU 是可以应用组策略和委派责任的最小单位。（　　　）

（7）一个 OU 只指定一个受委派管理员，不能为一个 OU 指定多个管理员。（　　　）

（8）同一域林中的所有域都显式或者隐式地相互信任。（　　　）

（9）一棵域目录树不能称为域目录林。（　　　）

**4. 简答题**

（1）什么时候需要安装多棵域树？

（2）简述活动目录、域、活动目录树和活动目录林。

（3）简述信任关系。

（4）为什么在域中常常需要 DNS 服务器？

（5）活动目录中存放了什么信息？

（6）简述工作组和域的区别。

（7）简述通用组、全局组和本地域组的区别。

# 2.5　项目实训　管理域与活动目录

## 一、项目实训目的

- 理解域环境中计算机 4 种不同的类型。
- 熟悉 Windows Server 2008 域控制器、额外域控制器以及子域的安装。
- 掌握确认域控制器安装成功的方法。
- 了解活动目录的信任关系。
- 熟悉创建域之间的信任关系。

## 二、项目环境

### 1. 网络环境

网络规划拓扑图如图 2-3 所示。

（1）已建好的 100Mbps 以太网，包含交换机（或集线器）、五类（或超五类）UTP 直通线若干、5 台服务器。

（2）计算机配置要求 CPU 最低 1.4GHz 以上，内存不小于 1024MB，硬盘剩余空间不小于 10GB，有光驱和网卡。

### 2. 软件

（1）Windows Server 2008 x64 安装光盘，或硬盘中有全部的安装程序。

（2）Windows 7 安装光盘，或硬盘中有全部的安装程序。

（3）VMware Workstation 9.0 安装源程序。

**提示：**①网络环境可以在安装了 VMware Workstation 9.0 的 Windows 7 下面结合分组来完成。比如 3 人一组，虚拟机的网络连接采用"桥接"方式，IP 地址设置为 192.168.×. 1~6，其中"×"表示组号。这样就避免了不同组之间的干扰。②网络环境也可以在安装了 Hyper-V 的 Windows Server 2008 下面结合分组来完成。具体分组请读者思考。

## 三、项目要求

- 这个项目需要分组来完成。安装 5 台独立服务器 Win2008-1、Win2008-2、Win2008-3、Win2008-4 和 Win2008-5。把 Win2008-1 提升为域树 long.com 的第 1 台域控制器；把 Win2008-2 提升为 long.com 的额外域控制器；把 Win2008-3 提升为 china.long. com 的域控制器；把 Win2008-4 提升为域树 smile.com 的第 1 台域控制器，long. com 和 smile.com 在同一域林中；把 Win2008-5 加入 china.long.com 中，成为成员服务器。各服务器的 IP 地址自行分配。实训前一定要分配好 IP 地址，组与组间不要冲突。

- 请读者上机实训前，一定要做好分组方案。分组 IP 方案举例（以第 10 组为例，每组 3 人）：5 台计算机的 IP 地址依次为 192.168.10.1/24、192.168.10.2/24、192.168. 10.3/24、192.168.10.4/24、192.168.10.5/24。

- 在上面项目完成的基础上建立 china.long.com 和 smile.com 域的双向的快捷信任关系。

- 在任一域控制器中建立组织单元 outest，建立本地域组 Group_test，域账户 User1 和 User2，把 User1 和 User2 加入 Group_test；控制用户 User1 下次登录时要修改密码，用户 User2 可以登录的时间设置为周六、周日 8:00—12:00，其他日期为全天。

## 四、项目指导

（1）创建第一个域 long.com。

① 在 Win2008-1 上设置 TCP/IP 协议，并且确认 DNS 指向了自己。

② 在 Win2008-1 上安装 AD 域服务。

③ 在 Win2008-1 上安装活动目录（dcpromo.exe）。注意将 DNS 服务器一同安装。

（2）安装后检查。

① 查看计算机名。

② 查看管理工具。

③ 查看活动目录对象。

④ 查看 Active Directory 数据库。

⑤ 查看 DNS 记录。

（3）安装额外的域控制器 Win2008-2。

① 首先要在 Win2008-2 服务器上检查"本地连接"属性，确认 Win2008-2 服务器和现在的域控制器 Win2008-1 能否正常通信；更为关键的是要确认"本地连接"属性中 TCP/IP 的首选 DNS 指向了原有域中支持活动目录的 DNS 服务器，这里是 Win2008-1。

② 在 Win2008-2 上安装 AD 域服务。

③ 在 Win2008-2 上安装活动目录(dcpromo. exe)。

(4) 创建子域 china. long. com。

① 在 Win2008-3 上,设置"本地连接"属性中的 TCP/IP,把首选 DNS 地址指向用来支持父域 long. com 的 DNS 服务器,即 long. com 域控制器(Win2008-1)的 IP 地址。该步骤很重要,这样才能保证服务器找到父域域控制器,同时在建立新的子域后,把自己登记到 DNS 服务器上,以便其他计算机能够通过 DNS 服务器找到新的子域域控制器。

② 在 Win2008-3 上安装 AD 域服务。

③ 在 Win2008-3 上安装活动目录(dcpromo. exe)。

(5) 创建域林中的第 2 棵域树 smile. com。

① 在 Win2008-4 上设置 TCP/IP 协议,并且确认 DNS 指向了自己。

② 在 Win2008-4 上安装 AD 域服务。

③ 在 Win2008-4 上安装活动目录(dcpromo. exe)。注意将 DNS 服务器一同安装,也就是说 Win2008-4 既是域 smile. com 的域控制器,同时也是 DNS 服务器。

(6) 将域控制器 Win2008-2. long. com 降级为成员服务器。

(7) 独立服务器提升为成员服务器。

将 Win2008-5 服务器加入 china. long. com 域。注意 Win2008-5 的首选 DNS 服务器一定指向 Win2008-1。结合前面的实训流程,请思考为什么。

(8) 将成员服务器 Win2008-2. long. com 降级为独立服务器。

(9) 建立 china. long. com 和 smile. com 域的双向快捷信任关系。

**思考**:①将 china. long. com(Win2008-3)的次要 DNS 服务器指向 Win2008-4。②将 smile. com 的域控制器(Win2008-4)的次要 DNS 服务器指向 Win2008-3。请思考为什么这样做。

(10) 按实训要求建立本地域组、组织单元、域用户并设置属性。

① 在域控制器 long. com 上建立本地域组 Student_ test,域账户 User1、User2、User3、User4、User5,并将这 5 个账户加入 Student_test 组中。

② 设置用户 User1、User2 下次登录时要修改密码。

③ 设置用户 User3、User4、User5 不能更改密码并且密码永不过期。

④ 设置用户 User1、User2 的登录时间是周一至周五的 9:00—17:00。

⑤ 设置用户 User3、User4、User5 的登录时间是周一至周五的晚 17:00 至第二天早 9:00 以及周六、周日全天。

⑥ 设置用户 User3 只能从计算机 Win2008-2 上登录;设置用户 User4 只能从计算机 Win2008-2 上登录;设置用户 User5 只能从计算机 Win2008-3 上登录。

⑦ 设置用户 User5 的账户过期日为 2014-08-01。

⑧ 将 Windows Server 2008 内置的账户 Guest 加入本地域组 Student_test 中。

⑨ User1、User2 用户创建并使用漫游用户配置文件,要求桌面显示"计算机""网络""控制面板""用户文件"等常用的图标。

⑩ User3、User4、User5 创建并使用强制性用户配置文件,要求桌面显示"计算机""网络""控制面板""用户文件"等常用的图标。

## 五、项目实训思考题

- 组与组织单元有何不同？
- 作为工作站的计算机要连接到域控制器，IP 与 DNS 应如何设置？
- 在建立林间信任关系时，如何设置 DNS 服务器？
- 在建立子域时，DNS 服务器如何设置？ 可不可以直接将子域的域控制器安装成 DNS 服务器？

## 六、项目实训报告要求

参见项目 1 的项目实训。

# 项目 3
# 配置与管理文件服务器和磁盘

**本项目学习要点**

　　文件服务是局域网中的重要服务之一,用来提供网络文件共享、网络文件的权限保护及大容量的磁盘存储空间等服务。借助于文件服务器,不但可以最大限度地保障重要数据的存储安全,保证数据不会由于计算机的硬件故障而丢失,而且可以通过严格的权限设置,有效地保证数据的访问安全。同时,用户之间进行文件共享时,也不必再考虑其他用户是否处于开机状态。

- 掌握文件服务器的安装、配置与管理。
- 掌握资源共享的设置与使用。
- 掌握分布式文件系统的应用。
- 掌握基本磁盘的管理。
- 掌握动态磁盘的管理。
- 掌握磁盘配额的管理。
- 掌握 NTFS 权限管理。
- 掌握加密文件。

## 3.1　项目基础知识

### 3.1.1　Windows Server 2008 支持的文件系统

　　文件系统是指文件命名、存储和组织的总体结构。运行 Windows Server 2003 的计算机的磁盘分区可以使用 3 种类型的文件系统：FAT16、FAT32 和 NTFS。

#### 1. FAT 文件系统

　　FAT(File Allocation Table)是指文件分配表,包括 FAT16 和 FAT32 两种。FAT 是一种适合小卷集、对系统安全性要求不高、需要双重引导的用户应选择使用的文件系统。

　　1) FAT 文件系统简介

　　在推出 FAT32 文件系统之前,通常 PC 使用的文件系统是 FAT16,例如,MS-DOS、Windows 95 等操作系统。FAT16 支持的最大分区是 $2^{16}$(65536)个簇,每簇 64 个扇区,每扇区 512 字节,所以最大支持分区为 2.147GB。FAT16 最大的缺点就是簇的大小是和分区有关的,这样当硬盘中存放较多小文件时,会浪费大量的空间。FAT32 是 FAT16 的派生文件系统,支持大到 2TB(2048GB)的磁盘分区,它使用的簇比 FAT16 小,从而有效地节约了磁盘空间。

FAT 文件系统是一种最初用于小型磁盘和简单文件夹结构的简单文件系统,它向后兼容,最大的优点是适用于所有的 Windows 操作系统。另外,FAT 文件系统在容量较小的卷上使用比较好,因为 FAT 启动只使用非常少的开销。FAT 在容量低于 512MB 的卷上工作最好,当卷容量超过 1.024GB 时,效率就显得很低。对于 400~500MB 以下的卷,FAT 文件系统相对于 NTFS 文件系统来说是一个比较好的选择。不过对于使用 Windows Server 2003 的用户来说,FAT 文件系统则不能满足系统的要求。

2) FAT 文件系统的优缺点

FAT 文件系统的优点主要是所占容量与计算机的开销很少,支持各种操作系统,在多种操作系统之间可移植。这使 FAT 文件系统可以方便地用于传送数据,但同时也带来了较大的安全隐患:从机器上拆下 FAT 格式的硬盘,几乎可以把它装到任何其他计算机上,不需要任何专用软件即可直接读/写。

Windows 操作系统在很大程度上依赖于文件系统的安全性来实现自身的安全性。没有文件系统的安全防范,就没办法阻止他人不适当地删除文件或访问某些敏感信息。从根本上说,没有文件系统的安全,系统就没有安全保障。因此,对于安全性要求较高的用户来讲,FAT 就不太合适。

**2. NTFS 文件系统**

NTFS(New Technology File System)是 Windows Server 2008 推荐使用的高性能文件系统,它支持许多新的文件安全、存储和容错功能,而这些功能也正是 FAT 文件系统所缺少的。

1) NTFS 文件系统简介

NTFS 是从 Windows NT 开始使用的文件系统,它是一个特别为网络和磁盘配额、文件加密等管理安全特性设计的磁盘格式。NTFS 文件系统包括文件服务器和高端个人计算机所需的安全特性,它还支持对于关键数据以及十分重要的数据访问控制和私有权限。除了可以赋予计算机中的共享文件夹特定权限外,NTFS 文件和文件夹无论共享与否都可以赋予权限,NTFS 是唯一允许为单个文件指定权限的文件系统。但是,当用户从 NTFS 卷移动或复制文件到 FAT 卷时,NTFS 文件系统权限和其他特有属性将会丢失。

NTFS 文件系统设计简单但功能强大,从本质上讲,卷中的一切都是文件,文件中的一切都是属性,从数据属性到安全属性,再到文件名属性,NTFS 卷中的每个扇区都分配给了某个文件,甚至文件系统的超数据(描述文件系统自身的信息)也是文件的一部分。

2) NTFS 文件系统的优点

NTFS 文件系统是 Windows Server 2008 推荐的文件系统,它具有 FAT 文件系统的所有基本功能,并且提供 FAT 文件系统所没有的优点。

- 更安全的文件保障,提供文件加密,能够大大提高信息的安全性。
- 更好的磁盘压缩功能。
- 支持最大达 2TB 的大硬盘,并且随着磁盘容量的增大,NTFS 的性能不像 FAT 那样随之降低。

- 可以赋予单个文件和文件夹权限：对同一个文件或者文件夹为不同用户可以指定不同的权限，在 NTFS 文件系统中，可以为单个用户设置权限。
- NTFS 文件系统中设计的恢复能力，无须用户在 NTFS 卷中运行磁盘修复程序。在系统崩溃事件中，NTFS 文件系统使用日志文件和复查点信息自动恢复文件系统的一致性。
- NTFS 文件夹的 B-Tree 结构使用户在访问较大文件夹中的文件时，速度甚至比访问卷中较小文件夹中的文件还要快。
- 可以在 NTFS 卷中压缩单个文件和文件夹：NTFS 文件系统的压缩机制可以让用户直接读/写压缩文件，而不需要使用解压软件将这些文件展开。
- 支持活动目录和域：此特性可以帮助用户方便灵活地查看和控制网络资源。
- 支持稀疏文件：稀疏文件是应用程序生成的一种特殊文件，文件尺寸非常大，但实际上只需很少的磁盘空间，也就是说，NTFS 只需给这种文件实际写入的数据分配磁盘存储空间。
- 支持磁盘配额：磁盘配额可以管理和控制每个用户所能使用的最大磁盘空间。

如果安装 Windows Server 2003 操作系统时采用了 FAT 文件系统，用户也可以在安装完成之后，使用命令 convert.exe 把 FAT 分区转化为 NTFS 分区。

```
Convert  D:/FS:NTFS
```

上面的命令是将 D 盘转换成 NTFS 格式。无论是在运行安装程序中还是在运行安装程序后，这种转换相对于重新格式化磁盘来说，都不会使用户的文件受到损害。但由于 Windows 95/98 操作系统不支持 NTFS 文件系统，所以在配置双重启动系统时，即在同一台计算机上同时安装 Windows Server 2008 和其他操作系统（如 Windows 98），则可能无法从计算机上的另一个操作系统访问 NTFS 分区上的文件。

## 3.1.2　基本磁盘与动态磁盘

从 Windows 2000 开始，Windows 操作系统将磁盘分为基本磁盘和动态磁盘两种类型。

### 1. 基本磁盘

基本磁盘是平常使用的默认磁盘类型，通过分区来管理和应用磁盘空间。一个基本磁盘可以划分为主磁盘分区（Primary Partition）和扩展磁盘分区（Extended Partition），但是最多只能建立一个扩展磁盘分区。一个基本磁盘最多可以分为 4 个区，即 4 个主磁盘分区或 3 个主磁盘分区和一个扩展磁盘分区。主磁盘分区通常用来启动操作系统，一般可以将分完主磁盘分区后的剩余空间全部分给扩展磁盘分区，扩展磁盘分区再分成若干逻辑分区。基本磁盘中的分区空间是连续的。从 Windows Server 2003 开始，用户可以扩展基本磁盘分区的尺寸，这样做的前提是磁盘上存在连续的未分配空间。

### 2. 动态磁盘

动态磁盘使用卷（Volume）来组织空间，使用方法与基本磁盘分区相似。动态磁盘卷可建立在不连续的磁盘空间上，且空间大小可以动态地变更。动态磁盘卷的创建数量也不受限制。在动态磁盘中可以建立多种类型的卷，以提供高性能的磁盘存储能力。

# 3.2  项目设计与准备

### 1.  部署需求

在部署目录林根级域之前需满足以下要求。

- 设置域控制器的 TCP/IP 属性,手动指定 IP 地址、子网掩码、默认网关和 DNS 服务器 IP 地址等。
- 在域控制器上准备 NTFS 卷,如"C:"。

### 2.  部署环境

本项目所有实例被部署在如图 3-1 所示的域环境下。域名为 smile. com。Win2008-1 和 Win2008-2 是 Hyper-V 服务器的 2 台虚拟机。读者在做实训时,为了不相互影响,建议 Hyper-V 服务器中虚拟网络的模式选择"专用"。网络拓扑图及参数规划如图 3-1 所示。

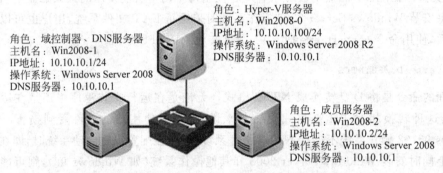

图 3-1  文件服务器配置网络拓扑图

　　(1) 准备 3 台服务器,IP 地址分别是 10.10.10.100、10.10.10.1、10.10.10.2,这 3 台服务器已经升级到 Active Directory,其中第 1 台 Active Directory 服务器域名为 Win2008-0. smile. com,第 2 台服务器域名为 Win2008-1. smile. com,第 3 台服务器域名为 Win2008-2. smile. com。

　　(2) 在每台服务器上,都添加"分布式文件系统"组件。

　　(3) 在每台服务器上创建一些文件夹并设置共享,同时向文件夹中复制一些对应的文档或数据。

# 3.3  项目实施

## 3.3.1  安装文件服务器

　　资源共享是网络最大的特点之一,而局域网的资源共享更多的是借助文件共享来实现。文件服务器的应用是局域网中很常用的网络服务之一,通常利用文件服务器的 RAID 卡和高速的 SCSI 硬盘为网络提供文件共享,还可以设置网络文件的保护权限,在高速存取的同时还确保了访问的安全,也能够充分利用大容量的磁盘存储空间。

　　Windows Server 2008 中的"文件服务器"是通过"文件服务器资源管理器"程序进行统一配置使用的。使用"文件服务器资源管理器"可以执行许多相关的管理任务,如格式化卷、创建共享资源、对卷进行碎片整理、创建和管理共享资源、设置配额限制、创建存储使用状况报告、将数据复制到文件服务器或从文件服务器复制数据、管理存储区域网络(SAN)以及与UNIX 和 Macintosh 操作系统共享文件。"文件服务器"和"文件服务器资源管理器"是Windows Server 2008 中的组件,默认并没有安装,在使用前应该进行安装。在 WindowsServer 2008 中,添加"文件服务"。

　　(1) 以 Administrator 身份登录文件服务器。

　　(2) 选择"开始"→"服务器管理器"命令,打开"服务器管理器"窗口。在左侧的控制台树中选择"角色"选项,如图 3-2 所示。

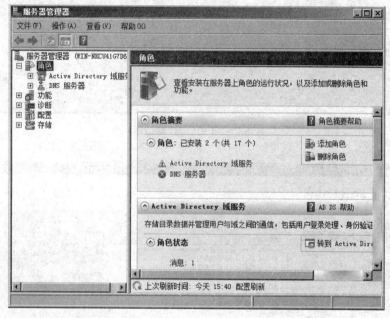

图 3-2　在"服务器管理器"窗口中选择"角色"选项

　　(3) 在窗口右侧的"角色"框架中单击"添加角色"超链接,运行"添加角色向导"。首先显示"开始之前"对话框,如图 3-3 所示。

　　(4) 单击"下一步"按钮,显示"选择服务器角色"对话框。选中"文件服务"复选框,如图 3-4 所示。

　　(5) 单击"下一步"按钮,显示"选择角色服务"对话框。选中"文件服务器"和"文件服务器资源管理器"复选框,如图 3-5 所示。

　　**注意**：此处也可以同时安装"分布式文件系统"。只需在图 3-5 中选中"分布式文件系统"复选框即可。

　　(6) 单击"下一步"按钮,显示"配置存储使用情况监视"对话框。

　　(7) 单击"下一步"按钮,显示"确认安装选择"对话框,显示了将要安装的角色、功能或服务情况。

　　(8) 单击"安装"按钮,根据系统提示完成安装,显示如图 3-6 所示的"安装结果"对话框。

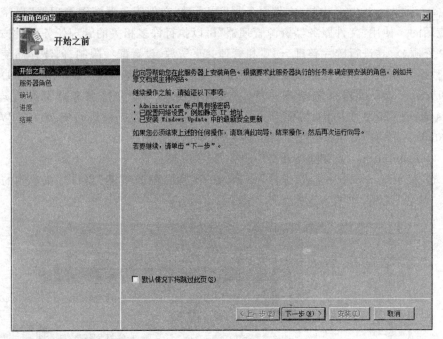

图 3-3　"开始之前"对话框

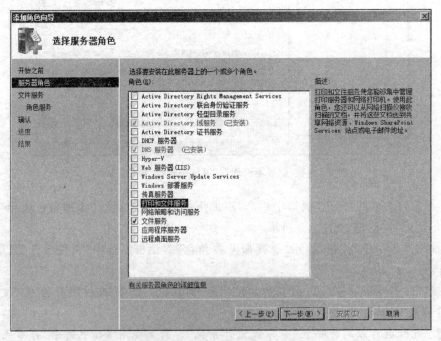

图 3-4　选中"文件服务"复选框

（9）单击"关闭"按钮，完成安装过程。返回"服务器管理器"窗口，此时，在"角色"选项中即可看到已安装的"文件服务"，如图 3-7 所示。

（10）关闭"服务器管理器"窗口，选择"开始"→"管理工具"命令，即可选择"共享和存储管理"和"文件服务器资源管理器"进行相应管理工作。

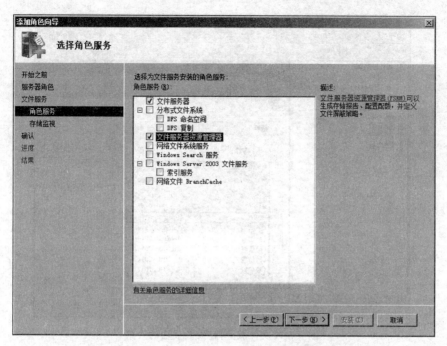

图 3-5　选中"文件服务器"和"文件服务器资源管理器"复选框

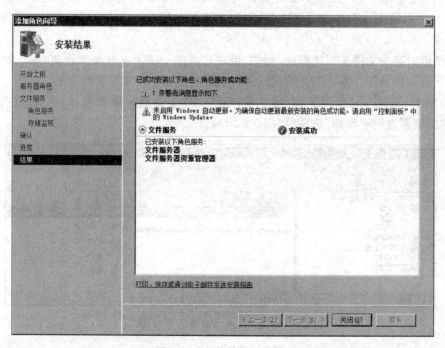

图 3-6　"安装结果"对话框

### 3.3.2　管理配额

Windows Server 2003/2008 提供了卷的磁盘配额功能,可以观察磁盘使用量的变化,并能通过创建配额来限制允许卷或文件夹使用的空间。磁盘配额是以文件所有权

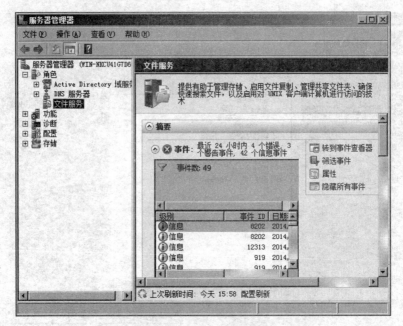

图 3-7 "文件服务器"安装成功的效果

为基础的,只应用于卷,且不受卷的文件夹结构及物理磁盘上的布局影响。它监视个人用户卷的使用情况,因此,每个用户对磁盘空间的利用都不会影响同一卷上其他用户的磁盘配额。

如果想对某个文件夹创建配额,例如,想对 C 盘的 public 文件夹创建 200MB 配额,可以按照以下的步骤操作。本小节介绍使用系统现有的模板创建文件夹配额的方法。

(1) 选择"开始"→"管理工具"命令并打开"文件服务器资源管理器"窗口,在控制台树中展开"配额管理"→"配额"选项,如图 3-8 所示。

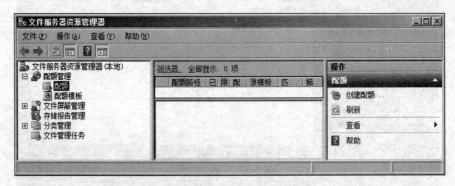

图 3-8 "文件服务器资源管理器"窗口

(2) 右击"配额",并在弹出的快捷菜单中选择"创建配额"命令,打开"创建配额"对话框。在"配额路径"文本框中选择或输入将应用该配额的文件夹路径,在本例中选择 C:\public 文件夹。选择"在现有子文件夹和新的子文件夹中自动应用模板并创建配额"单选按钮;在"从此配额模板派生属性(推荐选项)"下拉列表框中选择其配额属性,本例中选择"200MB 限制,50MB 扩展",如图 3-9 所示。

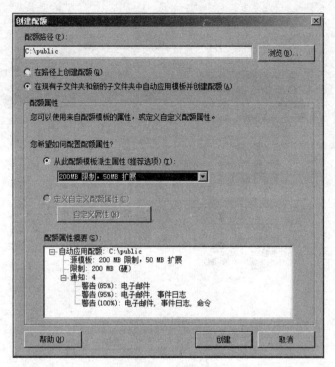

图 3-9 "创建配额"对话框

（3）单击"创建"按钮，完成配额的创建，如图 3-10 所示。

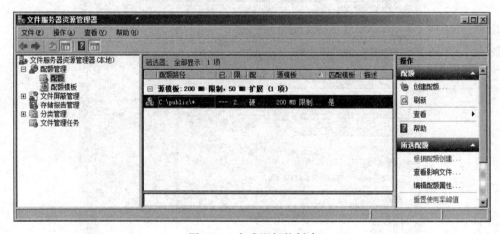

图 3-10 完成配额的创建

如果暂时没有合适的模板，还可以自己创建配额，方法如下。

（1）在"创建配额"对话框中选择"在路径上创建配额"单选按钮，并从"配额属性"选项区域中选择"定义自定义配额属性"单选按钮，如图 3-11 所示。

（2）单击"自定义属性"按钮，显示"C:\public 的配额属性"对话框。在"从配额模板复制属性（可选）"下拉列表框中选择一个接近的模板，单击"复制"按钮，在"限制"文本框中输入合适的大小，如 400，并从下拉列表框中选择单位，如 KB、MB、GB 或 TB，如图 3-12 所示。

（3）在"C:\public 的配额属性"对话框中单击"确定"按钮返回。单击"创建"按钮，打开

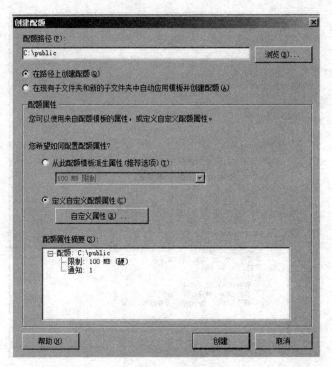

图 3-11    定义自定义配额属性

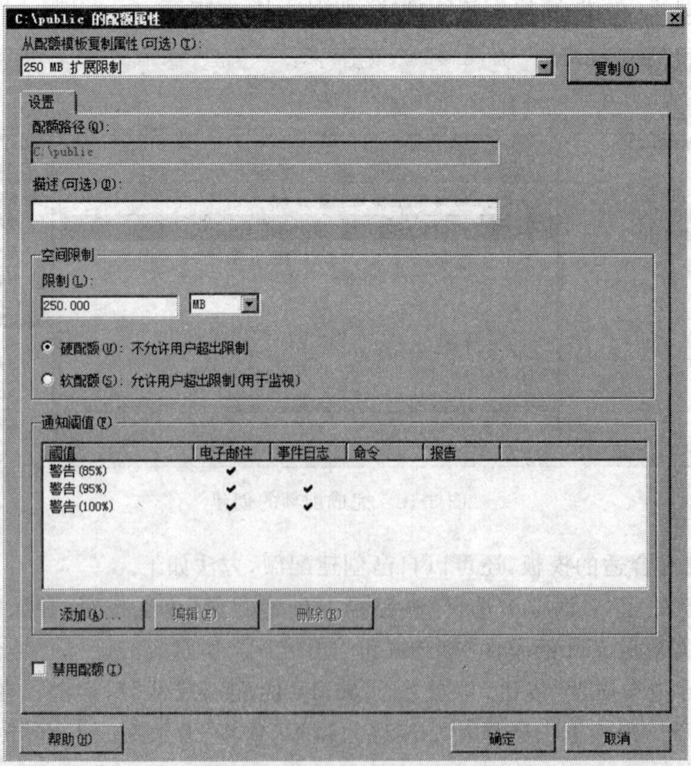

图 3-12    自定义属性

"将自定义属性另存为模板"对话框,输入模板名,如 400,如图 3-13 所示。

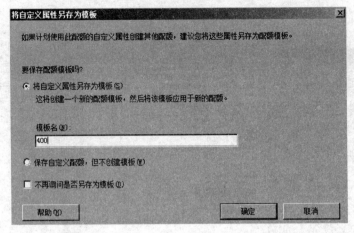

图 3-13　"将自定义属性另存为模板"对话框

(4) 单击"确定"按钮,完成配额的创建,如图 3-14 所示。

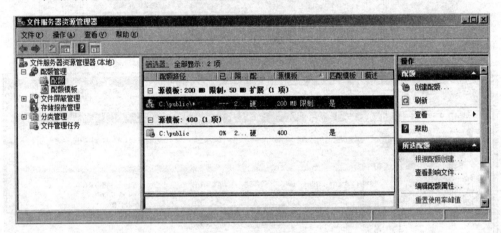

图 3-14　完成配额的创建

### 3.3.3　组建分布式文件系统

下面介绍安装"分布式文件系统"的具体方法。

(1) 打开"服务器管理器"窗口,在左侧的控制台树中选择"角色"选项,然后选择对话框右侧的"添加角色",运行"添加角色向导"。

(2) 在"选择服务器角色"对话框中选择"文件服务(已安装)"复选框。但发现该复选框是灰色的,无法继续进行下去,如图 3-15 所示。这是因为在 3.3.1 小节中已经安装了"文件服务"的部分角色。

那么如何安装"分布式文件系统"角色呢? 首先回到"服务器管理器"窗口。

(3) 在"服务器管理器"窗口左侧,展开"角色"→"文件服务"选项。右击"文件服务",在弹出的快捷菜单中选择"添加角色服务"命令,如图 3-16 所示。

(4) 在打开的"选择角色服务"对话框中选中"分布式文件系统"复选框,如图 3-17 所示。

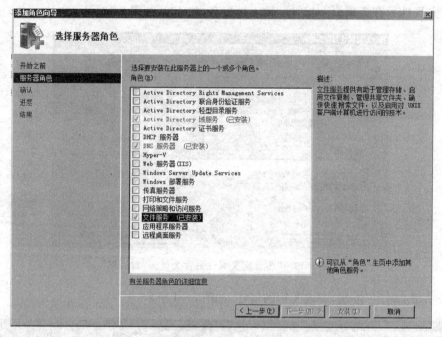

图 3-15　无法选择"文件服务"复选框

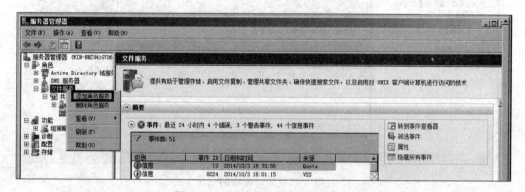

图 3-16　选择"添加角色服务"命令

(5)单击"下一步"按钮,在打开的"创建 DFS 命名空间"对话框中选择"以后使用服务器管理器中的'DFS 管理'管理单元创建命名空间"单选按钮,如图 3-18 所示。

(6)单击"下一步"按钮,在"确认安装选择"对话框中可以查看即将安装的角色服务及功能,如图 3-19 所示。

(7)单击"安装"按钮开始安装。安装完成后,显示"安装结果"对话框,单击"关闭"按钮退出。

### 3.3.4　使用分布式文件系统

**1. 创建命名空间**

使用 DFS 命名空间,可以将位于不同服务器上的共享文件夹组合到一个或多个逻辑结构的命名空间中。每个命名空间作为具有一系列子文件夹的单个共享文件夹并显示给用

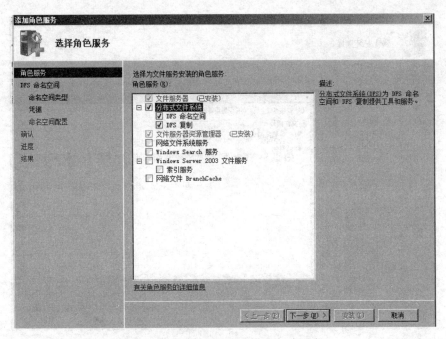

图 3-17　选择"分布式文件系统"复选框

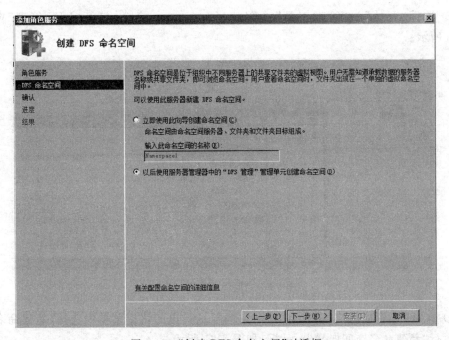

图 3-18　"创建 DFS 命名空间"对话框

户。但是,命名空间的基本结构可以包含位于不同服务器以及多个站点中的大量共享文件夹。命名空间提高了可用性,并在可用时自动将用户连接到同一个 AD DS 站点中的共享文件夹,而不是通过广域网(WAN)连接对其进行路由。

具体操作步骤如下。

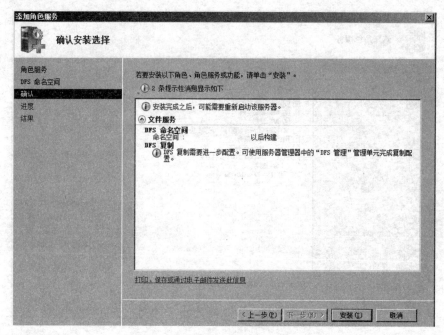

图 3-19　"确认安装选择"对话框

(1)选择"开始"→"管理工具"→DFS Management 命令,打开"DFS 管理"窗口,如图 3-20 所示。

图 3-20　"DFS 管理"窗口(1)

(2)在"DFS 管理"窗口中右击"命名空间",从弹出的快捷菜单中选择"新建命名空间"命令,运行"新建命名空间向导"对话框,如图 3-21 所示。

(3)单击"浏览"按钮,打开"选择计算机"对话框。单击"高级"按钮,然后单击"立即查找"按钮,选择 Win2008-1,如图 3-22 所示。单击"确定"按钮返回。

(4)单击"下一步"按钮,打开"命名空间名称和设置"对话框。在"名称"文本框中输入命名空间的名称,通常选择一个比较简短、易记的名称,本例中为 dfs-root,如图 3-23 所示。

(5)单击"编辑设置"按钮,打开"编辑设置"对话框,在"共享文件夹的本地路径"文本框

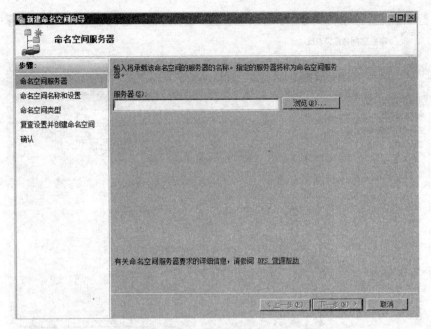

图 3-21  运行"新建命名空间向导"对话框

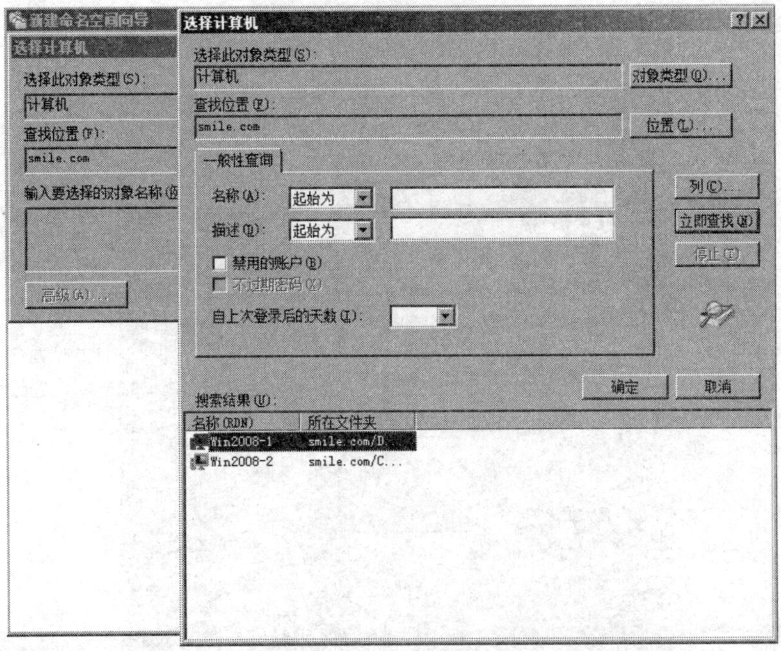

图 3-22  选择 Win2008-1

中使用默认路径,选择"Administrator 具有完全访问权限;其他用户具有只读权限"单选按钮,如图 3-24 所示。

(6) 单击"确定"按钮,返回到"命名空间名称和设置"对话框后,单击"下一步"按钮,打开"命名空间类型"对话框,选择"基于域的命名空间"单选按钮,如图 3-25 所示。

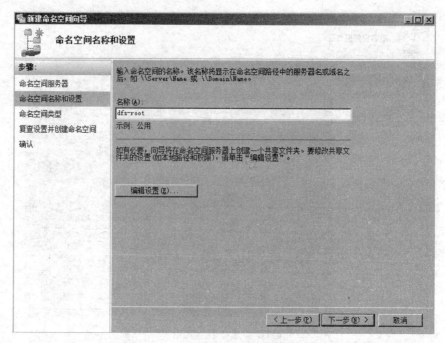

图 3-23　"命名空间名称和设置"对话框

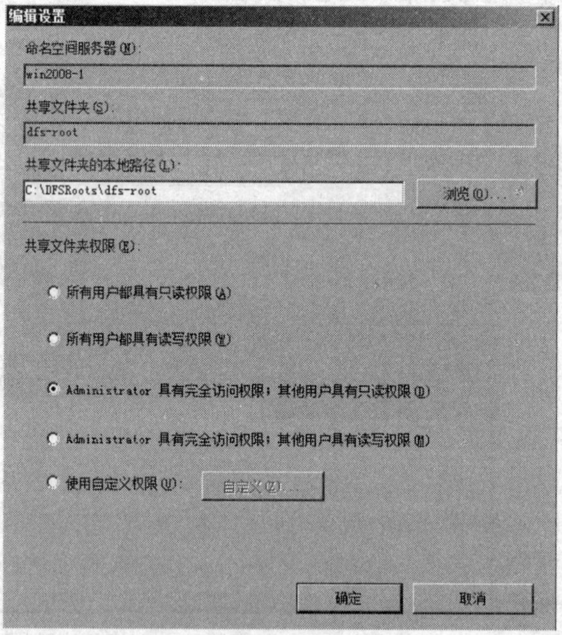

图 3-24　"编辑设置"对话框

　　(7) 单击"下一步"按钮,显示"复查设置并创建命名空间"对话框,如图 3-26 所示。
　　(8) 单击"创建"按钮,显示"确认"对话框,如图 3-27 所示。单击"关闭"按钮,返回到
"DFS 管理"窗口,如图 3-28 所示。

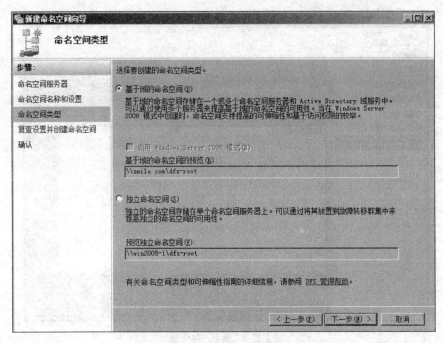

图 3-25 "命名空间类型"对话框

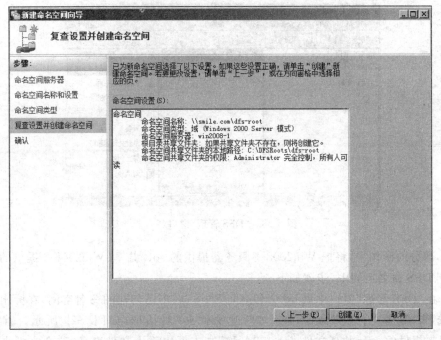

图 3-26 "复查设置并创建命名空间"对话框

### 2. 在命名空间中创建文件夹

在创建命名空间后,可以将各服务器中创建的共享文件夹添加到命名空间中统一管理和使用,而其他用户再访问各服务器提供的共享资源时,只需统一访问 DFS 命名空间即可。在此可以看到,所谓 DFS 命名空间,只不过是把需要的共享资源进行统一管理而已。

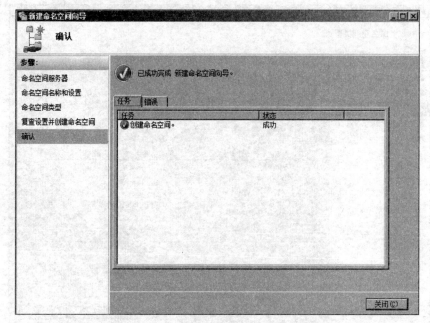

图 3-27 "确认"对话框

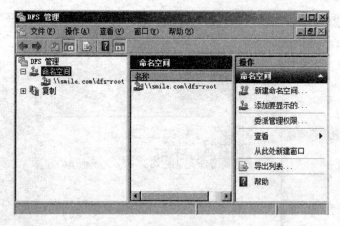

图 3-28 "DFS 管理"窗口(2)

在本部分的操作中,将把 Win2008-1 服务器提供的 soft 共享、Win2008-2 提供的 vod 共享添加到 DFS 命名空间中,步骤如下。

(1) 在"DFS 管理"窗口中展开"命名空间"选项,右击已创建的命名空间,在弹出的快捷菜单中选择"新建文件夹"命令,显示"新建文件夹"对话框,如图 3-29 所示。首先添加 Win2008-1 提供的 soft 共享文件夹。在"名称"文本框中输入文件夹名,这个文件夹名是在 DFS 命名空间中访问提供的共享的快捷名称,在本例中为 software。

(2) 单击"添加"按钮,显示"添加文件夹目标"对话框,如图 3-30 所示。

(3) 单击"浏览"按钮,打开"浏览共享文件夹"对话框。再次单击"浏览"按钮,打开"选择计算机"对话框,输入计算机名称,本例为 Win2008-1。单击"确定"按钮返回,从"共享文件夹"列表中选择 soft 文件夹,如图 3-31 所示。

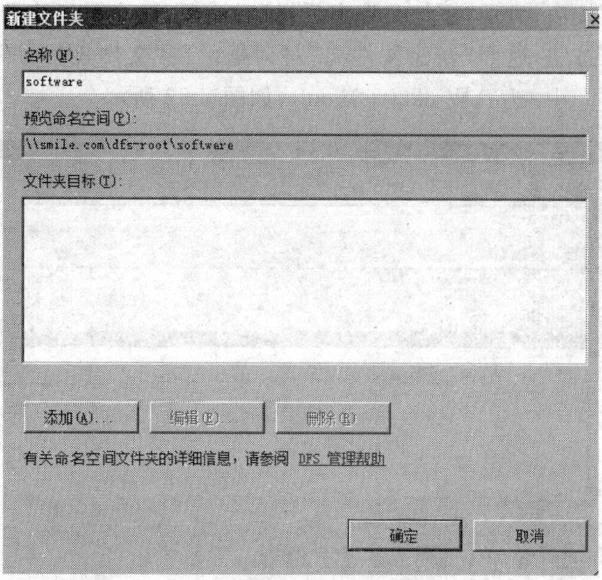

图 3-29　"新建文件夹"对话框(1)

图 3-30　"添加文件夹目标"对话框

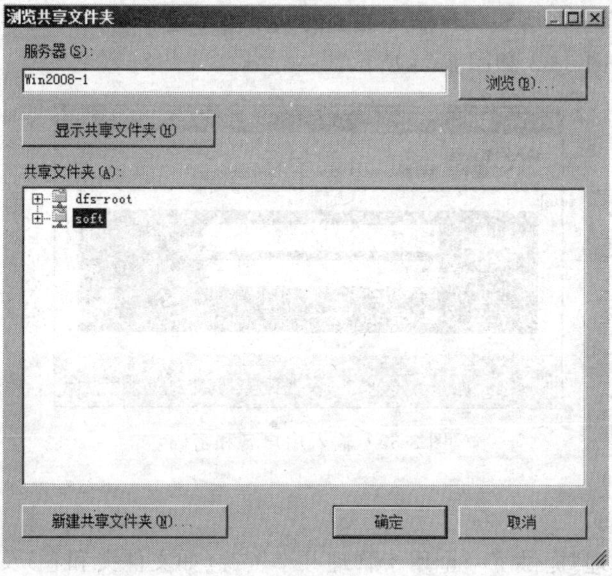

图 3-31　选择 soft 文件夹

（4）单击"确定"按钮，显示"添加文件夹目标"对话框，显示添加的目标路径。

（5）单击"确定"按钮，返回"新建文件夹"对话框。在"文件夹目标"列表框中将显示已添加的文件夹路径，本例中为\\Win2008-1\soft，如图 3-32 所示。

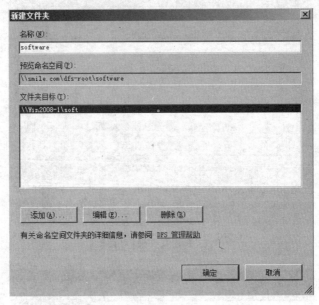

图 3-32　"新建文件夹"对话框（2）

（6）单击"确定"按钮，完成文件夹目标的添加。

参照上述步骤，可继续添加名为 vodware 的到 Win2008-2 服务器的 vod 共享。

### 3. 验证 DFS

在客户端（Win2008-2）计算机中输入\\smile.com\dfs-root 可以访问 DFS 根，通过 DFS 根命名空间可以访问公司所有文件服务器上的共享。不过在访问时需要输入具有访问权限的用户名和密码，如图 3-33 和图 3-34 所示。

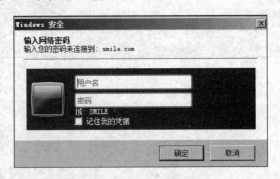

图 3-33　输入用户名和密码

### 4. 配置文件共享

"共享和存储管理"提供了一个用于管理共享资源（如文件夹和卷）及存储资源的集中位置、在网络上共享的文件夹和卷，以及磁盘和存储子系统中的卷。

（1）共享资源管理：使用"共享和存储管理"中的"设置共享文件夹向导"，可以通过网络

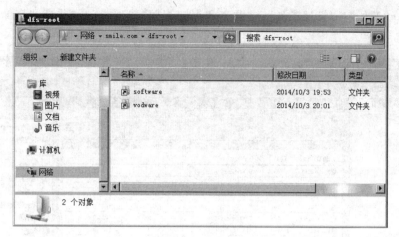

图 3-34　验证 DFS

共享服务器上的文件夹和卷的内容。此向导将指导用户完成共享文件夹或卷并为其分配所有相应属性的必要步骤。使用该向导可以做到以下几点。

- 指定要共享的文件夹或卷，或创建一个要共享的新文件夹。
- 指定用于访问共享资源的网络共享协议。
- 更改要共享的文件夹或卷的本地 NTFS 权限。
- 指定对共享资源中的文件的共享访问权限、用户限制和脱机访问。
- 将共享资源发布到分布式文件系统(DFS)命名空间。
- 如果安装了网络文件系统(NFS)服务，可以为共享资源指定基于 NFS 的访问权限。
- 如果在服务器上安装了文件服务器资源管理器，可以将存储配额应用于新的共享资源，并创建文件屏蔽以限制可用来存储的文件的类型。

使用"共享和存储管理"，还可以监视和修改新的与现有的共享资源的重要方面。

- 停止文件夹或卷的共享、更改文件夹或卷的本地 NTFS 权限。
- 更改共享资源的共享访问权限、脱机可用性和其他属性。
- 查看当前访问文件夹或文件的用户并断开用户连接(如有必要)。
- 如果已安装网络文件系统(NFS)服务，可以为共享资源更改基于 NFS 的访问权限。

(2) 存储管理：使用"共享和存储管理"，可以在服务器上可用的磁盘上或支持虚拟磁盘服务(VDS)的存储子系统上设置存储。"设置存储向导"将指导用户完成在现有磁盘上或与服务器连接的存储子系统上创建卷的过程。如果要在存储子系统上创建卷，该向导还将指导用户完成创建用于承载该卷的逻辑单元号(LUN)的过程。还可以选择仅创建 LUN，并在以后使用"磁盘管理"功能创建卷。

"共享和存储管理"还可以帮助用户监视和管理已创建的卷，以及服务器上可用的任何其他卷。使用"共享和存储管理"可以做到以下几点。

- 扩展卷的大小、格式化卷、删除卷。
- 更改卷属性，如压缩、安全性、脱机可用性和索引。
- 访问用于执行错误检查、碎片整理和备份的磁盘工具。

下面介绍一下利用"共享和存储管理"控制台设置共享的方法，具体步骤如下。

（1）选择"开始"→"管理工具"→"共享和存储管理"选项，打开"共享和存储管理"控制台，如图 3-35 所示。

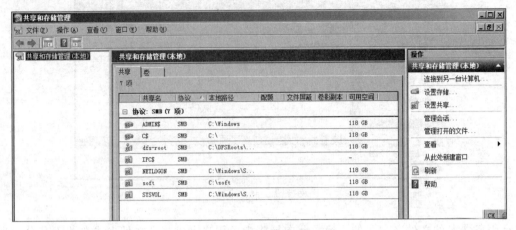

图 3-35　"共享和存储管理"控制台

（2）右击控制台左侧的"共享和存储管理(本地)"选项，在弹出的快捷菜单中选择"设置共享"命令，运行"设置共享文件夹向导"。在"共享文件夹位置"对话框中单击"浏览"按钮，选择要设置为共享的文件夹，本例中为 C 盘下的 software 文件夹，如图 3-36 所示。

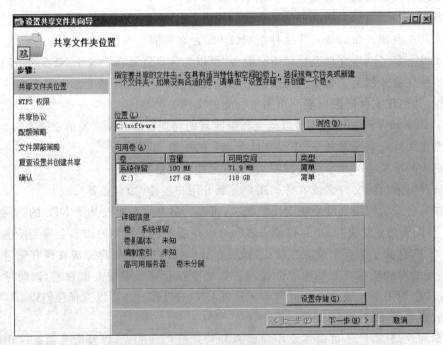

图 3-36　设置共享

（3）单击"下一步"按钮，显示"NTFS 权限"对话框。选择"否，不更改 NTFS 权限"单选按钮(若用户需要更改共享文件夹的 NTFS 权限，也可以选择"是，更改 NTFS 权限"单选按钮)，如图 3-37 所示。

（4）单击"下一步"按钮，显示"共享协议"对话框。选择 SMB 复选框，可以设置共享名，

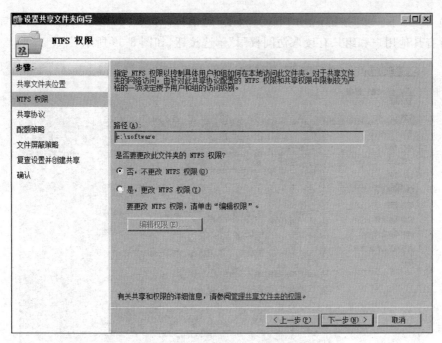

图 3-37 "NTFS 权限"对话框

也可使用默认值,如图 3-38 所示。若服务器上安装了网络文件系统(NFS)服务,还可以为共享资源指定基于 NFS 的访问权限。

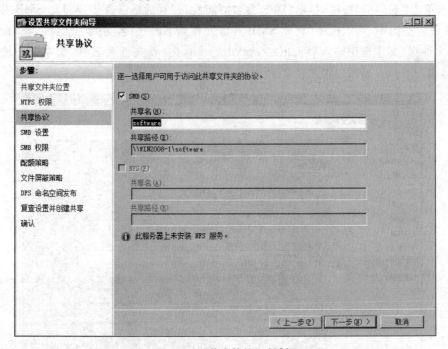

图 3-38 "共享协议"对话框

(5)单击"下一步"按钮,显示"SMB 设置"对话框。单击"高级"按钮,可以更改相应的设置。

（6）单击"下一步"按钮，显示"SMB 权限"对话框。选择"Administrator 具有完全控制权限；所有其他用户和组只有读取访问权限"单选按钮，如图 3-39 所示。

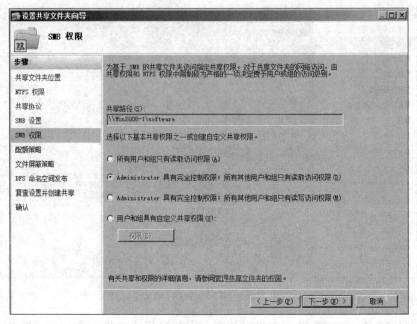

图 3-39　"SMB 权限"对话框

（7）单击"下一步"按钮，显示"DFS 命名空间发布"对话框。若需要将此 SMB 共享发布到 DFS 命名空间中，可以选中"将此 SMB 共享发布到 DFS 命名空间"复选框，在"命名空间中的父文件夹"文本框中输入\\smile. com\dfs-root，在"新文件夹名称"文本框中输入共享的名称，如 software-win2，如图 3-40 所示。

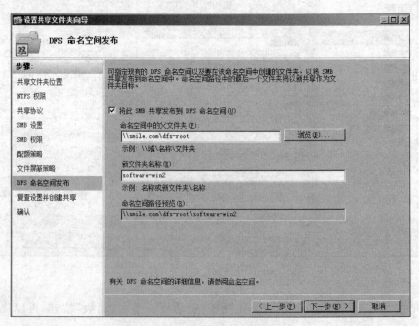

图 3-40　"DFS 命名空间发布"对话框

　　（8）单击"下一步"按钮，显示"复查设置并创建共享"对话框，可以看到将要设置的共享文件夹的详细信息，如图 3-41 所示。

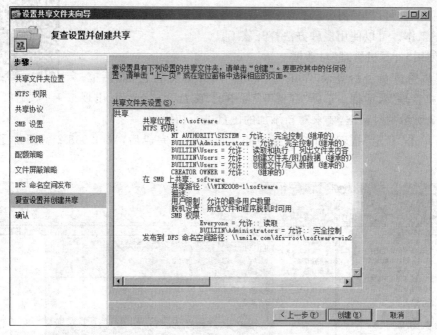

图 3-41　"复查设置并创建共享"对话框

　　（9）单击"创建"按钮，完成共享的创建，在"确认"对话框中单击"关闭"按钮。在"共享和存储管理"控制台中，可以看到所设置的共享，如图 3-42 所示。

图 3-42　"共享和存储管理"控制台中显示已设置的共享

## 3.3.5　管理基本磁盘

　　在安装 Windows Server 2008 时，硬盘将自动初始化为基本磁盘。基本磁盘上的管理任务包括磁盘分区的建立、删除、查看以及分区的挂载和磁盘碎片整理等。

**1. 使用磁盘管理工具**

Windows Server 2008 提供了一个界面非常友好的磁盘管理工具,使用该工具可以很轻松地完成各种基本磁盘和动态磁盘的配置与管理维护工作。可以使用多种方法打开该工具。

1) 使用"计算机管理"对话框

(1) 以管理员身份登录 Win2008-2,打开"计算机管理"对话框。在"计算机管理"对话框中选择"存储"项目中的"磁盘管理"选项,出现如图 3-43 所示的对话框,要求对新添加的磁盘进行初始化。

(2) 单击"确定"按钮,初始化新加的 4 块磁盘。完成后,Win2008-2 就新加了 4 块新磁盘。

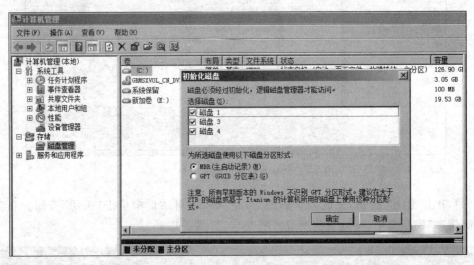

图 3-43 磁盘管理

2) 使用系统内置的 MSC 控制台文件

选择"开始"→"运行"命令,输入 diskmgmt.msc,并单击"确定"按钮。

磁盘管理工具分别以文本和图形的方式显示出所有磁盘和分区(卷)的基本信息,这些信息包括分区(卷)的驱动器号、磁盘类型、文件系统类型以及工作状态等。在磁盘管理工具的下部,以不同的颜色表示不同的分区(卷)类型,利于用户分辨不同的分区(卷)。

**2. 新建基本磁盘卷**

基本磁盘上的分区和逻辑驱动器称为基本磁盘卷,基本磁盘卷只能在基本磁盘上创建。现在我们在 Win2008-2 的"磁盘 1"上创建主分区和扩展分区,并在扩展分区中创建逻辑驱动器。具体过程如下。

1) 创建主分区

(1) 打开 Win2008-2 计算机的"计算机管理"→"磁盘管理"。右击"磁盘 1",选择"新建简单卷"命令,如图 3-44 所示。

(2) 打开"新建简单卷向导"对话框,单击"下一步"按钮,设置卷的大小为 500MB。

(3) 单击"下一步"按钮,分配驱动器号,如图 3-45 所示。

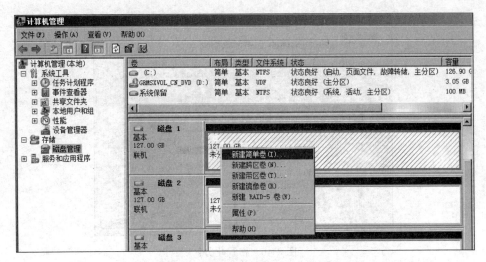

图 3-44   选择"新建简单卷"命令

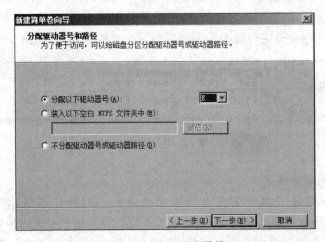

图 3-45   分配驱动器号

- 选择"装入以下空白 NTFS 文件夹中"单选按钮,表示指派一个在 NTFS 文件系统下的空文件夹来代表该磁盘分区。例如,用 C：\data 表示该分区,则以后所有保存到 C：\data 的文件都被保存到该分区中,该文件夹必须是空的文件夹,且位于 NTFS 卷内,这个功能特别适用于 26 个磁盘驱动器号(A~Z)不够使用时的网络环境。
- 选择"不分配驱动器号或驱动器路径"单选按钮,表示可以事后再指派驱动器号或指派某个空文件夹来代表该磁盘分区。

④ 单击"下一步"按钮,选择格式化的文件系统,如图 3-46 所示。格式化结束,单击"完成"按钮完成主分区的创建。本例划分给主分区 500MB 空间,赋予的驱动器号为 E。

⑤ 可以重复以上步骤创建其他主分区。

2) 创建扩展分区

Windows Server 2008 的磁盘管理中不能直接创建扩展分区,必须先创建完 3 个主分区后才能创建扩展磁盘分区。

(1) 继续在 Win2008-2 的"磁盘 1"上再创建 2 个主分区。

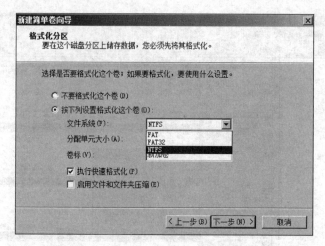

图 3-46　格式化分区

（2）完成 3 个主分区创建后，在该磁盘未分区空间右击，选择"新建简单卷"命令。

（3）后面的过程与创建主分区相似，不同的是当创建完成，显示"状态良好"的分区信息后，系统自动将刚才这个分区设置为扩展分区的一个逻辑驱动器，如图 3-47 所示。

图 3-47　创建 3 个主分区和一个扩展分区

### 3. 指定活动的磁盘分区

如果计算机中安装了多个无法直接相互访问的不同操作系统，如 Windows Server 2008、Linux 等，则计算机在启动时，会启动被设为"活动"的磁盘分区内的操作系统。

假设当前第 1 个磁盘分区中安装的是 Windows Server 2008，第 2 个磁盘分区中安装的是 Linux，如果第 1 个磁盘分区被设为"活动"，则计算机启动时就会启动 Windows Server 2008。若要下一次启动时启动 Linux，只需将第 2 个磁盘分区设为"活动"即可。

由于用来启动操作系统的磁盘分区必须是主磁盘分区，因此，只能将主磁盘分区设为"活动"的磁盘分区。要指定"活动"的磁盘分区，右击 Win2008-2 的"磁盘 1"的主分区 E，在弹出的快捷菜单中选择"将分区标为活动分区"命令。

### 4. 更改驱动器号和路径

Windows Server 2008 默认为每个分区（卷）分配一个驱动器号字母，该分区就称为一个逻辑上的独立驱动器。有时出于管理的目的，可能需要修改默认分配的驱动器号。

还可以使用磁盘管理工具在本地 NTFS 分区（卷）的任何空文件夹中连接或装入一个本地驱动器。当在空的 NTFS 文件夹中装入本地驱动器时，Windows Server 2008 为驱动器分配一个路径而不是驱动器字母，可以装载的驱动器数量不受驱动器字母限制的影响，因此可以使用挂载的驱动器在计算机上访问 26 个以上的驱动器。Windows Server 2008 确保驱动器路径与驱动器的关联，因此可以添加或重新排列存储设备而不会使驱动器路径失效。

另外,当某个分区的空间不足并且难以扩展空间尺寸时,也可以通过挂载一个新分区到该分区某个文件夹的方法,达到扩展磁盘分区尺寸的目的。因此,挂载的驱动器使数据更容易访问,并增加了基于工作环境和系统使用情况管理数据存储的灵活性。例如,可以在 C:\ Document and Settings 文件夹处装入带有 NTFS 磁盘配额以及启用容错功能的驱动器,这样就可以跟踪或限制磁盘的使用,并保护装入的驱动器上的用户数据,而不用在 C 盘上做同样的工作。也可以将 C:\Temp 文件夹设为挂载驱动器,为临时文件提供额外的磁盘空间。

如果 C 盘上的空间较小,可将程序文件移动到其他大容量驱动器上,比如 E,并将它作为 C:\mytext 挂载。这样所有保存在 C:\mytext 下的文件事实上都保存在 E 分区上。下面完成这个例子(保证 C:\mytext 在 NTFS 分区,并且是空白的文件夹)。

(1) 在"磁盘管理"对话框中右击目标驱动器 E,在弹出的快捷菜单中选择"更改驱动器号和路径"命令,打开如图 3-48 所示的对话框。

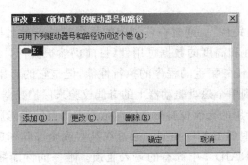

图 3-48　更改驱动器号和路径

(2) 单击"更改"按钮,可以更改驱动器号;单击"添加"按钮,打开"添加驱动器号或路径"对话框,如图 3-49 所示。

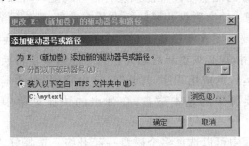

图 3-49　"添加驱动器号或路径"对话框

(3) 输入完成后,单击"确定"按钮。

(4) 测试。在 C:\text 下新建文件,然后查看 E 盘信息,发现文件实际存储在了 E 盘上。

**注意**:要装入的文件夹一定是事先建立好的空文件夹,该文件夹所在的分区必须是 NTFS 文件系统。

### 3.3.6　认识动态磁盘

**1. RAID 技术简介**

如何增加磁盘的存取速度,如何防止数据因磁盘故障而丢失,以及如何有效地利用磁盘空间,一直是计算机专业人员和用户的困扰。廉价磁盘冗余阵列(RAID)技术的产生一举解决了这些问题。

廉价磁盘冗余阵列是把多个磁盘组成一个阵列,当作单一磁盘使用。它将数据以分段(Striping)的方式存储在不同的磁盘中,存取数据时,阵列中的相关磁盘一起动作,大幅减少数据的存取时间,同时有更佳的空间利用率。磁盘阵列所利用的技术称为 RAID 级别,不同的级别针对不同的系统及应用,以解决数据访问性能和数据安全的问题。

RAID 技术的实现可以分为硬件实现和软件实现两种。现在很多操作系统,如 Windows NT 以及 UNIX 等都提供软件 RAID 技术,性能略低于硬件 RAID 技术,但成本较低,配置管理也非常简单。目前,Windows Server 2008 支持的 RAID 级别包括 RAID-0、RAID-1、RAID-4 和 RAID-5。

RAID-0:通常被称作"条带",它是面向性能的分条数据映射技术。这意味着被写入阵列的数据被分割成条带,然后被写入阵列中的磁盘成员,从而允许低费用的高效 I/O 性能,但是不提供冗余性。

RAID-1:称为"磁盘镜像"。通过在阵列中的每个成员磁盘上写入相同的数据来提供冗余性。由于镜像的简单性和高度的数据可用性,目前仍然很流行。RAID-1 提供了极佳的数据可靠性,并提高了读取任务繁重的程序的执行性能,但是它的费用相对也较高。

RAID-4:使用集中到单个磁盘驱动器上的奇偶校验来保护数据。更适合于事务性的 I/O 而不是大型文件传输。专用的奇偶校验磁盘同时带来了固有的性能瓶颈。

RAID-5:使用最普遍的 RAID 类型。通过在某些或全部阵列成员磁盘驱动器中分布奇偶校验,RAID-5 避免了 RAID-4 中固有的写入瓶颈。唯一的性能瓶颈是奇偶计算进程。与 RAID-4 一样,其结果是非对称性能,读取性能大大地超过了写入性能。

**2. 动态磁盘卷类型**

动态磁盘提供了更好的磁盘访问性能以及容错等功能。可以将基本磁盘转换为动态磁盘,而不损坏原有的数据。动态磁盘若要转换为基本磁盘,则必须先删除原有的卷。

在转换磁盘之前需要关闭这些磁盘上运行的程序。如果转换启动盘,或者要转化的磁盘中的卷或分区正在使用,则必须重新启动计算机才能够成功转换。转换过程如下。

(1)关闭所有正在运行的应用程序,打开"计算机管理"对话框中的"磁盘管理"对话框,在右窗格的底端,右击要升级的基本磁盘,在弹出的快捷菜单中选择"转换到动态磁盘"命令。

(2)在打开的对话框中可以选择多个磁盘一起升级。选择好之后,单击"确定"按钮,单击"转换"按钮。

Windows Server 2008 中支持的动态磁盘卷类型包括以下几类。

- 简单卷(Simple Volume):与基本磁盘的分区类似,只是其空间可以扩展到非连续的空间上。
- 跨区卷(Spanned Volume):可以将多个磁盘(至少2个,最多32个)上的未分配空间合成一个逻辑卷。使用时先写满一部分空间,再写入下一部分空间。
- 带区卷(Striped Volume):又称条带卷 RAID-0,将 2~32 个磁盘空间上容量相同的空间组合成一个卷,写入时将数据分成 64KB 大小相同的数据块,同时写入卷的每个磁盘成员的空间上。带区卷提供最好的磁盘访问性能,但是带区卷不能被扩展或镜像,并且没有容错功能。

- 镜像卷（Mirrored Volume）：又称 RAID-1 技术，是将两个磁盘上相同尺寸的空间建立为镜像，有容错功能，但空间利用率只有 50％，实现成本相对较高。
- 带奇偶校验的带区卷：采用 RAID-5 技术，每个独立磁盘进行条带化分割、条带区奇偶校验，校验数据平均分布在每块硬盘上。容错性能好，应用广泛，需要 3 个以上磁盘。其平均实现成本低于镜像卷。

### 3.3.7　建立动态磁盘卷

在 Windows Server 2008 动态磁盘上建立卷，与在基本磁盘上建立分区的操作类似。下面以创建 RAID-5 卷为例建立 1000MB 的动态磁盘卷。

（1）以管理员身份登录 Win2008-2，将磁盘 1～4 转换为动态磁盘。

（2）在磁盘 2 的未分配空间上右击，在弹出的快捷菜单中选择"新建 RAID-5 卷"命令，打开"新建卷向导"对话框。

（3）单击"下一步"按钮，打开"选择磁盘"对话框，如图 3-50 所示。选择要创建的 RAID-5 卷需要使用的磁盘，选择空间容量为 1000MB。对于 RAID-5 卷来说，至少需要选择 3 个以上动态磁盘。我们选择磁盘 2～4。

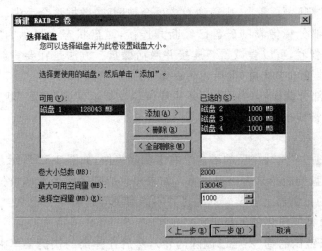

图 3-50　为 RAID-5 卷选择磁盘

（4）为 RAID-5 卷指定驱动器号和文件系统类型，完成向导的设置。

（5）建立完成的 RAID-5 卷如图 3-51 所示。

建立其他类型动态磁盘卷的方法与此类似，右击动态磁盘的未分配空间，出现选择菜单，按需要在菜单中选择相应选项，完成不同类型动态磁盘卷的建立即可。不再一一叙述。

### 3.3.8　维护动态磁盘卷

#### 1. 维护镜像卷

在 Win2008-2 上提前建立镜像卷 F，容量为 50MB，使用磁盘 1 和磁盘 2。在 F 盘上存储一个文件夹 test，供测试用。

不再需要镜像卷的容错能力时，可以选择将镜像卷中断。方法是右击镜像卷，选择"中断镜像""删除镜像"或"删除卷"命令。

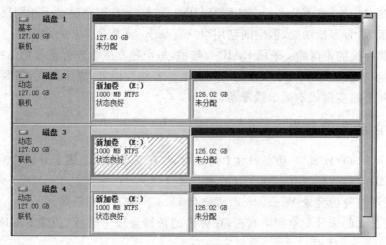

图 3-51　建立完成的 RAID-5 卷

（1）如果选择"中断镜卷"命令，则中断后的镜像卷成员会成为两个独立的卷，不再容错。

（2）如果选择"删除镜像"命令，则选中的磁盘上的镜像卷会被删除，不再容错。

（3）如果选择"删除卷"命令，则镜像卷成员会被删除，数据将会丢失。

（4）如果包含部分镜像卷的磁盘已经断开连接，磁盘状态会显示为"脱机"或"丢失"。要重新使用这些镜像卷，可以尝试重新连接并激活磁盘。方法是在要重新激活的磁盘上右击，并在弹出的快捷菜单中选择"重新激活磁盘"命令。

（5）如果包含部分镜像卷的磁盘丢失并且该卷没有返回到"良好"状态，则应当用另一个磁盘上的新镜像替换出现故障的镜像。

具体方法如下。

① 在显示为"丢失"或"脱机"的磁盘上右击删除镜像，如图 3-52 所示。然后查看系统日志以确定磁盘或磁盘控制器是否出现故障。如果出现故障的镜像卷成员位于有故障的控制器上，则在有故障的控制器上安装新的磁盘并不能解决问题。

② 使用新磁盘替换损坏的磁盘。

③ 右击要重新镜像的卷（不是已删除的卷），然后在弹出的快捷菜单中选择"添加镜像"命令，打开如图 3-53 所示的"添加镜像"对话框。选择合适的磁盘后单击"添加镜像"按钮，系统会使用新的磁盘重建镜像。

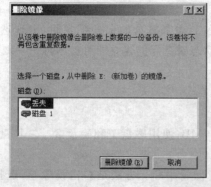

图 3-52　从损坏的磁盘上删除镜像

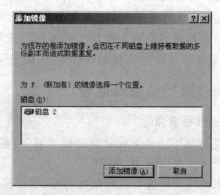

图 3-53　"添加镜像"对话框

**2. 维护 RAID-5**

在 Win2008-2 上提前建立 RAID-5 卷 E,容量为 50MB,使用磁盘 2～4。在 E 盘上存储一个文件夹 test,供测试用。

对于 RAID-5 卷的错误,首先右击卷并选择"重新激活磁盘"命令进行修复。如果修复失败,则需要更换磁盘并在新磁盘上重建 RAID-5 卷。RAID-5 卷的故障恢复过程如下。

(1) 在"磁盘管理"控制台上右击将要修复的 RAID-5 卷,选择"重新激活卷"命令。

(2) 由于卷成员磁盘失效,所以将会弹出"缺少成员"的消息框,在消息框中单击"确定"按钮。

(3) 再次右击将要修复的 RAID-5 卷,在弹出的快捷菜单中选择"修复卷"命令。

(4) 在"RAID-5 修复卷"对话框中选择新添加的动态磁盘,然后单击"确定"按钮。

(5) 在磁盘管理器中,可以看到 RAID-5 在新磁盘上重新建立,并进行数据的同步操作,同步完成后,RAID-5 卷的故障则被修复成功。

### 3.3.9　管理磁盘配额

在计算机网络中,系统管理员有一项很重要的任务,即为访问服务器资源的客户机设置磁盘配额,也就是限制它们一次性访问服务器资源的卷空间数量。这样做的目的在于防止某台客户机过量地占用服务器和网络资源,导致其他客户机无法访问服务器和使用网络。

**1. 磁盘配额基本概念**

在 Windows Server 2008 中,磁盘配额跟踪以及控制磁盘空间的使用,使系统管理员可将 Windows 配置如下。

- 用户超过所指定的磁盘空间限额时,阻止进一步使用磁盘空间和记录事件。
- 当用户超过指定的磁盘空间警告级别时记录事件。

启用磁盘配额时,可以设置两个值:"磁盘配额限度"和"磁盘配额警告级别"。"磁盘配额限度"指定了允许用户使用的磁盘空间容量。"磁盘配额警告级别"指定了用户接近其配额限度的值。例如,可以把用户的磁盘配额限度设为 50MB,并把磁盘配额警告级别设为 45MB。这种情况下,用户可在卷上存储不超过 50MB 的文件。如果用户在卷上存储的文件超过 45MB,则把磁盘配额系统记录为系统事件。如果不想拒绝用户访问卷,但想跟踪每个用户的磁盘空间使用情况,启用配额但不限制磁盘空间的使用将非常有用。

默认的磁盘配额不应用到现有的卷用户上。可以通过在"配额项目"对话框中添加新的配额项目,将磁盘空间配额应用到现有的卷用户上。

磁盘配额是以文件所有权为基础的,并且不受卷中用户文件的文件夹位置的限制。例如,如果用户把文件从一个文件夹移到相同卷上的其他文件夹,则卷空间用量不变。

磁盘配额只适用于卷,且不受卷的文件夹结构及物理磁盘的布局的限制。如果卷有多个文件夹,则分配给该卷的配额将应用于卷中所有文件夹。

如果单个物理磁盘包含多个卷,并把配额应用到每个卷,则每个卷配额只适于特定的卷。例如,如果用户共享两个不同的卷,分别是 F 卷和 G 卷,即使这两个卷在相同的物理磁盘上,也分别对这两个卷的配额进行跟踪。

如果一个卷跨越多个物理磁盘,则整个跨区卷使用该卷的同一配额。例如,如果 F 卷有

50MB 的配额限度，则不管 F 卷是在物理磁盘上还是跨越 3 个磁盘，都不能把超过 50MB 的文件保存到 F 卷。

在 NTFS 文件系统中，卷使用信息按用户安全标识（SID）存储，而不是按用户账户名称存储。第一次打开"配额项目"对话框时，磁盘配额必须从网络域控制器或本地用户管理器上获得用户账户名称，将这些用户账户名称与当前卷用户的 SID 匹配。

**2. 设置磁盘配额**

（1）在"磁盘管理"对话框中，右击要启用磁盘配额的磁盘卷，然后在弹出的快捷菜单中选择"属性"命令，打开"属性"对话框。

（2）在"新加卷（E:）属性"对话框中选择"配额"选项卡，如图 3-54 所示。

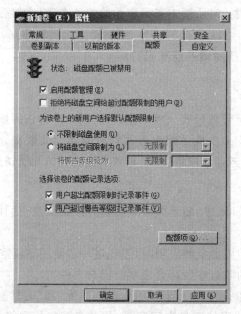

图 3-54 "配额"选项卡

（3）选择"启用配额管理"复选框，然后为新用户设置磁盘空间限制数值。

（4）若需要对原有的用户设置配额，单击"配额项"按钮，打开如图 3-55 所示的窗口。

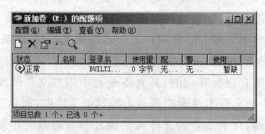

图 3-55 设置配额项

（5）在设置配额项窗口中选择"配额"→"新建配额项"命令，或单击工具栏上的"新建配额项"按钮，打开"选择用户"对话框，单击"高级"按钮，再单击"立即查找"按钮，即可在"搜索结果"列表框中选择当前计算机用户，并设置磁盘配额。最后关闭配额项窗口。

（6）回到图 3-54 所示的"配额"选项卡。如果需要限制受配额影响的用户使用超过配额的空间,则选择"拒绝将磁盘空间给超过配额限制的用户"复选框,单击"确定"按钮。

## 3.3.10　整理磁盘碎片

　　计算机磁盘上的文件并非保存在一个连续的磁盘空间上,而是把一个文件分散存放在磁盘的许多地方,这样的分布会浪费磁盘空间。我们习惯称为"磁盘碎片",在经常进行添加和删除文件等操作的磁盘上,这种情况尤其严重。"磁盘碎片"会增加计算机访问磁盘的时间,降低整个计算机的运行性能。因而,计算机在使用一段时间后,就要对磁盘进行碎片整理。

　　磁盘碎片整理程序可以重新安排计算机硬盘上的文件、程序以及未使用的空间,使程序运行得更快,文件打开得更快。磁盘碎片整理并不影响数据的完整性。

　　依次选择"开始"→"附件"→"系统工具"→"磁盘碎片整理程序"命令,打开如图 3-56 所示的"磁盘碎片整理程序"对话框。

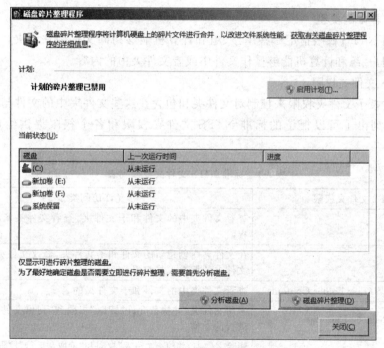

图 3-56　"磁盘碎片整理程序"对话框

　　一般情况下,选择要进行磁盘碎片整理的磁盘后,首先要分析一下磁盘分区状态。单击"分析磁盘"按钮,可以对所选的磁盘分区进行分析。系统分析完毕后,会打开对话框,建议是否对磁盘进行碎片整理。如果需要对磁盘进行碎片整理操作,选中磁盘后,直接单击"磁盘碎片整理"按钮。

## 3.3.11　认识 NTFS 权限

　　利用 NTFS 权限,可以控制用户账号和组对文件夹和个别文件的访问。

　　NTFS 权限只适用于 NTFS 磁盘分区。NTFS 权限不能用于由 FAT 或者 FAT32 文件系统格式化的磁盘分区。

Windows Server 2008 只为用 NTFS 进行格式化的磁盘分区提供 NTFS 权限。为了保护 NTFS 磁盘分区上的文件和文件夹,要为需要访问该资源的每一个用户账号授予 NTFS 权限。用户必须获得明确的授权才能访问资源。用户账号如果没有被组授予权限,它就不能访问相应的文件或者文件夹。不管用户是访问文件还是访问文件夹,也不管这些文件或文件夹是在计算机上还是在网络上,NTFS 的安全性功能都有效。

对于 NTFS 磁盘分区上的每一个文件和文件夹,NTFS 都存储一个远程访问控制列表(ACL)。ACL 中包含那些被授权访问该文件或者文件夹的所有用户账号、组和计算机,还包含他们被授予的访问类型。为了让一个用户访问某个文件或者文件夹,针对用户账号、组或者该用户所属的计算机,ACL 中必须包含一个相对应的元素,这样的元素叫作访问控制元素(ACE)。为了让用户能够访问文件或者文件夹,访问控制元素必须具有用户所请求的访问类型。如果 ACL 中没有相应的 ACE 存在,Windows Server 2008 就拒绝该用户访问相应的资源。

**1. NTFS 权限的类型**

可以利用 NTFS 权限指定哪些用户、组和计算机能够访问文件与文件夹。NTFS 权限也指明哪些用户、组和计算机能够操作文件中或者文件夹中的内容。

1) NTFS 文件夹权限

可以通过授予文件夹权限来控制对文件夹和包含在这些文件夹中的文件与子文件夹的访问。表 3-1 列出了可以授予的标准 NTFS 文件夹权限和各个权限提供给用户的访问类型。

表 3-1 标准 NTFS 文件夹权限列表

| NTFS 文件夹权限 | 允许访问类型 |
| --- | --- |
| 读取(Read) | 查看文件夹中的文件和子文件夹,查看文件夹属性、拥有人和权限 |
| 写入(Write) | 在文件夹内创建新的文件和子文件夹,修改文件夹属性和查看文件夹的拥有人与权限 |
| 列出文件夹内容(List Folder Contents) | 查看文件夹中的文件和子文件夹的名 |
| 读取和运行(Read & Execute) | 遍历文件夹,并执行允许"读取"权限和"列出文件夹内容"权限进行的动作 |
| 修改(Modify) | 删除文件夹,并执行"写入"权限和"读取和运行"权限进行的动作 |
| 完全控制(Full Control) | 改变权限,成为拥有人,删除子文件夹和文件,以及执行允许所有其他 NTFS 文件夹权限进行的动作 |

**注意**:"只读""隐藏""归档"和"系统文件"等都是文件夹属性,不是 NTFS 权限。

2) NTFS 文件权限

可以通过授予文件权限控制对文件的访问。表 3-2 列出了可以授予的标准 NTFS 文件权限和各个权限提供给用户的访问类型。

表 3-2 标准 NTFS 文件权限列表

| NTFS 文件权限 | 允许访问类型 |
| --- | --- |
| 读取(Read) | 读文件,查看文件属性、拥有人和权限 |

续表

| NTFS 文件权限 | 允许访问类型 |
| --- | --- |
| 写入(Write) | 覆盖写入文件,修改文件属性和查看文件的拥有人与权限 |
| 读取和运行(Read & Execute) | 运行应用程序,并执行由"读取"权限进行的动作 |
| 修改(Modify) | 修改和删除文件,并执行由"写入"权限和"读取和运行"权限进行的动作 |
| 完全控制(Full Control) | 改变权限,成为拥有人,并执行允许所有其他 NTFS 文件权限进行的动作 |

**注意**：无论有什么权限保护文件,被准许对文件夹进行"完全控制"的组或用户都可以删除该文件夹内的任何文件。尽管"列出文件夹内容"和"读取和运行"看起来有相同的特殊权限,但这些权限在继承时有所不同。"列出文件夹内容"可以被文件夹继承而不能被文件继承,并且它只在查看文件夹权限时才会显示。"读取和运行"可以被文件和文件夹继承,并且在查看文件和文件夹权限时始终出现。

**2. 多重 NTFS 权限**

如果将针对某个文件或者文件夹的权限授予了个别用户账号,又授予了某个组,而该用户是该组的一个成员,那么该用户就对同样的资源有了多个权限。关于 NTFS 如何组合多个权限,存在一些规则和优先权。除此之外,在复制或者移动文件和文件夹时,对权限也会产生影响。

1) 权限是累积的

一个用户对某个资源的有效权限是授予这一用户账号的 NTFS 权限与授予该用户所属组的 NTFS 权限的组合。例如,如果某个用户 Long 对某个文件夹 Folder 有"读取"权限,该用户 Long 是某个组 Sales 的成员,而该组 Sales 对该文件夹 Folder 有"写入"权限,那么该用户 Long 对该文件夹 Folder 就有"读取"和"写入"两种权限。

2) 文件权限超越文件夹权限

NTFS 的文件权限超越 NTFS 的文件夹权限。例如,某个用户对某个文件有"修改"权限。那么即使该用户对于包含该文件的文件夹只有"读取"权限,该用户仍然能够修改该文件。

3) 拒绝权限超越其他权限

可以拒绝某用户账号或者组对特定文件或者文件夹的访问,为此,将"拒绝"权限授予该用户账号或者组即可。这样,即使某个用户作为某个组的成员具有访问该文件或文件夹的权限,但是因为将"拒绝"权限授予该用户,所以该用户具有的任何其他权限也被阻止了。因此,对于权限的累积规则来说,"拒绝"权限是一个例外。应该避免使用"拒绝"权限,因为允许用户和组进行某种访问比明确拒绝他们进行某种访问更容易做到。应该巧妙地构造组和组织文件夹中的资源,使各种各样的"允许"权限足以满足需要,从而可避免使用"拒绝"权限。

例如,用户 Long 同时属于 Sales 组和 Manager 组,文件 File1 和 File2 是文件夹 Folder 下面的两个文件。其中,Long 拥有对 Folder 的"读取"权限,Sales 拥有对 Folder 的"读取"和"写入"权限,Manager 则被禁止对 File2 的写操作。那么 Long 的最终权限是什么?

由于使用了"拒绝"权限,用户 Long 拥有对 Folder 和 File1 的"读取"和"写入"权限,但对 File2 只有"读取"权限。

注意：在 Windows Server 2008 中，用户不具有某种访问权限和明确地拒绝用户的访问权限，这二者之间是有区别的。"拒绝"权限是通过在 ACL 中添加一个针对特定文件或者文件夹的拒绝元素而实现的。这就意味着管理员还有另一种拒绝访问的手段，而不仅仅是不允许某个用户访问文件或文件夹。

**3. 共享文件夹权限与 NTFS 文件系统权限的组合**

如何快速有效地控制对 NTFS 磁盘分区上网络资源的访问呢？答案就是利用默认的共享文件夹权限共享文件夹，然后通过授予 NTFS 权限控制对这些文件夹的访问。当共享的文件夹位于 NTFS 格式的磁盘分区上时，该共享文件夹的权限与 NTFS 权限进行组合，用以保护文件资源。

要为共享文件夹设置 NTFS 权限，可在共享文件夹的属性窗口中选择"共享"选项卡，单击"高级共享"→"权限"按钮，即可打开共享文件夹的权限的对话框，如图 3-57 所示。

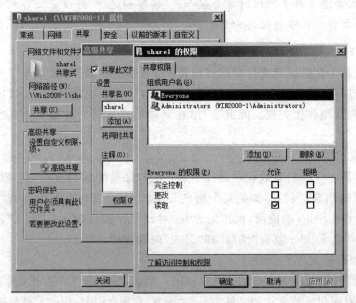

图 3-57　共享文件夹的权限

共享文件夹的权限具有以下特点。

- 共享文件夹的权限只适用于文件夹，而不适用于单独的文件，并且只能为整个共享文件夹设置共享权限，而不能对共享文件夹中的文件或子文件夹进行设置。所以，共享文件夹不如 NTFS 文件系统权限详细。
- 共享文件夹的权限并不对直接登录到计算机上的用户起作用，它们只适用于通过网络连接该文件夹的用户。即共享文件夹的权限对直接登录到服务器上的用户是无效的。
- 在 FAT/FAT32 系统卷上，共享文件夹的权限是保证网络资源被安全访问的唯一方法。原因很简单，NTFS 权限不适用于 FAT/FAT32 卷。
- 默认的共享文件夹的权限是读取，并被指定给 Everyone 组。

共享文件夹的权限分为读取、修改和完全控制。不同权限以及对用户访问能力的控制如表 3-3 所示。

表 3-3  共享文件夹的权限列表

| 权　　　限 | 允许用户完成的操作 |
| --- | --- |
| 读取 | 显示文件夹名称、文件名称、文件数据和属性,运行应用程序文件,以及改变共享文件夹内的文件夹 |
| 修改 | 创建文件夹,向文件夹中添加文件,修改文件中的数据,向文件中追加数据,修改文件属性,删除文件夹和文件,以及执行"读取"权限所允许的操作 |
| 完全控制 | 修改文件权限,获得文件的所有权<br>执行"修改"和"读取"权限所允许的所有任务。默认情况下,Everyone 组具有该权限 |

当管理员对 NTFS 权限和共享文件夹的权限进行组合时,结果是组合的 NTFS 权限,或者是组合的共享文件夹权限,哪个范围更窄则取哪个。

当在 NTFS 卷上为共享文件夹授予权限时,应遵循以下规则。

- 可以对共享文件夹中的文件和子文件夹应用 NTFS 权限。可以对共享文件夹中包含的每个文件和子文件夹应用不同的 NTFS 权限。
- 除共享文件夹权限外,用户必须有该共享文件夹包含的文件和子文件夹的 NTFS 权限,才能访问那些文件和子文件夹。
- 在 NTFS 卷上必须要求 NTFS 权限。默认 Everyone 组具有"完全控制"权限。

## 3.3.12　继承与阻止 NTFS 权限

### 1. 使用权限的继承性

默认情况下,授予父文件夹的任何权限也将应用于包含在该文件夹中的子文件夹和文件。当授予访问某个文件夹的 NTFS 权限时,就将授予该文件夹的 NTFS 权限授予了该文件夹中任何现有的文件和子文件夹,以及在该文件夹中创建的任何新文件和新的子文件夹。

如果想让文件夹或者文件具有不同于它们父文件夹的权限,必须阻止权限的继承性。

### 2. 阻止权限的继承性

阻止权限的继承也就是阻止子文件夹和文件从父文件夹继承权限。为了阻止权限的继承,要删除继承来的权限,只保留被明确授予的权限。

被阻止从父文件夹继承权限的子文件夹现在就成为新的父文件夹。包含在这一新的父文件夹中的子文件夹和文件将继承授予它们的父文件夹的权限。

若要禁止权限继承,以 test2 文件夹为例,打开该文件夹的"属性"对话框,选择"安全"选项卡,单击"高级"→"更改权限"按钮,出现如图 3-58 所示的"test2 的高级安全设置"对话框。选中某个要阻止继承的权限,清除"包括可从该对象的父项继承的权限"复选框。

## 3.3.13　复制与移动文件和文件夹

### 1. 复制文件和文件夹

当从一个文件夹向另一个文件夹复制文件或者文件夹时,或者从一个磁盘分区向另一个磁盘分区复制文件或者文件夹时,这些文件或者文件夹具有的权限可能发生变化。复制文件或者文件夹对 NTFS 权限产生下述效果。

当在单个 NTFS 磁盘分区内或在不同的 NTFS 磁盘分区之间复制文件夹或者文件时,

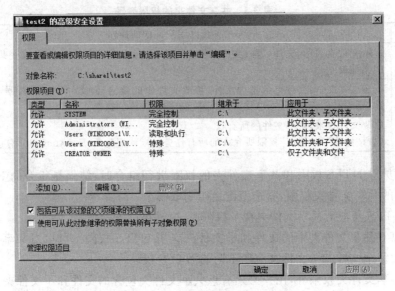

图 3-58 "test2 的高级安全设置"对话框

文件夹或者文件的复制将继承目的地文件夹的权限。

当将文件或者文件夹复制到非 NTFS 磁盘分区（例如，文件分配表 FAT 格式的磁盘分区）时，因为非 NTFS 磁盘分区不支持 NTFS 权限，所以这些文件夹或文件就丢失了它们的 NTFS 权限。

**注意**：为了在单个 NTFS 磁盘分区之内，或者在 NTFS 磁盘分区之间复制文件和文件夹，必须对源文件夹具有"读取"权限，并且对目的地文件夹具有"写入"权限。

**2. 移动文件和文件夹**

当移动某个文件或者文件夹的位置时，针对这些文件或者文件夹的权限可能发生变化，这主要依赖于目的地文件夹的权限情况。移动文件或者文件夹对 NTFS 权限产生下述效果。

当在单个 NTFS 磁盘分区内移动文件夹或者文件时，该文件夹或者文件保留它原来的权限。

当在 NTFS 磁盘分区之间移动文件夹或者文件时，该文件夹或者文件将继承目的地文件夹的权限。当在 NTFS 磁盘分区之间移动文件夹或者文件时，实际是将文件夹或者文件复制到新的位置，然后从原来的位置删除它。

当将文件或者文件夹移动到非 NTFS 磁盘分区时，因为非 NTFS 磁盘分区不支持 NTFS 权限，所以这些文件夹和文件就丢失了它们的 NTFS 权限。

**注意**：为了在单个 NTFS 磁盘分区之内，或者多个 NTFS 磁盘分区之间移动文件和文件夹，必须对目的地文件夹具有"写入"权限，并且对于源文件夹具有"修改"权限。之所以要求"修改"权限，是因为移动文件或者文件夹时，在将文件或者文件夹复制到目的地文件夹之后，Windows Server 2008 将从源文件夹中删除该文件。

## 3.3.14 利用 NTFS 权限管理数据

在 NTFS 磁盘中，系统会自动设置默认的权限值，并且这些权限会被其子文件夹和文件所继承。为了控制用户对某个文件夹以及该文件夹中的文件和子文件夹的访问,就需指定文件夹权限。不过,要设置文件或文件夹的权限,必须是 Administrators 组的成员、文件或者文件夹的拥有者、具有完全控制权限的用户。

**1. 授予标准 NTFS 权限**

授予标准 NTFS 权限包括授予 NTFS 文件夹权限和 NTFS 文件权限。

1) NTFS 文件夹权限

(1) 打开"Windows 资源管理器"对话框,右击要设置权限的文件夹,如 network,在弹出的快捷菜单中选择"属性"命令,打开"network 属性"对话框,选择"安全"选项卡,如图 3-59 所示。

(2) 默认已经有一些权限设置,这些设置是从父文件夹(或磁盘)继承来的,例如,在 Administrator 用户的权限中,灰色阴影对号的权限就是继承的权限。

(3) 如果要给其他用户指派权限,可单击"编辑"按钮,出现如图 3-60 所示的"network 的权限"对话框。

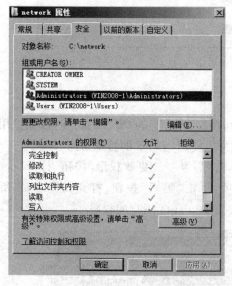

图 3-59　"network 属性"对话框

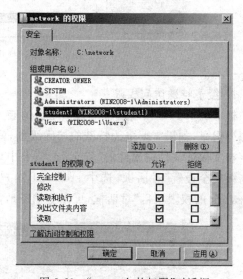

图 3-60　"network 的权限"对话框

(4) 依次单击"添加""高级""立即查找"按钮,从本地计算机上添加拥有对该文件夹访问和控制权限的用户或用户组,如图 3-61 所示。

(5) 选择后单击"确定"按钮,拥有对该文件夹访问和控制权限的用户或用户组就被添加到"组或用户名"列表框中,如图 3-60 所示,由于新添加用户 student1 的权限不是从父项继承的,因此他们所有的权限都可以被修改。

(6) 如果不想继承上一层的权限,可参照"继承和阻止 NTFS 权限"的内容进行修改。不再赘述。

2) NTFS 文件权限

文件权限的设置与文件夹权限的设置类似。要想对 NTFS 文件指派权限,直接在文件上右击,在弹出的快捷菜单上选择"属性"命令,再选择"安全"选项卡,可为该文件设置相应的权限。

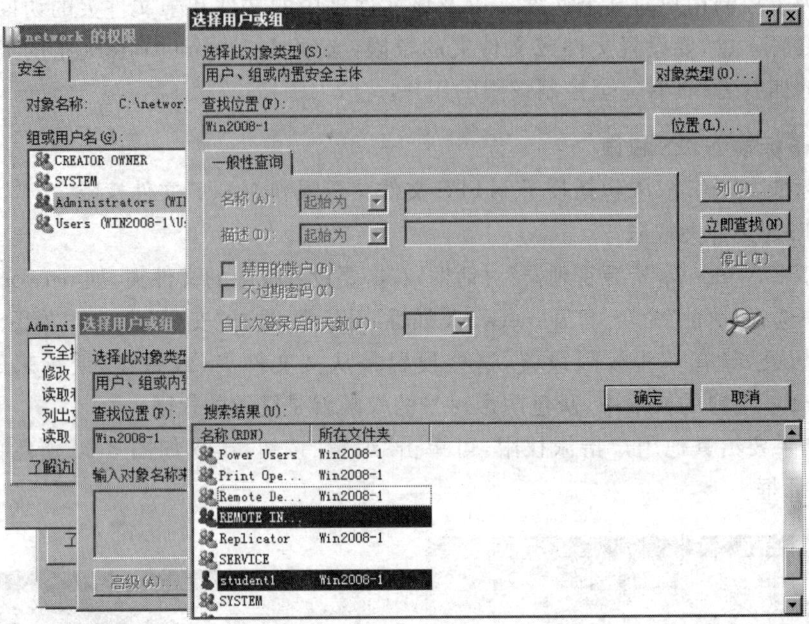

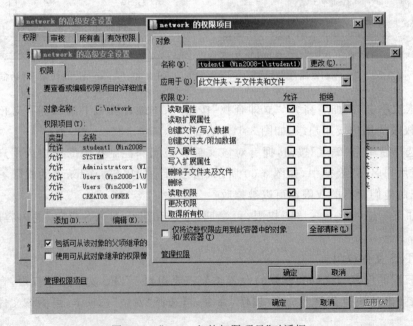

图 3-61    "选择用户或组"对话框

## 2. 授予特殊访问权限

标准的 NTFS 权限通常能提供足够的能力,用以控制对用户资源的访问,以保护用户的资源。但是,如果需要更为特殊的访问级别,就可以使用 NTFS 的特殊访问权限。

在文件或文件夹属性的"安全"选项卡中单击"高级"→"更改权限"按钮,打开"network 的高级安全设置"对话框,选中 student1 用户项,单击"编辑"按钮,打开如图 3-62 所示的"network 的权限项目"对话框,可以更精确地设置 student1 用户的权限。

图 3-62    "network 的权限项目"对话框

有 13 项特殊访问权限,把它们组合在一起就构成了标准的 NTFS 权限。例如,标准的"读取"权限包含"读取数据""读取属性""读取权限",以及"读取扩展属性"这些特殊访问权限。

其中两个特殊访问权限,对于管理文件和文件夹的访问来说特别有用。

1) 更改权限

如果为某用户授予这一权限,该用户就具有了针对文件或者文件夹修改权限的能力。

可以将针对某个文件或者文件夹修改权限的能力授予其他管理员和用户,但是不授予他们对该文件或者文件夹的"完全控制"权限。通过这种方式,这些管理员或者用户不能删除或者写入该文件或者文件夹,但是可以为该文件或者文件夹授权。

为了将修改权限的能力授予管理员,将针对该文件或者文件夹的"更改权限"的权限授予 Administrators 组即可。

2) 取得所有权

如果为某用户授予这一权限,该用户就具有了取得文件和文件夹的所有权的能力。

可以将文件和文件夹的拥有权从一个用户账号或者组转移到另一个用户账号或者组。也可以将"所有者"权限给予某个人。而作为管理员,也可以取得某个文件或者文件夹的所有权。

对于取得某个文件或者文件夹的所有权来说,需要应用下述规则。

- 当前的拥有者或者具有"完全控制"权限的任何用户,可以将"完全控制"这一标准权限或者"取得所有权"这一特殊访问权限授予另一个用户账号或者组。这样,该用户账号或者该组的成员就能取得所有权。
- Administrators 组的成员可以取得某个文件或者文件夹的所有权,而不管为该文件夹或者文件授予了怎样的权限。如果某个管理员取得了所有权,则 Administrators 组也取得了所有权。因而该管理员组的任何成员都可以修改针对该文件或者文件夹的权限,并且可以将"取得所有权"这一权限授予另一个用户账号或者组。例如,如果某个雇员离开了原来的公司,某个管理员即可以取得该雇员的文件的所有权,将"取得所有权"这一权限授予另一个雇员,然后这一雇员就取得了前一个雇员的文件的所有权。

提示:为了成为某个文件或者文件夹的拥有者,具有"取得所有权"这一权限的某个用户或者组的成员必须明确地取得该文件或者文件夹的所有权。不能自动将某个文件或者文件夹的所有权授予任何一个人。文件的拥有者、管理员组的成员,或者任何一个具有"完全控制"权限的人都可以将"取得所有权"权限授予某个用户账号或者组,这样就使他们取得了所有权。

## 3.3.15　使用加密文件系统

加密文件系统(EFS)内置于 Windows Server 2008 的 NTFS 文件系统中。利用 EFS 可以启用基于公共密钥文件级的或者文件夹级的保护功能。

加密文件系统为 NTFS 文件提供文件级的加密。EFS 加密技术是基于公共密钥的系统,它作为一种集成式系统服务运行,并由指定的 EFS 恢复代理启用文件恢复功能。

EFS 很容易管理。当需要访问已经由用户加密的至关重要的数据时,如果该用户或者该用户的密钥不可用，EFS 恢复代理（通常就是一个管理员）即可以解密该文件。

理解了 EFS 的优点将有助于在网络中高效率地利用这一技术。

**1. 加密文件系统概述**

利用 EFS，用户可以按加密格式将他们的数据存储在硬盘上。用户加密某个文件后，该文件即一直以这种加密格式存储在磁盘上。用户可以利用 EFS 加密他们的文件，以保证它们的机密性。

EFS 具有下面几个关键的功能特征。

- 它在后台运行，对用户和应用程序来说是透明的。
- 只有被授权的用户才能访问加密的文件。EFS 自动解密该文件，以供使用，然后在保存该文件时再次对它进行加密。管理员可以恢复被另一个用户加密的数据。这样，如果一时找不到对数据进行加密的用户，或者忘记了该用户的私有密钥，可以确保仍然能够访问这些数据。
- 它提供内置的数据恢复支持功能。Windows Server 2008 的安全性基础结构强化了数据恢复密钥的配置。只有在本地计算机利用一个或者多个恢复密钥进行配置的情况下，才能够使用文件加密功能。当不能访问该域时，EFS 即自动生成恢复密钥，并将它们保存在注册表中。
- 它要求至少有一个恢复代理，用以恢复加密的文件。可以指定多个恢复代理，各个恢复代理都需要有 EFS 恢复代理证书。

**注意**：加密操作和压缩操作是互斥的。因此，建议或者采用加密技术，或者对文件进行压缩，二者不能同时采用。

**2. 加密文件或文件夹**

加密文件或文件夹的基本操作步骤如下。

（1）右击要加密的文件或文件夹，在弹出的快捷菜单中选择"属性"命令。下面以 test2 为例进行说明。

（2）在"常规"选项卡上单击"高级"按钮，打开"高级属性"对话框，选择"加密内容以便保护数据"复选框，然后单击"确定"按钮，如图 3-63 所示。

（3）返回"test2 属性"对话框，单击"应用"按钮。如果是加密文件夹，且有未加密的子文件夹存在，此时会打开如图 3-64 所示的提示信息；如果是加密文件，且父文件夹未经加密，则会出现如图 3-65 所示的"加密警告"对话框。根据需要选择单选按钮。

使用加密文件系统需要注意以下事项。

- 为确保最高安全性，在创建敏感文件以前将其所在的文件夹加密。因为这样所创建的文件将是加密文件，文件的数据就不会以纯文本的格式写到磁盘上。
- 加密文件夹而不是加密单独的文件，以便如果程序在编辑期间创建了临时文件，这些临时文件也会被加密。
- 指定的故障恢复代理应该将数据恢复证书和私钥导出到磁盘中，并确保它们处于安全的位置，同时将数据恢复私钥从系统中删除。这样，唯一可以为系统恢复数据的人就是可以物理访问数据恢复私钥的人。

**3. 备份密钥**

为了防止密钥的丢失，可以备份用户的密钥，这样当需要打开加密文件时，只要把备份

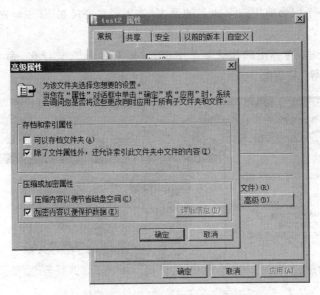

图 3-63  "高级属性"对话框

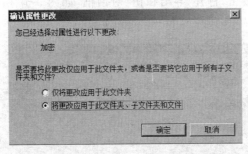

图 3-64  "确认属性更改"对话框

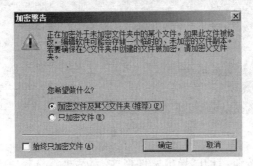

图 3-65  "加密警告"对话框

的密钥导入系统即可。备份密钥的步骤如下。

（1）以 student1 身份登录计算机 Win2008-1，建立文件 C：\test1\file1.txt，并对该文件加密。

（2）选择"开始"→"运行"命令，打开"运行"对话框，在"打开"文本框中输入 certmgr.msc，然后按 Enter 键确认。打开证书控制台，依次展开"当前用户"→"个人"→"证书"目录树，可以在右窗格中看到一个以当前用户名命名的证书（**注意：需要运用 EFS 加密过文件才会出现该证书**）。

（3）右击该证书，在弹出的快捷菜单中选择"所有任务"→"导出"命令，如图 3-66 所示，打开"证书导出向导"对话框。

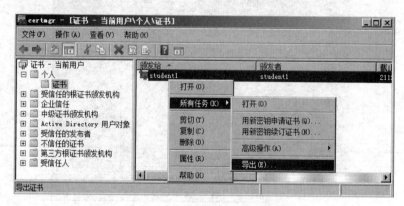

图 3-66　在证书控制台中打开快捷菜单

（4）单击"下一步"按钮，打开"导出私钥"对话框，如图 3-67 所示。选择"是，导出私钥"单选按钮。

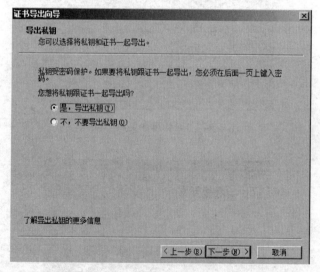

图 3-67　"导出私钥"对话框

（5）单击"下一步"按钮，打开"导出文件格式"对话框。选择"个人信息交换-PKCS ＃12（.pfx）"单选按钮，如图 3-68 所示。

**提示**：如果选中"如果导出成功，删除私钥"复选框，则私钥将从计算机中删除，并且无法解密所有加密文件，除非将密钥导入。

（6）单击"下一步"按钮，指定在导入证书时要用到的密码，如果丢失，将无法打开加密的文件。

（7）单击"下一步"按钮，指定要导出证书和私钥的文件名和位置，如图 3-69 所示。

**注意**：建议将文件备份到磁盘或可移动媒体设备，并确保将磁盘或可移动媒体设备放

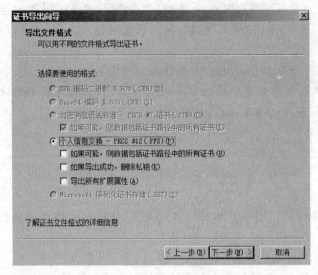

图 3-68　"导出文件格式"对话框

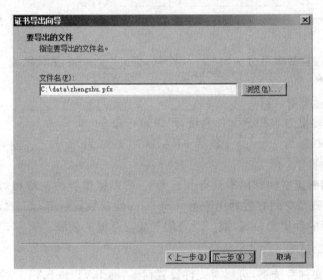

图 3-69　"要导出的文件"对话框

置在安全的地方。

（8）单击"下一步"按钮继续安装。最后单击"完成"按钮，将完成证书导出操作。

（9）返回到"证书控制台"对话框，此时便可以看到在 C：\data 的指定位置下有个后缀名为"．pfx"的证书文件 zhengshu。

**4．利用备份密钥解密**

（1）以 Administrator 身份登录 Win2008-1，赋予 student2 用户对 C：\data 文件夹的"读取"权限。否则，student2 无法用此证书解密 student1 加密的文件 file1.txt。

（2）以 student2 身份登录 Win2008-1，打开 C：\test1\file1.txt 时，出现"拒绝访问"警告。

（3）选择"开始"→"运行"命令，打开"运行"对话框，在"打开"文本框中输入 certmgr.msc，然后按 Enter 键确认。打开证书控制台,依次展开"当前用户"→"个人"→"证书"目录树。

(4) 右击"证书"选项,单击"导入"按钮,按向导提示导入 student1 的加密证书 C:\data\ zhengshu.pfx。

(5) 重新打开 C:\test1\file1.txt,发现能正常使用了。

提示:如果重装系统后需要使用以上加密文件,只需记住导出的证书文件及上述输入的保护密钥的密码。导入证书成功后,就能顺利打开加密文件。

# 3.4　习题

**1. 填空题**

(1) 相对于以前的 FAT、FAT32 文件系统来说,NTFS 文件系统的优点包括可以对文件设置_____、_____、_____、_____。

(2) 在网络中可共享的资源有_____和_____。

(3) 要设置隐藏共享,需要在共享名的后面加_____符号。

(4) 共享权限分为_____、_____和_____ 3 种。

(5) 从 Windows Server 2000 开始,Windows 操作系统将磁盘分为_____和_____。

(6) 一个基本磁盘最多可分为_____个区,即_____个主分区或_____个主分区和一个扩展分区。

(7) 动态磁盘卷类型包括_____、_____、_____、_____、_____。

(8) 要将 E 盘转换为 NTFS 文件系统,可以运行命令_____。

(9) 带区卷又称为_____技术,RAID-1 又称为_____卷,RAID-5 又称为_____卷。

(10) 镜像卷的磁盘空间利用率只有_____,所以镜像卷的花费相对较高。与镜像卷相比,RAID-5 卷的磁盘空间有效利用率为_____,硬盘数量越多,冗余数据带区的成本越低,所以 RAID-5 卷的性价比较高,被广泛应用于数据存储的领域。

**2. 判断题**

(1) 在 NTFS 文件系统下,可以对文件设置权限,而 FAT 和 FAT32 文件系统只能对文件夹设置共享权限,不能对文件设置权限。(　　)

(2) 通常在管理系统中的文件时,要由管理员给不同用户设置访问权限,普通用户不能设置或更改权限。(　　)

(3) NTFS 文件压缩必须在 NTFS 文件系统下进行,离开 NTFS 文件系统时,文件将不再压缩。(　　)

(4) 磁盘配额的设置不能限制管理员账号。(　　)

(5) 将已加密的文件复制到其他计算机后,以管理员账号登录,就可以打开了。(　　)

(6) 文件加密后,除加密者本人和管理员账号外,其他用户无法打开此文件。(　　)

(7) 对于加密的文件不可执行压缩操作。(　　)

**3. 简答题**

(1) 简述 FAT、FAT32 和 NTFS 文件系统的区别。

（2）重装 Windows Server 2008 后,原来加密的文件为什么无法打开?

（3）特殊权限与标准权限的区别是什么?

（4）如果一位用户拥有某文件夹的 Write 权限,而且还是该文件夹 Read 权限的成员,该用户对该文件夹的最终权限是什么?

（5）如果某员工离开公司,应当做什么来将他或她的文件所有权转给其他员工?

（6）如果一位用户拥有某文件夹的 Write 权限和 Read 权限,但被拒绝对该文件夹内某文件的 Write 权限,该用户对该文件的最终权限是什么?

# 3.5　项目实训　配置与管理文件系统实训

## 一、项目实训目的

- 掌握文件服务器的安装、配置与管理。
- 掌握资源共享的设置与使用。
- 掌握分布式文件系统的应用。
- 掌握基本磁盘的管理。
- 掌握动态磁盘的管理。
- 掌握磁盘配额的管理。

## 二、项目要求

根据网络拓扑图 3-1 完成以下各项任务。

（1）安装文件服务器。

（2）管理文件配额。

（3）组建分布式文件系统。

（4）使用分布式文件系统。

（5）管理基本磁盘。

（6）建立动态磁盘卷。

（7）维护动态磁盘卷。

（8）管理磁盘配额。

（9）整理磁盘碎片。

## 三、项目实训报告要求

参见项目 1 的项目实训。

# 项目 4
# 配置与管理打印服务器

**本项目学习要点**

公司组建了单位内部的办公网络,但办公设备(尤其是打印设备)不能每人配备一台,需要配置网络打印供公司员工使用。打印机的型号及所在楼层各异,人员使用打印机的优先级也不尽相同。为了提高效率,网络管理员有责任建立起该公司打印系统的良好组织与管理机制。

- 了解打印机的概念。
- 掌握安装打印服务器的方法。
- 掌握打印服务器的管理。
- 掌握共享网络打印机的方法。

## 4.1 项目基础知识

Windows Server 2008 家族中的产品支持多种高级打印功能。例如,无论运行 Windows Server 2008 家族操作系统的打印服务器计算机位于网络中的哪个位置,都可以对它进行管理。另一项高级功能是,不必在 Windows XP 客户端计算机上安装打印机驱动程序就可以使用网络打印机。当客户端连接运行 Windows Server 2008 家族操作系统的打印服务器计算机时,驱动程序将自动下载。

### 4.1.1 基本概念

为了建立网络打印服务环境,首先需要理解清楚几个概念。

(1)打印设备:实际执行打印的物理设备,可以分为本地打印设备和带有网络接口的打印设备。根据使用的打印技术,可以分为针式打印设备、喷墨打印设备和激光打印设备。

(2)打印机:即逻辑打印机,打印服务器上的软件接口。当发出打印作业时,作业在发送到实际的打印设备之前先在逻辑打印机上进行后台打印。

(3)打印服务器:连接本地打印机,并将打印机共享到计算机系统中。网络中的打印客户端会将作业发送到打印服务器处理,因此打印服务器需要有较高的内存以处理作业,对于较频繁的或大尺寸文件的打印环境,还需要打印服务器上有足够的磁盘空间以保存打印假脱机文件。

### 4.1.2  共享打印机的连接

在网络中共享打印机时,主要有两种不同的连接模式,即"打印服务器+打印机"模式和"打印服务器+网络打印机"模式。

(1)"打印服务器+打印机"模式:这是将一台普通打印机安装在打印服务器上,然后通过网络共享该打印机,供局域网中的授权用户使用。打印服务器既可以由通用计算机担任,也可以由专门的打印服务器担任。

如果网络规模较小,则可采用普通计算机担任服务器,操作系统可以采用 Windows 98/Me 或 Windows 2000/XP/7。如果网络规模较大,则应当采用专门的服务器,操作系统也应当采用 Windows Server 2008,从而便于对打印权限和打印队列的管理,适应繁重的打印任务。

(2)"打印服务器+网络打印机"模式:这是将一台带有网卡的网络打印设备通过网线连入局域网,给定网络打印设备的 IP 地址,使网络打印设备成为网络上的一个不依赖于其他 PC 的独立节点,然后在打印服务器上对该网络打印设备进行管理,用户就可以使用网络打印机进行打印了。网络打印设备通过 EIO 插槽直接连接网络适配卡,能够以网络的速度实现高速打印输出。打印设备不再是 PC 的外设,而成为一个独立的网络节点。

由于计算机的端口有限,因此,采用普通打印设备时,打印服务器所能管理的打印机数量也就较少。而由于网络打印设备采用以太网端口接入网络,因此一台打印服务器可以管理数量非常多的网络打印机,更适用于大型网络的打印服务。

## 4.2  项目设计与准备

本项目的所有实例都部署在图 4-1 网络拓扑图的环境中。

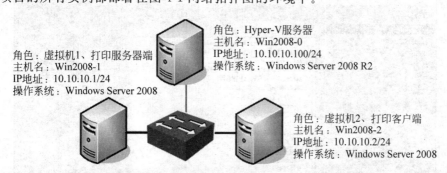

图 4-1  配置与管理打印服务器网络拓扑图

(1)已安装好 Windows Server 2008 R2,并且 Hyper-V 服务器正确配置。

(2)利用"Hyper-V 管理器"已建立 2 台虚拟机。

(3)Win2008-1 上安装打印服务器,Win2008-2 上安装客户端打印机。

# 4.3 项目实施

## 4.3.1 安装打印服务器

若要提供网络打印服务,必须先将计算机安装为打印服务器,安装并设置共享打印机,然后再为不同操作系统安装驱动程序,使网络客户端在安装共享打印机时,不再需要单独安装驱动程序。

### 1. 安装 Windows Server 2008 打印服务器角色

在 Windows Server 2008 中,若要对打印机和打印服务器进行管理,必须安装"打印服务器角色"。而"LPD 服务"和"Internet 打印"这两个角色则是可选项。

选择"LPD 服务"角色服务之后,客户端需安装"LPD 端口监视器"功能后才可以打印到已启动 LPD 服务共享的打印机,UNIX 打印服务器一般都会使用 LPD 服务。选择"Internet 打印"角色服务之后,客户端需安装"Internet 打印客户端"功能后才可以通过 Internet 打印协议(IP)经由 Web 来连接并打印到网络或 Internet 上的打印机。

**提示**:"LPD 端口监视器"和"Internet 打印客户端"这两项功能请利用"服务管理器"→"功能"选项添加。

现在将 Win2008-1 配置成打印服务器,步骤如下。

(1) 以管理员身份登录 Win2008-1。在"服务器管理器"控制台窗口中单击"角色",然后在右边"角色摘要"栏中选择"添加角色"选项,进入"添加角色向导"中。

(2) 在"选择服务器角色"对话框中选中"打印和文件服务"复选框,单击"下一步"按钮,如图 4-2 所示,再单击"下一步"按钮。

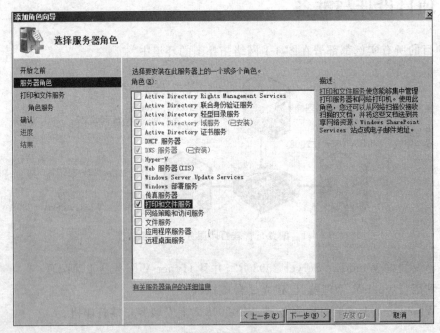

图 4-2 "选择服务器角色"对话框

（3）在"选择角色服务"对话框中，选中"打印服务器""LPD 服务"以及"Internet 打印"复选框。在选中"Internet 打印"复选框时，将会弹出安装 Web 服务器角色的提示框，单击"添加所需的角色服务"按钮，如图 4-3 所示，再单击"下一步"按钮。

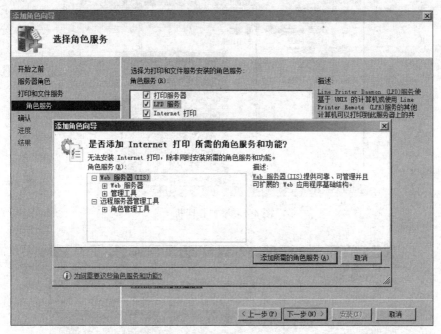

图 4-3 "选择角色服务"对话框

（4）再次单击"下一步"按钮，进入 Web 服务器的安装界面，本例我们采用默认设置，直接单击"下一步"按钮。

（5）在"确认安装选项"对话框中单击"安装"按钮，进行"打印服务"和"Web 服务器"的安装。

### 2. 安装本地打印机

Win2008-1 已成为网络中的打印管理服务器，在这台计算机上安装本地打印机，也可以管理其他打印服务器。设置过程如下。

（1）确保打印设备已连接到 Win2008-1 上，然后以管理员身份登录当前系统中，依次选择"开始"→"管理工具"→"打印管理"命令，进入"打印管理"控制台窗口。

（2）在"打印管理"控制台窗口中展开"打印服务器"→"Win2008-1（本地）"。选择"打印机"，在中间的详细窗格空白处右击，在弹出的快捷菜单中选择"添加打印机"命令，如图 4-4 所示。

（3）在打开的"打印机安装"对话框中选择"使用现有的端口添加新打印机"选项，单击右边的下拉列表按钮 ▼，然后在下拉列表框中根据具体的连接端口进行选择，本例选择"LPT1：（打印机端口）"选项，然后单击"下一步"按钮，如图 4-5 所示。

（4）在"打印机驱动程序"对话框中选择"安装新驱动程序"选项，然后单击"下一步"按钮。

（5）在"网络打印机安装向导"对话框中，需要根据计算机具体连接的打印设备情况选

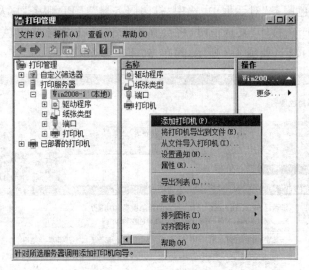

图 4-4　添加打印机

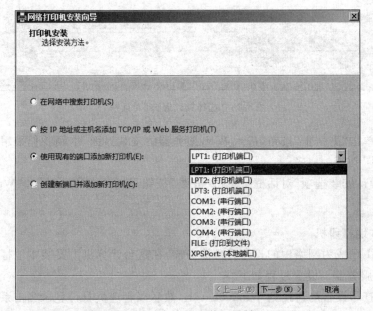

图 4-5　"打印机安装"对话框

择打印设备生产厂商和打印机型号。选择完毕后，单击"下一步"按钮，如图 4-6 所示。

（6）在"打印机名称和共享设置"对话框中选中"共享此打印机"复选框，并设置共享名称，然后单击"下一步"按钮，如图 4-7 所示。

**技巧**：也可以在打印机建立后在其属性中设置共享，设置共享名为 hp1。在共享了打印机后，Windows 将在防火墙中启用"文件和打印共享"选项，以便让客户端可以进行共享连接。

（7）在"网络打印机安装向导"对话框中，确认前面步骤的设置无误后，单击"下一步"按钮，进行驱动程序和打印机的安装。安装完毕后单击"完成"按钮，完成打印机的安装过程。

**提示**：读者还可以选择"打印管理器"→"打印服务器"命令，再在空白处右击，在弹出的快捷菜单中选择"添加/删除服务器"命令，根据向导完成"管理其他服务器"的任务。

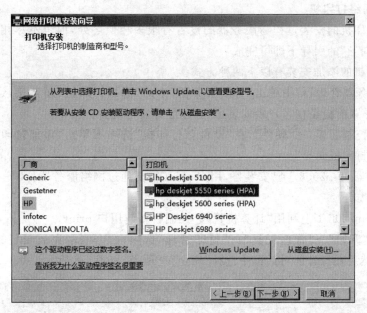

图 4-6    选择厂商和型号

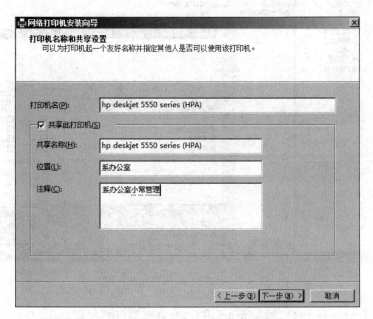

图 4-7    共享打印机

## 4.3.2    连接共享打印机

打印服务器设置成功后,即可在客户端安装共享打印机。共享打印机的安装与本地打印机的安装过程非常相似,都需要借助"添加打印机向导"来完成。在安装网络打印机时,在客户端不需要为要安装的打印机提供驱动程序。

**1. 添加网络打印机**

客户端打印机的安装过程与服务器的设置有很多相似之处，但也不尽相同。其安装在"添加打印机向导"的引导下即可完成。

网络打印机的添加安装有以下两种方式。

- 在"服务器管理器"中单击"打印服务器"中的"添加打印机"超链接，运行"添加打印机向导"（前提是在客户端安装了"打印服务器"角色）。
- 打开"控制面板"→"硬件"，在"硬件和打印机"选项下单击"添加打印机"按钮，运行"添加打印机向导"。

打印服务器 Win2008-1 已安装好，用户 print 需要通过网络服务器打印一份文档。

操作步骤如下。

（1）在 Win2008-1 上利用"计算机管理"控制台新建用户 print。

（2）选择"开始"→"管理工具"→"打印管理"选项，右击刚刚完成安装的打印机，选择"属性"命令，然后在打开的对话框中选择"安全"选项卡，如图 4-8 所示。

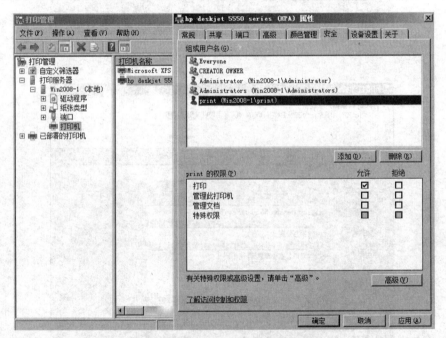

图 4-8　设置 print 用户允许打印

（3）删除 Everyone 用户，添加 print 用户，允许有"打印"权限。

（4）以管理员身份登录 Win2008-2，运行"添加打印机向导"。

（5）在"选择本地或网络打印机"对话框中单击"添加网络、无线或 Bluetooth 打印机"按钮，系统会自动搜索共享打印机。如果没有从网络中搜索到共享打印机，用户可以手动安装网络打印机，如图 4-9 所示。

（6）单击"我需要的打印机不在列表中"按钮，在出现的对话框中选中"按名称选择共享打印机"单选按钮，单击"浏览"按钮查找共享打印机。出现网络上存在的计算机列表，双击Win2008-1，弹出"输入网络密码"对话框，在此输入 print 及密码，如图 4-10 所示。

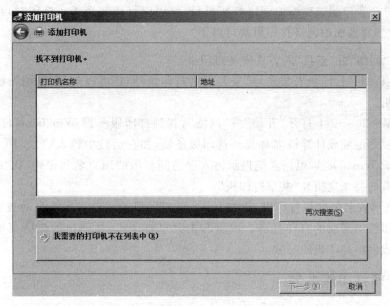

图 4-9　搜索网络中的共享打印机

图 4-10　选择共享打印机时的网络凭据

（7）单击"确定"按钮，显示 Win2008-1 计算机上共享的打印机 hp1，返回"添加打印机向导"对话框。

（8）单击"下一步"按钮，开始安装共享打印机。安装完成后单击"完成"按钮。在此，如果单击"打印测试页"按钮，可以进一步测试所安装的打印机是否正常工作。

提示：①一定保证开启计算机的网络发现功能。②本例在工作组方式下完成。如果在域环境下，也需要为共享打印机的用户创建用户，比如 domainprint，并赋予该用户允许打印的权限。在连接共享打印机时，以用户 domainprint 身份登录域，然后添加网络打印机。添加网络打印机的过程与工作组下基本一样，按向导完成即可，不再赘述。

（9）用户在客户端成功添加网络打印机后，就可以打印文档了。打印时，在出现的"打印"对话框中选择添加的网络打印机就可以了。

**2. 使用"网络"或"查找"的方式安装打印机**

除了可以采用"打印机安装向导"安装网络打印机外，还可以使用"网络"或"查找"的方式安装打印机。

（1）在 Win2008-2 上打开"开始"→"网络"，找到打印服务器 Win2008-1，或者使用"查找"方式并以 IP 地址或计算机名称找到打印服务器，如在运行中输入\\10.10.10.1。双击打开该计算机 Win2008-1，根据系统提示输入有访问权限的用户名和密码，比如 print，然后显示其中所有的共享文档和"共享打印机"。

（2）双击要安装的网络打印机，比如 hp1。该打印机的驱动程序将自动被安装到本地，并显示该打印机中当前的打印任务。或者右击共享打印机，在弹出的快捷菜单中选择"连接"命令，完成网络打印机的安装。

## 4.3.3 管理打印服务器

在打印服务器上安装共享打印机后，可通过设置打印机的属性来进一步管理打印机。

**1. 设置打印优先级**

高优先级的用户发送来的文档可以越过等候打印的低优先级的文档队列。如果两台逻辑打印机都与同一打印设备相关联，则 Windows Server 2008 操作系统首先将优先级最高的文档发送到该打印设备。

要利用打印优先级系统，需为同一打印设备创建多台逻辑打印机。为每台逻辑打印机指派不同的优先等级，然后创建与每个逻辑打印机相关的用户组。例如，Group1 中的用户拥有访问优先级为 1 的打印机的权利，Group2 中的用户拥有访问优先级为 2 的打印机的权利，以此类推。1 代表最低优先级，99 代表最高优先级。设置打印机优先级的方法如下。

（1）在 Win2008-1 为 LPT1 的同一台设备安装两台打印机：hp1 已经安装，再安装一台 hp2。

（2）在"打印管理器"中展开"打印"→"Win2008-1(本地)"→"打印机"。右击打印机列表中的打印机 hp1，在弹出的快捷菜单中选择"属性"命令，打开打印机属性对话框，选择"高级"选项卡，如图 4-11 所示。设置优先级为 1。

（3）在打印机属性对话框中选择"安全"选项卡，添加用户组 Group1 允许打印。

（4）同理设置 hp2 的优先级为 2，添加用户组 Group2 允许在 hp2 上打印。

**2. 设置打印机池**

打印机池就是将多个相同的或者特性相同的打印设备集合起来，然后创建一个（逻辑）打印机映射到这些打印设备，也就是利用一台打印机同时管理多台相同的打印设备。当用户将文档送到此打印机时，打印机会根据打印设备是否正在使用，决定将该文档送到"打印机池"中的那一台打印设备打印。例如，当"A 打印机"和"B 打印机"忙碌时，有一个用户打印机文档，逻辑打印机就会直接转到"C 打印机"打印。

设置打印机池的步骤如下。

（1）在属性对话框中选择"端口"选项卡。

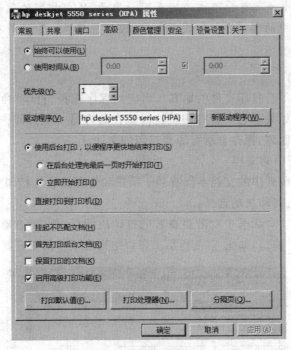

图 4-11　"高级"选项卡

（2）在"端口"选项卡对话框中选中"启用打印机池"复选框，再选中打印设备所连接的多个端口，如图 4-12 所示。必须选择一个以上的端口，否则打开"打印机属性提示"对话框。然后单击"确定"按钮。

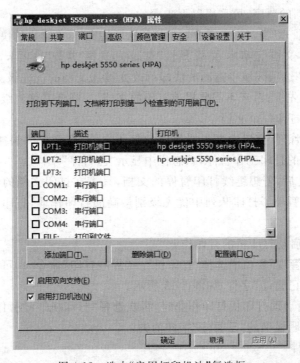

图 4-12　选中"启用打印机池"复选框

**注意**：打印机池中的所有打印机必须是同一型号、使用相同的驱动程序。由于用户不知道指定的文档由池中的哪一台打印设备打印，因此应确保池中的所有打印设备位于同一位置。

**3. 管理打印队列**

打印队列是存放等待打印文件的地方。当应用程序选择"打印"命令后，Windows 就创建一个打印工作且开始处理它。若打印机这时正在处理另一项打印作业，则在打印机文件夹中将形成一个打印队列，保存着所有等待打印的文件。

1）查看打印队列中的文档

查看打印机打印队列中的文档不仅有利于用户和管理员确认打印文档的输出和打印状态，同时也有利于进行打印机的选择。

在"设备和打印机"对话框中双击要查看的打印机图标，单击"查看正在打印的内容"按钮，打开"打印机管理"窗口，如图 4-13 所示。窗口中列出了当前所有要打印的文件。

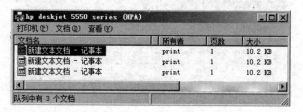

图 4-13 "打印机管理"窗口

2）调整打印文档的顺序

用户可通过更改打印优先级来调整打印文档的打印次序，使急需的文档优先打印出来。要调整打印文档的顺序，可采用以下步骤。

（1）在"打印机管理"窗口右击需要调整打印次序的文档，在弹出的快捷菜单中选择"属性"命令，打开"新建文本文档-记事本 文档 属性"对话框，选择"常规"选项卡，如图 4-14 所示。

（2）在"优先级"选项区域中拖动滑块即可改变被选文档的优先级。对于需要提前打印的文档，应提高其优先级；对于不需要提前打印的文档，应降低其优先级。

3）暂停和继续打印一个文档

（1）在"打印机管理"窗口中右击要暂停的打印文档，在弹出的快捷菜单中选择"暂停"命令，可以将该文档的打印工作暂停，状态栏中显示"已暂停"字样。

（2）文档暂停之后，若想继续打印暂停的文档，只需在打印文档的快捷菜单中选择"继续"命令。如果用户暂停了打印队列中优先级别最高的打印作业，打印机将停止工作，直到继续打印。

4）暂停和重新启动打印机的打印作业

（1）在"打印机管理"窗口中选择"打印机"→"暂停打印"命令，即可暂停打印机的作业，此时标题栏中显示"已暂停"字样，如图 4-15 所示。

（2）当需要重新启动打印机打印作业时，再次选择"打印机"→"暂停打印"命令，即可使打印机继续打印，标题栏中的"已暂停"字样消失。

5）删除打印文件

（1）在打印队列中选择要取消打印的文档，然后选择"文档"→"取消"命令，即可将文档

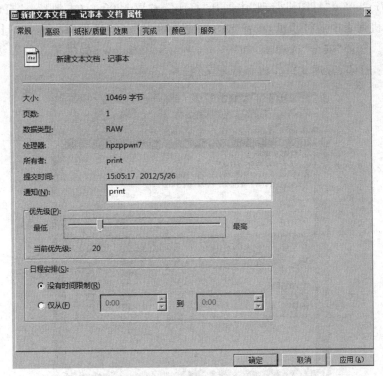

图 4-14　"新建文本文档-记事本 文档 属性"对话框

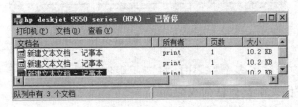

图 4-15　暂停打印队列

消除。

（2）如果管理员要清除所有的打印文档，可选择"打印机"→"取消所有文档"命令。打印机没有还原功能，打印作业被取消之后，不能再恢复。若要再次打印，则必须重新对打印队列的所有文档进行打印。

### 4. 为不同用户设置不同的打印权限

打印机被安装在网络上之后，系统会为它指派默认的打印机权限。

该权限允许所有用户打印，并允许选择组来对打印机、发送给它的文档或者二者加以管理。

因为打印机可用于网络上的所有用户，所以可能就需要通过指派特定的打印机权限来限制某些用户的访问权。

例如，可以给部门中所有无管理权的用户设置"打印"权限，而给所有管理人员设置"打印和管理文档"权限。这样，所有用户和管理人员都能打印文档，但管理人员还能更改发送给打印机的任何文档的打印状态。

- 在 Win2008-1"打印机管理"中展开"打印"→"Win2008-1（本地）"→"打印机 "。右击打印机列表中的打印机，在弹出的快捷菜单中选择"属性"命令，打开打印机属性对话框。选择"安全"选项卡，如图 4-16 所示。Windows 提供了 3 种等级的打印安全权限：打印、管理此打印机和管理文档。

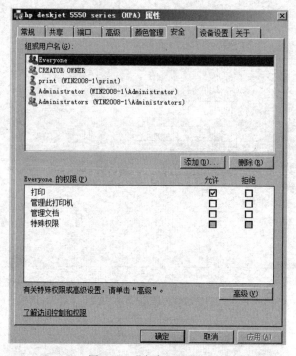

图 4-16 "安全"选项卡

- 当给一组用户指派了多个权限时，将应用限制性最少的权限。但是，应用了"拒绝"权限时，它将优先于其他任何权限。
- 默认情况下，"打印"权限将指派给 Everyone 组中的所有成员。用户可以连接到打印机并将文档发送到打印机。

（1）管理打印机权限

用户可以执行与"打印"权限相关联的任务，并且具有对打印机的完全管理控制权。用户可以暂停和重新启动打印机、更改打印后台处理程序设置、共享打印机、调整打印机权限，还可以更改打印机属性。默认情况下，"管理打印机"权限将指派给服务器的 Administrators 组、域控制器上的 Print Operator 以及 Server Operator。

（2）管理文档权限

用户可以暂停、继续、重新开始和取消由其他所有用户提交的文档，还可以重新安排这些文档的顺序。但用户无法将文档发送到打印机，或控制打印机状态。

默认情况下，"管理文档"权限指派给 Creator Owner 组的成员。当用户被指派给"管理文档"权限时，用户将无法访问当前等待打印的现有文档。此权限只应用于在该权限被指派给用户之后发送到打印机的文档。

（3）拒绝权限

在前面为打印机指派的所有权限都会被拒绝。如果访问被拒绝，用户将无法使用或管理打印机,或者更改任何权限。

如图 4-16 所示,在"组或用户名"列表框中选择设置权限的用户,在"Everyone 的权限"列表框中可以选择要为用户设置的权限。

如果要设置新用户或组的权限,在图 4-16 中单击"添加"按钮,打开"选择用户或组"对话框,输入要为其设置权限的用户或组的名称。或者单击"高级"→"立即查找"按钮,在出现的用户或组列表中选择要为其设置权限的用户或用户组。

### 5. 设置打印机的所有者

在默认情况下,打印机的所有者是安装打印机的用户。如果这个用户不再能够管理这台打印机,就应由其他用户获得所有权以管理这台打印机。

以下用户或组成员能够成为打印机的所有者。

- 由管理员定义的具有管理打印机权限的用户或组成员。
- 系统提供的 Administrators 组、Print Operators 组、Server Operators 组和 Power Users 组的成员。

如果要成为打印机的所有者,首先要使用户具有管理打印机的权限,或者加入上述的组。设置打印机的所有者的步骤如下。

(1) 在图 4-16 的"安全"选项卡中单击"高级"按钮,打开"高级安全设置"对话框。选择"所有者"选项卡,如图 4-17 所示。

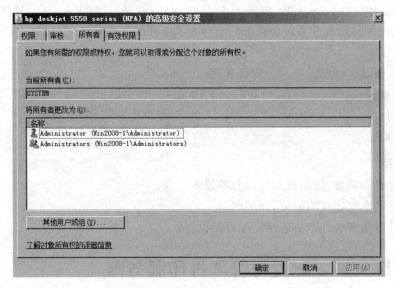

图 4-17　"所有者"选项卡

(2) "当前所有者"文本框中显示出当前成为打印机所有者的组。如果想更改打印机所有者的组或用户,可在"将所有者更改为"列表框中选择需要成为打印机所有者的组或用户。如果所在列表框中没有需要的用户或组,可单击"其他用户或组"按钮进行选择。

**注意:** 打印机的所有权不能从一个用户指定到另一个用户,只有当原先具有所有权的用户无效时才能指定其他用户。但是,Administrator 可以把所有权指定给 Administrators 组。

## 4.4 习题

### 1. 填空题

(1) 在网络中共享打印机时,主要有两种不同的连接模式,即_____和_____。

(2) Windows Server 2008 操作系统支持两种类型的打印机:_____和_____。

(3) 要利用打印优先级系统,需为同一打印设备创建_____台逻辑打印机。为每台逻辑打印机指派不同的优先等级,然后创建与每台逻辑打印机相关的用户组,_____代表最低优先级,_____代表最高优先级。

(4) _____就是用一台打印服务器管理多个物理特性相同的打印设备,以便同时打印大量文档。

(5) 默认情况下,"管理打印机"权限将指派给_____、_____以及_____。

(6) 根据使用的打印技术,打印设备可以分为_____、_____和激光打印设备。

(7) 默认情况下,添加打印机向导会_____并在 Active Directory 中发布,除非在向导的"打印机名称和共享设置"对话框中不选中"共享打印机"复选框。

### 2. 选择题

(1) 下列权限(    )不是打印安全权限。

    A. 打印           B. 浏览           C. 管理打印机    D. 管理文档

(2) Internet 打印服务系统是基于(    )方式工作的文件系统。

    A. B/S           B. C/S           C. B2B           D. C2C

(3) 不能通过计算机的(    )端口与打印设备相连。

    A. 串行口(COM)    B. 并行口(LPT)    C. 网络端口    D. RS-232

(4) 下列(    )不是 Windows Server 2008 支持的其他驱动程序类型。

    A. x86           B. x64           C. 486           D. Itanium

### 3. 简答题

(1) 简述打印设备、打印机和打印服务器的区别。

(2) 简述共享打印机的好处,并举例。

(3) 为什么用多台打印机连接同一打印设备?

## 4.5 项目实训 配置与管理打印服务器

### 一、项目实训目的

- 掌握打印服务器的安装。
- 掌握网络打印机安装与配置。
- 掌握打印服务器的配置与管理。

### 二、项目环境

本项目根据如图 4-1 所示的环境来部署打印服务器。

## 三、项目要求

完成以下 3 项任务。

（1）安装打印服务器。

（2）连接共享打印机。

（3）管理打印服务器。

## 四、项目实训报告要求

参见项目 1 的项目实训。

# 项目 5
# 配置与管理 DNS 服务器

## 本项目学习要点

众所周知,在网络中唯一能够用来标识计算机身份和定位计算机位置的方式就是 IP 地址,但当访问网络上的许多服务器,如邮件服务器、Web 服务器、FTP 服务器时,记忆这些纯数字的 IP 地址不但特别枯燥而且容易出错。而如果借助于 DNS 服务,将 IP 地址与形象易记的域名一一对应起来,使用户在访问服务器或网站时不使用 IP 地址,而使用简单易记的域名,通过 DNS 服务器将域名自动解析成 IP 地址并定位服务器,就可以解决易记与寻址不能兼顾的问题了。

- 了解 DNS 服务器的作用及其在网络中的重要性。
- 理解 DNS 的域名空间结构及其工作过程。
- 理解并掌握主 DNS 服务器的部署。
- 理解并掌握辅助 DNS 服务器的部署。
- 理解并掌握 DNS 客户机的部署。
- 掌握 DNS 服务的测试以及动态更新。

## 5.1  项目基础知识

在 TCP/IP 网络上,每台设备必须分配一个唯一的地址。计算机在网络上通信时只能识别如 202.97.135.160 之类的数字地址,而人们在使用网络资源的时候,为了便于记忆和理解,更倾向于使用有代表意义的名称,如域名 www.yahoo.com(雅虎网站)。

DNS(Domain Name System)服务器就承担了将域名转换成 IP 地址的功能。这就是为什么在浏览器地址栏中输入如 www.yahoo.com 的域名后,就能看到相应的页面的原因。输入域名后,有一台称为 DNS 服务器的计算机自动把域名"翻译"成了相应的 IP 地址。

DNS 实际上是域名系统的缩写,它的目的是为客户机对域名的查询(如 www.yahoo.com)提供该域名的 IP 地址,以便用户用易记的名字搜索和访问必须通过 IP 地址才能定位的本地网络或 Internet 上的资源。

通过 DNS 服务,使网络服务的访问更加简单,对于一个网站的推广发布起到极其重要的作用。而且许多重要网络服务(如 E-mail 服务、Web 服务)的实现,也需要借助于 DNS 服务。因此,DNS 服务可视为网络服务的基础。另外,在稍具规模的局域网中,DNS 服务也被大量采用,因为 DNS 服务不但可以使网络服务的访问更加简单,而且可以完美地实现与 Internet 的融合。

### 5.1.1  域名空间结构

域名系统 DNS 的核心思想是分级的,是一种分布式的、分层次型的、客户机/服务器式的数据库管理系统。它主要用于将主机名或电子邮件地址映射成 IP 地址。一般来说,每个组织有其自己的 DNS 服务器,并维护域名称映射数据库记录或资源记录。每个登记的域都将自己的数据库列表提供给整个网络复制。

目前,负责管理全世界 IP 地址的单位是 InterNIC(Internet Network Information Center),在 InterNIC 之下的 DNS 结构共分为若干个域(Domain),如图 5-1 所示的阶层式树状结构,这个树状结构称为域名空间(Domain Name Space)。

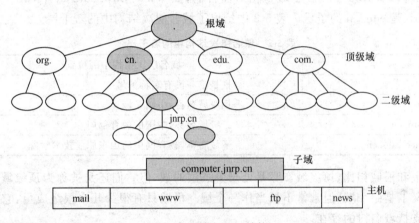

图 5-1  域名空间结构

**注意**:域名和主机名只能由字母 a～z(在 Windows 服务器中大小写等效,而在 UNIX 中则不同)、数字 0～9 和连线"-"组成。其他特殊字符,如连接符"&"、斜杠"/"、句点和下划线"_"都不能用于表示域名和主机名。

#### 1. 根域

图 5-1 中位于层次结构的最高端是域名树的根,提供根域名服务,以"."来表示。在 Internet 中,根域是默认的,一般都不需要表示出来。全世界共有 13 台根域服务器,这些根域服务器分布于世界各大洲,并由 InterNIC 管理。根域名服务器中并没有保存任何网址,只具有初始指针指向第一层域,也就是顶级域,如 com、edu、net 等。

#### 2. 顶级域

顶级域位于根域之下,数目有限且不能轻易变动。顶级域也是由 InterNIC 统一管理的。在互联网中,顶级域大致分为两类:各种组织的顶级域(机构域)和各个国家地区的顶级域(地理域)。顶级域所包含的部分域名称如表 5-1 所示。

表 5-1　顶级域所包含的部分域名称

| 域　名　称 | 说　　明 |
| --- | --- |
| com | 商业机构 |
| edu | 教育、学术研究单位 |
| gov | 官方政府单位 |
| net | 网络服务机构 |
| org | 财团法人等非营利机构 |
| mil | 军事部门 |
| 其他的国家或地区代码 | 代表其他国家/地区的代码，如 cn 表示中国，jp 表示日本，hk 表示中国香港地区 |

### 3. 子域

在 DNS 域名空间中，除了根域和顶级域之外，其他的域都称为子域，子域是有上级域的域，一个域可以有许多子域。子域是相对而言的，如 www. jnrp. edu. cn 中，jnrp. edu 是 cn 的子域，jnrp 是 edu. cn 的子域。表 5-2 中给出了域名层次结构中的若干层。

表 5-2　域名层次结构中的若干层

| 域　　名 | 域名层次结构中的位置 |
| --- | --- |
| . | 根是唯一没有名称的域 |
| . cn | 顶级域名称，中国子域 |
| . edu. cn | 二级域名称，中国的教育部门 |
| . jnrp. edu. cn | 子域名称，教育网中的山东职业技术学院 |

实际上和根域相比，顶级域实际是处于第二层的域，但它们还是被称为顶级域。根域从技术的含义上是一个域，但常常不被当作一个域。根域只有很少几个根级成员，它们的存在只是为了支持域名树的存在。

第二层域（顶级域）是属于单位团体或地区的，用域名的最后一部分即域后缀来分类。例如，域名 edu. cn 代表中国的教育系统。多数域后缀可以反映使用这个域名所代表的组织的性质。但并不总是很容易通过域后缀来确定所代表的组织、单位的性质。

### 4. 主机

在域名层次结构中，主机可以存在于根以下的各层上。因为域名树是层次型的而不是平面型的，因此只要求主机名在每一连续的域名空间中是唯一的，而在相同层中可以有相同的名字。如 www. 163. com、www. 263. com 和 www. sohu. com 都是有效的主机名，也就是说，即使这些主机有相同的名字 www，但都可以被正确地解析到唯一的主机。即只要是在不同的子域，就可以重名。

## 5.1.2　DNS 名称的解析方法

DNS 名称的解析方法主要有两种，一种是通过 hosts 文件进行解析；另一种是通过 DNS 服务器进行解析。

### 1. hosts 文件

hosts 文件解析只是 Internet 中最初使用的一种查询方式。采用 hosts 文件进行解析时,必须由人工输入、删除、修改所有 DNS 名称与 IP 地址的对应数据,即把全世界所有的 DNS 名称写在一个文件中,并将该文件存储到解析服务器上。客户端如果需要解析名称, 就到解析服务器上查询 hosts 文件。全世界所有的解析服务器上的 hosts 文件都需保持一致。当网络规模较小时,hosts 文件解析还是可以采用的。然而,当网络越来越大时,为保持 网络里所有服务器中 hosts 文件的一致性,就需要大量的管理和维护工作,在大型网络中这 将是一项沉重的负担,此种方法显然是不适用的。

在 Windows Server 2008 中,hosts 文件位于％systemroot％\system32\drivers\etc 目 录中。该文件是一个纯文本的文件,如图 5-2 所示。本例中,hosts 文件位于 C：\windows\ system32\drivers\etc 中。

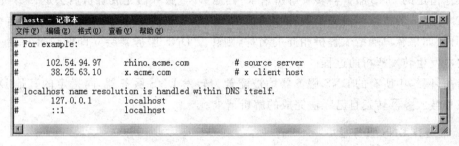

图 5-2　Windows Server 2008 中的 hosts 文件

**2. DNS 服务器**

DNS 服务器是目前 Internet 上最常用也是最便捷的名称解析方法。全世界有众多的 DNS 服务器各司其职,相互呼应,协同工作构成了一个分布式的 DNS 名称解析网络。例 如,jnrp. cn 的 DNS 服务器只负责本域内数据的更新,而其他 DNS 服务器并不知道也无须 知道 jnrp. cn 域中有哪些主机,但它们知道 jnrp. cn 的 DNS 服务器的位置;当需要解析 www. jnrp. cn 时,它们就会向 jnrp. cn 的 DNS 服务器请求帮助。采用这种分布式解析结构 时,一台 DNS 服务器出现问题并不会影响整个体系,而数据的更新操作也只在其中的一台 或几台 DNS 服务器上进行,使整体的解析效率大大提高。

## 5.1.3　DNS 服务器的类型

DNS 服务器用于实现 DNS 名称和 IP 地址的双向解析。在网络中,主要有 4 种类型的 DNS 服务器:主 DNS 服务器、辅助 DNS 服务器、转发 DNS 服务器和惟缓存 DNS 服务器。

**1. 主 DNS 服务器**

主 DNS 服务器(Primary Name Server)是特定 DNS 域所有信息的权威性信息源。它从 域管理员构造的本地数据库文件(区域文件,Zone File)中加载域信息,该文件包含着该服务 器具有管理权的 DNS 域的最精确信息。

主 DNS 服务器保存着自主生成的区域文件,该文件是可读可写的。当 DNS 域中的信 息发生变化时(如添加或删除记录),这些变化都会保存到主 DNS 服务器的区域文件中。

**2. 辅助 DNS 服务器**

辅助 DNS 服务器(Secondary Name Server)可以从主 DNS 服务器中复制一整套域信 息。该服务器的区域文件是从主 DNS 服务器中复制生成的,并作为本地文件存储。这种复制称为"区域传输"。在辅助 DNS 服务器中存有一个域所有信息的完整只读副本,可以对该域的解析请求提供权威的回答。由于辅助 DNS 服务器的区域文件仅是只读副本,因此无法进行更改,所有针对区域文件的更改必须在主 DNS 服务器上进行。在实际应用中,辅助 DNS 服务器主要用于均衡负载和容错。如果主 DNS 服务器出现故障,可以根据需要将辅助 DNS 服务器转换为主 DNS 服务器。

### 3. 转发 DNS 服务器

转发 DNS 服务器(Forwarder Name Server)可以向其他 DNS 转发解析请求。当 DNS 服务器收到客户端的解析请求后,它首先会尝试从其本地数据库中查找;若未能找到,则需要向其他指定的 DNS 服务器转发解析请求;其他 DNS 服务器完成解析后会返回解析结果,转发 DNS 服务器将该解析结果缓存在自己的 DNS 缓存中,并向客户端返回解析结果。在缓存期内,如果客户端请求解析相同的名称,则转发 DNS 服务器会立即回应客户端;否则,将会再次发生转发解析的过程。

目前,网络中所有的 DNS 服务器均被配置为转发 DNS 服务器,向指定的其他 DNS 服务器或根域服务器转发自己无法完成的解析请求。

### 4. 惟缓存 DNS 服务器

惟缓存 DNS 服务器(Caching-only Name Server)可以提供名称解析服务器,但其没有任何本地数据库文件。惟缓存 DNS 服务器必须同时是转发 DNS 服务器,它将客户端的解析请求转发给指定的远程 DNS 服务器,从远程 DNS 服务器取得每次解析的结果,并将该结果存储在 DNS 缓存中,以后收到相同的解析请求时就用 DNS 缓存中的结果。所有的 DNS 服务器都按这种方式使用缓存中的信息,但惟缓存 DNS 服务器则依赖于这一技术实现所有的名称解析。

当刚安装好 DNS 服务器时,它就是一台缓存 DNS 服务器。

惟缓存 DNS 服务器并不是权威性的服务器,因为它提供的所有信息都是间接信息。

说明:

(1) 所有的 DNS 服务器均可使用 DNS 缓存机制相应解析请求,以提供解析效率。

(2) 可以根据实际需要将上述几种 DNS 服务器结合,进行合理配置。

(3) 一些域的主 DNS 服务器可以是另一些域的辅助 DNS 服务器。

(4) 一个域只能部署一台主 DNS 服务器,它是该域的权威性信息源;另外至少应该部署一台辅助 DNS 服务器,将作为主 DNS 服务器的备份。

(5) 配置惟缓存 DNS 服务器可以减轻主 DNS 服务器和辅助 DNS 服务器的负载,从而减少网络传输。

## 5.1.4　DNS 名称解析的查询模式

当 DNS 客户端向 DNS 服务器发送解析请求或 DNS 服务器向其他 DNS 服务器转发解析请求时,均需要请求其所需的解析结果。目前,使用的查询模式主要有递归查询和迭代查询两种。

### 1. 递归查询

递归查询是最常见的查询方式,域名服务器将代替提出请求的客户机(下级 DNS 服务器)进行域名查询,若域名服务器不能直接回答,则域名服务器会在域名树中的各分支的上下进行递归查询,最终将返回查询结果给客户机,在域名服务器查询期间,客户机将完全处于等待状态。

**2. 迭代查询**(又称转寄查询)

当服务器收到 DNS 工作站的查询请求后,如果在 DNS 服务器中没有查到所需数据,该 DNS 服务器便会告诉 DNS 工作站另外一台 DNS 服务器的 IP 地址,然后再由 DNS 工作站自行向此 DNS 服务器查询,以此类推,一直到查到所需数据为止。如果到最后一台 DNS 服务器都没有查到所需数据,则通知 DNS 工作站查询失败。"转寄"的意思就是,若在某地查不到,该地就会告诉用户其他地方的地址,让用户转到其他地方去查。一般在 DNS 服务器之间的查询请求便属于转寄查询(DNS 服务器也可以充当 DNS 工作站的角色),在 DNS 客户端与本地 DNS 服务器之间的查询属于递归查询。

下面以查询 www.163.com 为例,介绍转寄查询的过程,如图 5-3 所示。

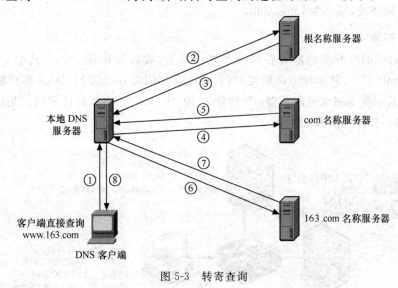

图 5-3  转寄查询

(1) 客户端向本地 DNS 服务器直接查询 www.163.com 的域名。

(2) 本地 DNS 无法解析此域名,它先向根域服务器发出请求,查询 .com 的 DNS 地址。

**说明:**

(1) 正确安装完 DNS 后,在 DNS 属性中的"根目录提示"选项卡中,系统显示了包含在解析名称中为要使用和参考的服务器所建议的根服务器的根提示列表,默认共有 13 个。

(2) 目前全球共有 13 台域名根服务器。1 台为主根服务器,放置在美国。其余 12 台均为辅根服务器,其中 9 台放置在美国、欧洲 2 台(英国和瑞典各 1 台)、亚洲 1 台(日本)。所有的根服务器均由 ICANN(互联网名称与数字地址分配机构)统一管理。

(3) 根域 DNS 管理着 .com、.net、.org 等顶级域名的地址解析,它收到请求后把解析结果(管理 .com 域的服务器地址)返回给本地的 DNS 服务器。

(4) 本地 DNS 服务器得到查询结果后接着向管理 .com 域的 DNS 服务器发出进一步的查询请求,要求得到 163.com 的 DNS 地址。

(5) .com 域把解析结果(管理 163.com 域的服务器地址)返回给本地 DNS 服务器。

(6) 本地 DNS 服务器得到查询结果后接着向管理 163.com 域的 DNS 服务器发出查询具体主机 IP 地址的请求(www),要求得到满足要求的主机 IP 地址。

(7) 163.com 把解析结果返回给本地 DNS 服务器。

(8) 本地 DNS 服务器得到了最终的查询结果,它把这个结果返回给客户端,从而使客户端能够和远程主机通信。

# 5.2 项目设计与准备

**1. 部署需求**

在部署 DNS 服务器前需满足以下要求。

- 设置 DNS 服务器的 TCP/IP 属性,手动指定 IP 地址、子网掩码、默认网关和 DNS 服务器地址等。
- 部署域环境,域名为 long.com。

**2. 部署环境**

本项目后面的所有实例部署在同一个域环境下,域名为 long.com。其中 DNS 服务器主机名为 Win2008-1,其本身也是域控制器,IP 地址为 10.10.10.1。DNS 客户机主机名为 Win2008-2,其本身是域成员服务器,IP 地址为 10.10.10.2。这两台计算机都是域中的计算机,具体网络拓扑图如图 5-4 所示。

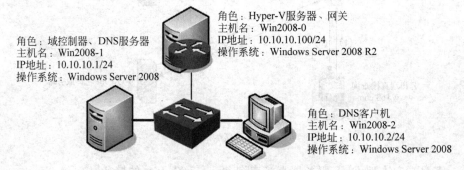

角色：Hyper-V服务器、网关
主机名：Win2008-0
IP地址：10.10.10.100/24
操作系统：Windows Server 2008 R2

角色：域控制器、DNS服务器
主机名：Win2008-1
IP地址：10.10.10.1/24
操作系统：Windows Server 2008

角色：DNS客户机
主机名：Win2008-2
IP地址：10.10.10.2/24
操作系统：Windows Server 2008

图 5-4　架设 DNS 服务器的网络拓扑图

# 5.3 项目实施

## 5.3.1 安装 DNS 服务器角色

设置 DNS 服务器的首要任务就是建立 DNS 区域和域的树状结构。DNS 服务器以区域为单位来管理服务,区域是一个数据库,用来链接 DNS 名称和相关数据,如 IP 地址和网络服务,在 Internet 环境中一般用二级域名来命名,如 computer.com。而 DNS 区域分为两类:一类是正向搜索区域,即域名到 IP 地址的数据库,用于提供将域名转换为 IP 地址的服务;另一类是反向搜索区域,即 IP 地址到域名的数据库,用于提供将 IP 地址转换为域名的服务。

**注意**：DNS 数据库由区域文件、缓存文件和反向搜索文件等组成，其中区域文件是最主要的，它保存着 DNS 服务器所管辖区域的主机的域名记录。默认的文件名是"区域名. dns"，在 Windows NT/2000/2003/2008 操作系统中，置于 windows\system32\dns 目录中。而缓存文件用于保存根域中的 DNS 服务器名称与 IP 地址的对应表，文件名为 Cache. dns。DNS 服务就是依赖于 DNS 数据库来实现的。

在架设 DNS 服务器之前，读者需要了解本实例部署的需求和实验环境。

在安装 Active Directory 域服务角色时，可以选择一起安装 DNS 服务器角色，如果那时没有安装，那么可以在计算机 Win2008-1 上通过"服务器管理器"安装 DNS 服务器角色，具体步骤如下。

（1）以域管理员账户登录到 Win2008-1。选择"开始"→"管理工具"→"服务器管理器"→"角色"选项，然后在控制台右侧中单击"添加角色"按钮，启动"添加角色向导"，单击"下一步"按钮，显示如图 5-5 所示的"选择服务器角色"对话框，在"角色"列表中选中"DNS 服务器"复选框。

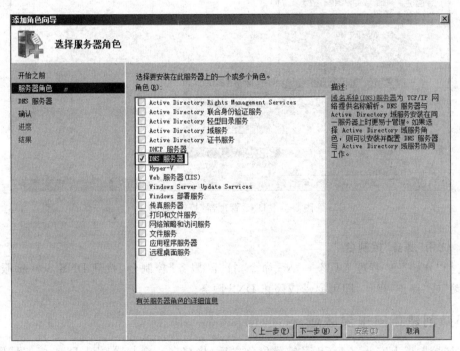

图 5-5  "选择服务器角色"对话框

（2）单击"下一步"按钮，显示"DNS 服务器"对话框，简要介绍其功能和注意事项。

（3）单击"下一步"按钮，出现"确认安装选择"对话框，在域控制器上安装 DNS 服务器角色，区域将与 Active Directory 域服务集成在一起。

（4）单击"安装"按钮开始安装 DNS 服务器，安装完毕，最后单击"关闭"按钮，完成 DNS 服务器角色的安装。

## 5.3.2  停止和启动 DNS 服务

要停止或启动 DNS 服务，可以使用 net 命令、"DNS 管理器"控制台或"服务"控制台，具体步骤如下。

**1. 使用 net 命令**

以域管理员账户登录到 Win2008-1,单击左下角的 PowerShell 按钮，输入命令 net stop dns,停止 DNS 服务;输入命令 net star dns,启动 DNS 服务。

**2. 使用"DNS 管理器"控制台**

选择"开始"→"管理工具"→DNS 命令,打开"DNS 管理器"控制台,在左侧控制台树中右击服务器 Win2008-1,在弹出的快捷菜单中选择"所有任务"中的"停止"或"启动"或"重新启动"命令,即可停止或启动 DNS 服务,如图 5-6 所示。

图 5-6　"DNS 管理器"控制台(1)

**3. 使用"服务"控制台**

选择"开始"→"管理工具"→DNS 命令,打开"服务"控制台,找到 DNS Server 服务,选择"启动"或"停止"操作,即可启动或停止 DNS 服务。

### 5.3.3　创建正向主要区域

在域控制器上安装完 DNS 服务器角色之后,将存在一个与 Active Directory 域服务集成的区域。

在 DNS 服务器上创建正向主要区域 long.com,具体步骤如下。

(1) 在 Win2008-1 上,选择"开始"→"管理工具"→DNS 命令,打开"DNS 管理器"控制台,展开 DNS 服务器目录树,如图 5-7 所示。右击"正向查找区域"选项,在弹出的快捷菜单中选择"新建区域"命令,显示"新建区域向导"对话框。

(2) 单击"下一步"按钮,出现如图 5-8 所示"区域类型"对话框,用来选择要创建的区域的类型,有"主要区域""辅助区域"和"存根区域"3 种。若要创建新的区域时,应当选中"主要区域"单选按钮。

**注意**:如果当前 DNS 服务器上安装了 Active Directory 服务,则"在 Active Directory

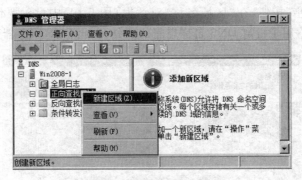

图 5-7　"DNS 管理器"控制台(2)

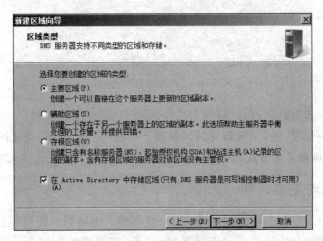

图 5-8　"区域类型"对话框

中存储区域(只有 DNS 服务器是可写域控制器时才可用)"复选框将自动选中。

(3) 单击"下一步"按钮,选择在网络上如何复制 DNS 数据,本例选中"至此域中域控制器上运行的所有 DNS 服务器(D)：long.com"单选按钮,如图 5-9 所示。

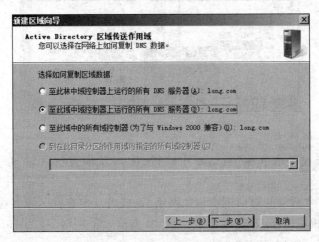

图 5-9　"Active Directory 区域传送作用域"对话框

(4) 单击"下一步"按钮,在"区域名称"对话框(图 5-10)中设置要创建的区域名称,如 long.com。区域名称用于指定 DNS 名称空间的部分,由此 DNS 服务器进行管理。

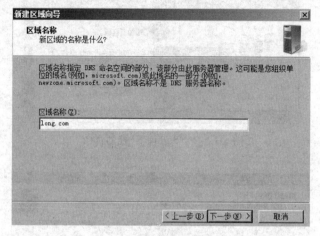

图 5-10　"区域名称"对话框

(5) 单击"下一步"按钮,选择"只允许安全的动态更新"单选按钮。

(6) 单击"下一步"按钮,显示新建区域摘要。单击"完成"按钮,完成区域的创建。

**注意**:由于是活动目录集成的区域,不指定区域文件;否则指定区域文件 long.com.dns。

### 5.3.4　创建反向主要区域

反向查找区域用于通过 IP 地址来查询 DNS 名称。创建的具体过程如下。

(1) 在 DNS 控制台中选择反向查找区域,右击,在弹出的快捷菜单中选择"新建区域"命令(图 5-11),并在打开的"区域类型"对话框中选择"主要区域"单选按钮(图 5-12)。

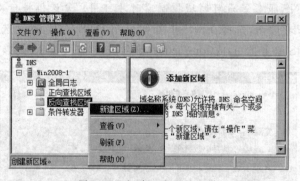

图 5-11　新建反向查找区域

(2) 在"反向查找区域名称"对话框中选择"IPv4 反向查找区域"单选按钮,如图 5-13 所示。

(3) 在如图 5-14 所示的对话框中输入网络 ID 或者反向查找区域名称,本例中输入的是网络 ID,区域名称根据网络 ID 自动生成。例如,当输入了网络 ID 为 10.10.10.0,"反向查找区域名称"自动为 10.10.10.in-addr.arpa。

(4) 单击"下一步"按钮,选择"只允许安全的动态更新"单选按钮。

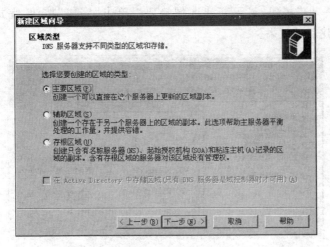

图 5-12   选择区域类型

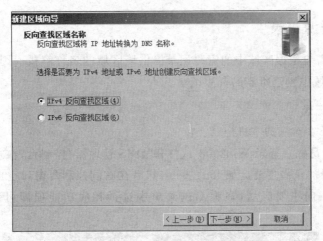

图 5-13   选择"IPv4 反向查找区域"单选按钮

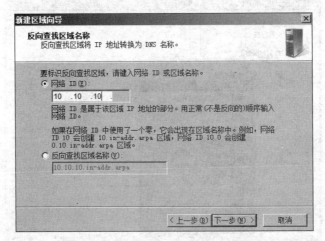

图 5-14   设置网络 ID

（5）单击"下一步"按钮，显示新建区域摘要。单击"完成"按钮，完成区域的创建，如图 5-15 所示为创建后的效果。

图 5-15　创建正反向查找区域后的 DNS 管理器

### 5.3.5　创建资源记录

DNS 服务器需要根据区域中的资源记录提供该区域的名称解析。因此，在区域创建完成之后，需要在区域中创建所需的资源记录。

#### 1. 创建主机记录

创建 Win2008-2 对应的主机记录。

（1）以域管理员账户登录 Win2008-1，打开"DNS 管理器"控制台，在左侧控制台树中选择要创建资源记录的正向主要区域 long.com，然后在右侧控制台窗口空白处右击或右击要创建资源记录的正向主要区域，在弹出的菜单中选择相应功能项即可创建资源记录，如图 5-16 所示。

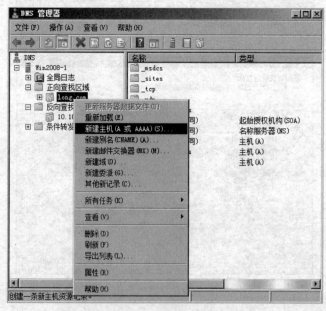

图 5-16　创建资源记录

（2）选择"新建主机"命令，将打开"新建主机"对话框，通过此对话框可以创建 A 记录，如图 5-17 所示。

- 在"名称（如果为空则使用其父域名称）"文本框中输入 A 记录的名称，该名称即为主机名，本例为 Win2008-2。
- 在"IP 地址"文本框中输入该主机的 IP 地址，本例为 10.10.10.2。
- 若选中"创建相关的指针（PTR）记录"复选框，则在创建 A 记录的同时可在已经存在的相对应的反向主要区域中创建 PTR 记录。若之前没有创建对应的反向主要区域，则不能成功创建 PTR 记录。本例不选中，后面单独建立 PTR 记录。

**2. 创建别名记录**

Win2008-2 同时还是 Web 服务器，为其设置别名 www。其步骤如下。

在图 5-16 中选择"新建别名（CNAME）"命令，将打开"新建资源记录"对话框的"别名（CNAME）"选项卡，通过此选项卡可以创建 CNAME 记录，如图 5-18 所示。

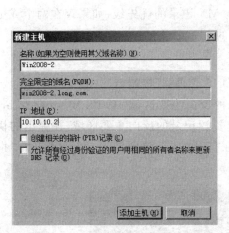

图 5-17  创建 A 记录                图 5-18  创建 CNAME 记录

在"别名（CNAME）"文本框中输入一个规范的名称（本例为 www），单击"浏览"按钮，选中起别名的目的服务器（本例为 win2008-2.long.com）。或者直接输入目的服务器的名字。在"目标主机的完全合格的域名（FQDN）"中输入需要定义别名的完整 DNS 域名。

**3. 创建邮件交换器记录**

在图 5-16 中选择"新建邮件交换器（MX）"命令，将打开"新建资源记录"对话框的"邮件交换器（MX）"选项卡，通过此选项卡可以创建 MX 记录，如图 5-19 所示。

- 在"主机或子域"文本框中输入 MX 记录的名称，该名称将与所在区域的名称一起构成邮件地址中@右边的后缀。例如，邮件地址为 yy@long.com，则应将 MX 记录的名称设置为空（使用其中所属域的名称 long.com）；如果邮件地址为 yy@mail.long.com，则应将输入 mail 为 MX 记录的名称记录。本例输入 mail。
- 在"邮件服务器的完全限定的域名（FQDN）"文本框中输入该邮件服务器的名称（此名称必须是已经创建的对应于邮件服务器的 A 记录）。本例为 win2008-2.long.com。

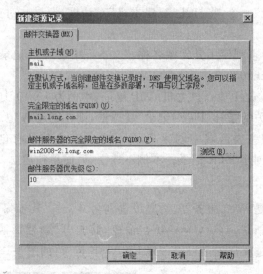

图 5-19　创建 MX 记录

- 在"邮件服务器优先级"文本框中设置当前 MX 记录的优先级；如果存在两个或更多的 MX 记录，则在解析时将首选优先级高的 MX 记录。

**4. 创建指针记录**

（1）以域管理员账户登录 Win2008-1，打开"DNS 管理器"控制台。

（2）在左侧控制台树中选择要创建资源记录的反向主要区域 10.10.10.in-addr.arpa，然后在右侧控制台窗口空白处右击或右击要创建资源记录的反向主要区域，在弹出的快捷菜单中选择"新建指针（PTR）"命令（图 5-20），在打开的"新建资源记录"对话框的"指针（PTR）"选项卡中即可创建 PTR 记录（图 5-21）。

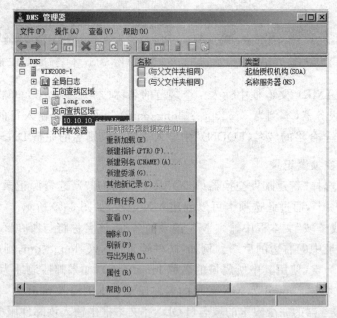

图 5-20　选择"新建指针（PTR）"命令

图 5-21  创建 PTR 记录

（3）资源记录创建完成之后，在"DNS 管理器"控制台中和区域数据库文件中都可以看到这些资源记录，如图 5-22 所示。

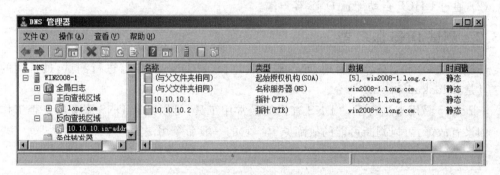

图 5-22  通过"DNS 管理器"控制台查看反向查找区域中的资源记录

**注意**：如果区域是和 Active Directory 域服务集成，那么资源记录将保存到活动目录中；如果区域不是和 Active Directory 域服务集成，那么资源记录将保存到区域文件。默认 DNS 服务器的区域文件存储在 C：\windows\system32\dns 下。若不集成活动目录，则本例正向区域文件为 long.com.dns，反向查找区域文件为 10.10.10.in-addr.arpa.dns。这两个文件可以用记事本打开。

### 5.3.6  配置 DNS 客户端

可以通过手动方式来配置 DNS 客户端，也可以通过 DHCP 自动配置 DNS 客户端（要求 DNS 客户端是 DHCP 客户端）。

（1）以管理员账户登录 DNS 客户端计算机 Win2008-2，打开"Internet 协议版本 4（TCP/IPv4）属性"对话框，在"首选 DNS 服务器"编辑框中设置所部署的主 DNS 服务器 Win2008-1 的 IP 地址 10.10.10.1（图 5-23），单击"确定"按钮。

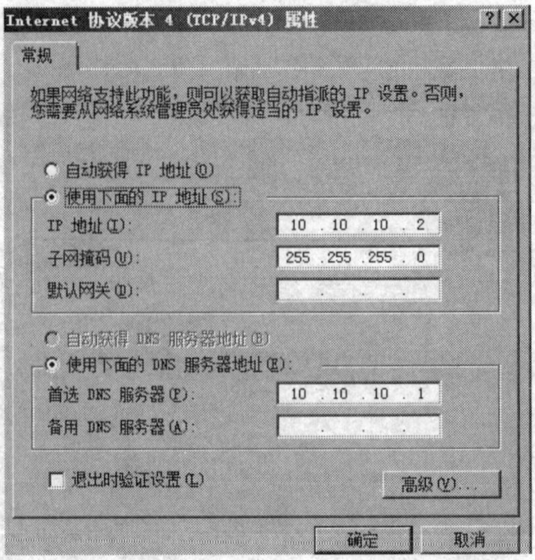

图 5-23　配置 DNS 客户端并指定 DNS 服务器的 IP 地址

　　思考：在 DNS 客户端的设置中并没有设置受委派服务器 jwdns 的 IP 地址，那么从客户端上能不能查询到 jwdns 服务器上的资源？

　　(2) 通过 DHCP 自动配置 DNS 客户端。

## 5.3.7　测试 DNS 服务器

　　部署完主 DNS 服务器并启动 DNS 服务后，应该对 DNS 服务器进行测试，最常用的测试工具是 nslookup 和 ping 命令。

　　nslookup 是用来进行手动 DNS 查询的最常用工具，可以判断 DNS 服务器是否工作正常。如果有故障，可以判断可能的故障原因。它的一般命令用法为：

nslookup　[-option...]　[host to find]　[sever]

　　这个工具可以用于两种模式：非交互模式和交互模式。

### 1. 非交互模式

非交互模式，要从命令行输入完整的命令，例如：

C:\> nslookup　www.jlong.com

### 2. 交互模式

输入 nslookup 并按 Enter 键，不需要参数，就可以进入交互模式。在交互模式下直接输入 FQDN 进行查询。

　　任何一种模式都可以将参数传递给 nslookup，但在域名服务器出现故障时更多地使用交互模式。在交互模式下，可以在提示符"＞"下输入 help 或"？"来获得帮助信息。

　　下面在客户端 client1 的交互模式下测试上面部署的 DNS 服务器。

　　(1) 进入 PowerShell 或者在"运行"对话框中输入 CMD，进入 nslookup 测试环境(图 5-24)。

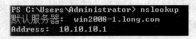

```
PS C:\Users\Administrator> nslookup
默认服务器: win2008-1.long.com
Address: 10.10.10.1
```

图 5-24　进入 nslookup 测试环境

（2）测试主机记录（图 5-25）。

（3）测试正向解析的别名记录（图 5-26）。

图 5-25  测试主机记录

图 5-26  测试正向解析的别名记录

（4）测试 MX 记录（图 5-27）。

图 5-27  测试 MX 记录

**说明**：set type 表示设置查找的类型。set type＝mx 表示查找邮件服务器记录；set type＝cname 表示查找别名记录；set type＝A 表示查找主机记录；set type＝PRT 表示查找指针记录；set type＝NS 表示查找区域。

（5）测试指针记录（图 5-28）。

图 5-28  测试指针记录

（6）查找区域信息并退出 nslookup 环境（图 5-29）。

图 5-29  查找区域信息并退出 nslookup 环境

**做一做**：可以利用"ping 域名或 IP 地址"简单测试 DNS 服务器与客户端的配置，请读者不妨试一试。

### 5.3.8  管理 DNS 客户端缓存

(1) 进入 PowerShell 或者在"运行"对话框中输入 CMD,进入命令提示符。

(2) 查看 DNS 客户端缓存。

```
C:\> ipconfig /displaydns
```

(3) 清空 DNS 客户端缓存。

```
C:\> ipconfig /flushdns
```

### 5.3.9  部署惟缓存 DNS 服务器

尽管所有的 DNS 服务器都会缓存其已解析的结果,但惟缓存 DNS 服务器是仅执行查询、缓存解析结果的 DNS 服务器,不存储任何区域数据库。惟缓存 DNS 服务器对于任何域来说都不是权威的,并且它所包含的信息限于解析查询时已缓存的内容。

当惟缓存 DNS 服务器初次启动时,并没有缓存任何信息,只有在响应客户端请求时才会缓存。如果 DNS 客户端位于远程网络且该远程网络与主 DNS 服务器(或辅助 DNS 服务器)所在的网络通过慢速广域网链路进行通信,则在远程网络中部署惟缓存 DNS 服务器是一种合理的解决方案。因此一旦惟缓存 DNS 服务器(或辅助 DNS 服务器)建立了缓存,其与主 DNS 服务器的通信量便会减少。此外,由于惟缓存 DNS 服务器不需要执行区域传输,因此不会出现因区域传输而导致网络通信量的增大。

**1. 部署惟缓存 DNS 服务器的需求和环境**

本部分的所有实例按图 5-30 部署网络环境。在原有网络环境下增加主机名为 Win2008-3 的 DNS 转发器,其 IP 地址为 10.10.10.3/24;首选 DNS 服务器是 10.10.10.1/24,该计算机是域 long.com 的成员服务器。

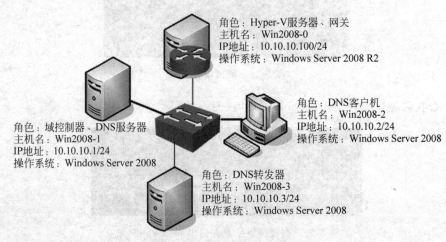

角色:Hyper-V服务器、网关
主机名:Win2008-0
IP地址:10.10.10.100/24
操作系统:Windows Server 2008 R2

角色:DNS客户机
主机名:Win2008-2
IP地址:10.10.10.2/24
操作系统:Windows Server 2008

角色:域控制器、DNS服务器
主机名:Win2008-1
IP地址:10.10.10.1/24
操作系统:Windows Server 2008

角色:DNS转发器
主机名:Win2008-3
IP地址:10.10.10.3/24
操作系统:Windows Server 2008

图 5-30  配置 DNS 转发器的网络拓扑图

**2. 配置 DNS 转发器**

1) 更改客户端 DNS 服务器 IP 地址指向

（1）登录到 DNS 客户端计算机 Win2008-2,将其首选 DNS 服务器指向 10.10.10.3,备用 DNS 服务器设置为空。

（2）打开命令提示符,输入 ipconfig /flushdns 命令清空客户端计算机 Win2008-2 上的缓存。输入 ping win2008-2.long.com 命令发现不能解析,因为该记录存在于服务器 Win2008-1 上,不存在服务器 10.10.10.3 上。

2) 在惟缓存 DNS 服务器上安装 DNS 服务并配置 DNS 转发器

（1）以具有管理员权限的用户账户登录将要部署惟缓存 DNS 服务器的计算机 Win2008-3。

（2）安装 DNS 服务(不配置 DNS 服务器区域)。

（3）打开"DNS 管理器"控制台,在左侧的控制台树中右击 DNS 服务器 Win2008-3,在弹出的快捷菜单中选择"属性"命令。

（4）在打开的 DNS 服务器"属性"对话框中单击"转发器"标签,将打开"转发器"选项卡,如图 5-31 所示。

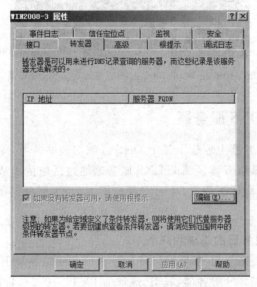

图 5-31　"转发器"选项卡

（5）单击"编辑"按钮,将打开"编辑转发器"对话框,在"转发服务器的 IP 地址"选项区域中添加需要转发到的 DNS 服务器地址为 10.10.10.1,该计算机能解析到相应服务器 FQDN,如图 5-32 所示。最后单击"确定"按钮。

（6）采用同样的方法,根据需要配置其他区域的转发。

3) 测试惟缓存 DNS 服务器

在 Win2008-2 上,打开命令提示符窗口,使用 nslookup 命令测试惟缓存 DNS 服务器,如图 5-33 所示。

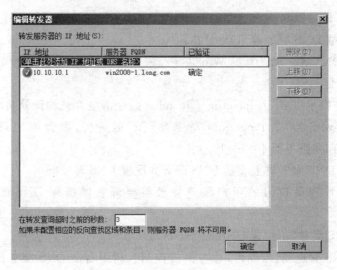

图 5-32　添加解析转达请求的 DNS 服务器的 IP 地址

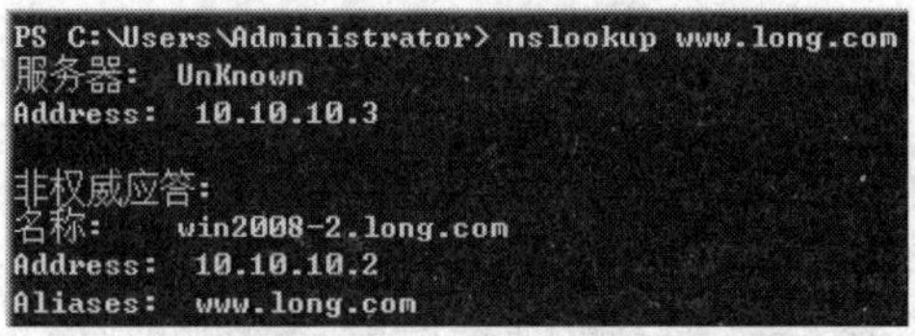

图 5-33　在 Win2008-2 上测试惟缓存 DNS 服务器

### 5.3.10　部署辅助 DNS 服务器

如果在一台 DNS 服务器上创建了某个 DNS 区域的辅助区域，则该 DNS 服务器将成为该 DNS 区域的辅助 DNS 服务器。辅助 DNS 服务器通过区域传输从主 DNS 服务器获得区域数据库信息，并响应名称解析请求，从而实现均衡主 DNS 服务器的解析负载和为主 DNS 提供容错。

**1. 部署辅助 DNS 服务器的需求和环境**

本部分的所有实例按图 5-30 部署网络环境。在原有网络环境下将主机名为 Win2008-3 的 DNS 转发器改为辅助 DNS 服务器，其 IP 地址为 10.10.10.3/24；首选 DNS 服务器是 10.10.10.1/24，该计算机是域 long.com 的成员服务器。

**2. 在主 DNS 服务器上设置区域传送功能**

（1）以域管理员用户账户登录主 DNS 服务器 Win2008-1，打开"DNS 管理器"控制台，在左侧的控制台树中右击区域 long.com，在弹出的快捷菜单中选择"属性"命令，打开 DNS 服务器"属性"对话框。

（2）选择"区域传送"选项卡，选中"允许区域传送"复选框，并选择"到所有服务器"单选按钮，如图 5-34 的所示。

（3）单击"确定"按钮即可完成区域传送功能设置。

**思考**：如何利用图 5-34 中的"名称服务器"选项卡限制特定服务器的复制？

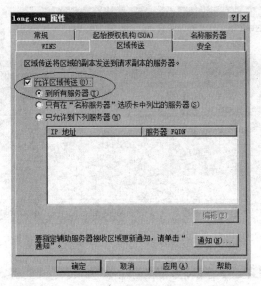

图 5-34　设置区域传送图

### 3. 在辅助 DNS 服务器上安装 DNS 服务和创建辅助区域

（1）以具有管理员权限的用户账户登录将要部署为辅助 DNS 服务器的计算机 Win2008-3。

（2）安装 DNS 服务（已在惟缓存 DNS 服务器中安装）。

（3）在"新建区域向导——区域类型"对话框中选择"辅助区域"单选按钮，如图 5-35 所示。

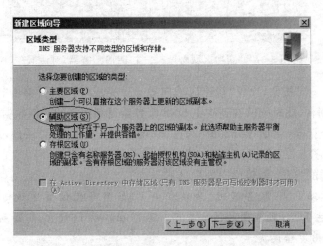

图 5-35　"新建区域向导——区域类型"对话框

（4）单击"下一步"按钮，将打开如图 5-36 所示的"新建区域向导——区域名称"对话框。在此对话框中输入区域名称，该名称应与该 DNS 区域的主 DNS 服务器 Win2008-1 上的主要区域名称完全相同（例如 long.com）。

（5）单击"下一步"按钮，将打开"新建区域向导——主 DNS 服务器"对话框。在此对话框中指定主 DNS 服务器的 IP 地址（例如 10.10.10.1），如图 5-37 所示。

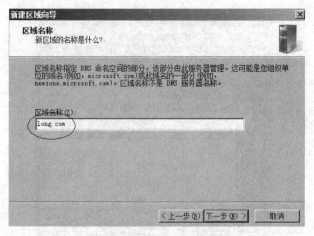

图 5-36 "新建区域向导——区域名称"对话框

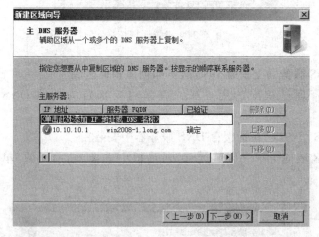

图 5-37 "新建区域向导——主 DNS 服务器"对话框

（6）单击"下一步"按钮，出现"新建区域向导——完成"对话框；单击"完成"按钮，将返回"DNS 管理器"控制台，此时能够看到从主 DNS 服务器复制而来的区域数据，如图 5-38 所示。

（7）双击某个记录，比如 Win2008-2，打开"Win2008-2 属性"对话框，从中可以看到其属性内容是灰色的（图 5-39），说明是辅助区域，只能读取不能修改。

（8）采用同样的方法，创建反向辅助区域。

**注意**：部署辅助 DNS 服务器时，必须在主 DNS 服务器设置区域传送功能，允许辅助 DNS 服务器传送主 DNS 服务器的区域数据。否则在辅助 DNS 服务器创建辅助区域后，将会不能正常加载，出现错误提示。

**4. 配置 DNS 客户端测试辅助 DNS 服务器**

（1）使用具有管理员权限的用户账户登录要配置的 DNS 客户端 Win2008-2。配置其首选 DNS 服务器为 10.10.10.3，备用 DNS 服务器为空。

（2）打开命令提示符窗口，使用 nslookup 命令测试辅助 DNS 服务器。

**思考并实践**：如果主 DNS 服务器解析出现故障，如何将辅助 DNS 服务器提升为主 DNS 服务器？可以先停止主 DNS 服务器，然后在辅助 DNS 服务器上的区域属性中将"辅助

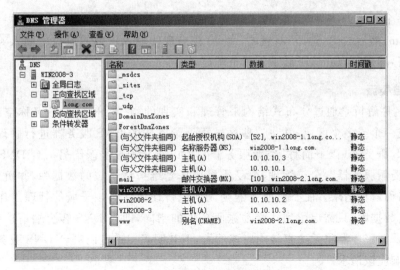

图 5-38　"DNS 管理器"控制台

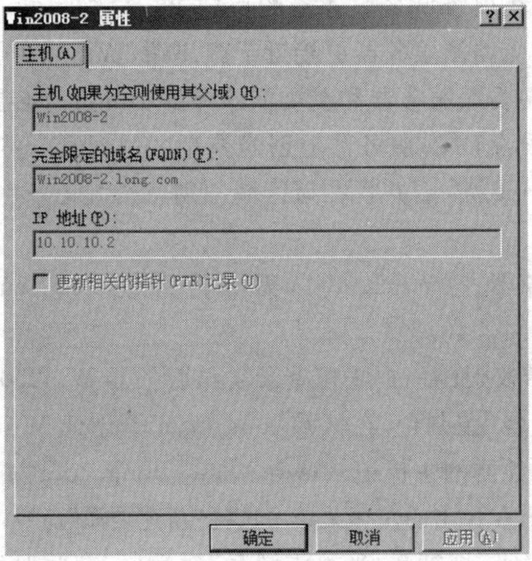

图 5-39　查看资源记录

区域"修改为"主要区域"。请做一下。

## 5.3.11　部署子域和委派

### 1. 部署子域和委派的需求与环境

本部分的所有实例按图 5-30 部署网络环境。在原有网络环境下增加主机名为 Win2008-3 的辅助 DNS 服务器,其 IP 地址为 10.10.10.3,首选 DNS 服务器是 10.10.10.1, 该计算机是域 long.com 的成员服务器。

### 2. 创建子域及其资源记录

当一个区域较大时,为了便于管理,可以把一个区域划分成若干个子域。例如,在 long. com 下可以按照部门划分出 sales、market 等子域。使用这种方式时,实际上是子域和原来 的区域都共享原来的 DNS 服务器。

添加一个区域的子域时，在 Win2008-1 的"DNS 管理器"控制台中先选中一个区域，例如，long.com，然后右击，选择"新建域"命令，在出现的输入子域的窗口中输入 sales 并单击"确定"按钮，然后可以在该子域下创建资源记录。

### 3. 区域委派

DNS 名称解析是通过分布式结构来管理和实现的，它允许将 DNS 名称空间根据层次结构分割成一个或多个区域，并将这些区域委派给不同的 DNS 服务器进行管理。例如，某区域的 DNS 服务器（以下简称"委派服务器"）可以将其子域委派给另一台 DNS 服务器（以下简称"受委派服务器"）全权管理，由受委派服务器维护该子域的数据库，并负责响应针对该子域的名称解析请求。而委派服务器则无须进行任何针对该子域的管理工作，也无须保存该子域的数据库，只需保留到达受委派服务器的指向，即当 DNS 客户端请求解析该子域的名称时，委派服务器将无法直接响应该请求，但其明确知道应由哪台 DNS 服务器（受委派服务器）来响应该请求。

采用区域委派可有效地均衡负载。将子域的管理和解析任务分配到各台受委派服务器，可以大幅度降低父级或顶级域名服务器的负载，提高解析效率。同时，通过这种分布式结构，使真正提供解析的受委派服务器更接近于客户端，从而减少了带宽资源的浪费。

部署区域委派需要在委派服务器和受委派服务器中都进行必要的配置。

在图 5-30 中，在委派的 DNS 服务器上创建委派区域 china，然后在被委派的 DNS 服务器上创建主区域 china.long.com，并且在该区域中创建资源记录。具体步骤如下。

1）配置委派服务器

本任务中委派服务器是 Win2008-1，需要将区域 long.com 中的 china 域委派给 Win2008-3（IP 地址是 10.10.10.3）。

（1）使用具有管理员权限的用户账户登录委派服务器 Win2008-1。

（2）打开"DNS 管理器"控制台，在区域 long.com 下创建 Win2008-3 的主机记录，该主机记录是被委派 DNS 服务器的主机记录（win2008-3.long.com 对应 10.10.10.3）。

（3）右击域 long.com，在弹出的快捷菜单中选择"新建委派"命令，打开"新建委派向导"页面。

（4）单击"下一步"按钮，将打开"受委派域名"对话框，在此对话框中指定要委派给受委派服务器进行管理的域名 china，如图 5-40 所示。

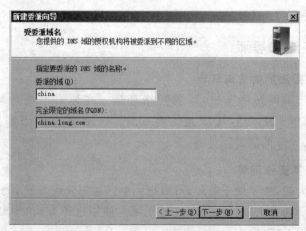

图 5-40 "受委派域名"对话框

（5）单击"下一步"按钮,将打开"名称服务器"对话框,在此对话框中指定受委派服务器,单击"添加"按钮,将打开"新建名称服务器记录"对话框,在"服务器完全限定的域名(FQDN)"文本框中输入被委派计算机的主机记录的完全合格域名 win2008-3. long. com,在"此 NS 记录的 IP 地址"文本框中输入被委派 DNS 服务器的 IP 地址 10. 10. 10. 3,如图 5-41所示。然后单击"确定"按钮。

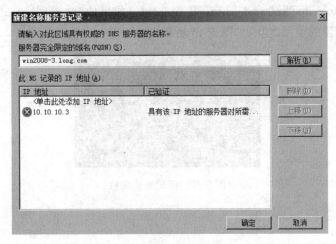

图 5-41　添加受委派服务器

（6）单击"确定"按钮,将返回"名称服务器"对话框,从中可以看到受委派服务器。

（7）单击"下一步"按钮,将打开"完成"对话框。单击"完成"按钮,将返回"DNS 管理器"控制台。在"DNS 管理器"控制台可以看到已经添加的委派子域 china。委派服务器配置完成,如图 5-42 所示。

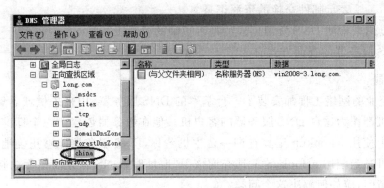

图 5-42　委派服务器配置完成

**注意**：受委派服务器必须在委派服务器中有一个对应的 A 记录,以便委派服务器指向受委派服务器。该 A 记录可以在新建委派之前创建,否则在新建委派时会自动创建。

2）配置受委派服务器

（1）使用具有管理员权限的用户账户登录受委派服务器 Win2008-3。

（2）在受委派服务器上安装 DNS 服务。在受委派服务器 Win2008-3 上创建区域 china. long. com 和资源记录（正向主要区域的名称必须与受委派区域的名称相同）,比如,建立主机 test. china. long. com,对应 IP 地址是 10. 10. 10. 4。

注意：创建区域的过程中，在"Active Directory 区域传送作用域"对话框中选择"至此域中的所有域控制器（为了与 Windows 2000 兼容）：long.com"。否则无法创建。

3）测试委派

（1）使用具有管理员权限的用户账户登录客户端 Win2008-2。首选 DNS 服务器设为 10.10.10.1。

（2）使用 nslookup 测试 test.china.long.com。如果成功，说明 10.10.10.1 服务器到 10.10.10.3 服务器的委派成功，如图 5-43 所示。

图 5-43　测试委派成功

# 5.4　习题

**1. 填空题**

（1）_____是一个用于存储单个 DNS 域名的数据库，是域名称空间树状结构的一部分，它将域名空间分区为较小的区段。

（2）DNS 顶级域名中表示官方政府单位的是_____。

（3）_____表示邮件交换的资源记录。

（4）可以用来检测 DNS 资源创建的是否正确的两个工具是_____和_____。

（5）DNS 服务器的查询方式有_____和_____。

**2. 选择题**

（1）某企业的网络工程师安装了一台基本的 DNS 服务器，用来提供域名解析。网络中的其他计算机都作为这台 DNS 服务器的客户机。他在服务器创建了一个标准主要区域，在一台客户机上使用 nslookup 工具查询一台主机名称，DNS 服务器能够正确地将其 IP 地址解析出来。可是当使用 nslookup 工具查询该 IP 地址时，DNS 服务器却无法将其主机名称解析出来。请问，应如何解决这个问题？（　　）

　　A. 在 DNS 服务器反向解析区域中为这条主机记录创建相应的 PTR 指针记录

　　B. 在 DNS 服务器区域属性上设置允许动态更新

　　C. 在要查询的这台客户机上运行命令 ipconfig /registerdns

　　D. 重新启动 DNS 服务器

（2）在 Windows Server 2008 的 DNS 服务器上不可以新建的区域类型有（　　）。

　　A. 转发区域　　　　B. 辅助区域　　　　C. 存根区域　　　　D. 主要区域

（3）DNS 提供了一个（　　）命名方案。

　　A. 分级　　　　　　B. 分层　　　　　　C. 多级　　　　　　D. 多层

（4）DNS 顶级域名中表示商业组织的是（　　）。

    A. COM　　　　　　B. GOV　　　　　　C. MIL　　　　　　D. ORG

（5）（　　）表示别名的资源记录。

    A. MX　　　　　　　B. SOA　　　　　　C. CNAME　　　　　D. PTR

### 3. 简答题

（1）DNS 的查询模式有哪几种？

（2）DNS 的常见资源记录有哪些？

（3）DNS 的管理与配置流程是什么？

（4）DNS 服务器的属性中的"转发器"的作用是什么？

（5）什么是 DNS 服务器的动态更新？

### 4. 案例分析题

某企业安装有自己的 DNS 服务器，为企业内部客户端计算机提供主机名称解析。然而企业内部的客户除了访问内部的网络资源外，还想访问 Internet 资源。你作为企业的网络管理员，应该怎样配置 DNS 服务器？

# 5.5　项目实训　配置与管理 DNS 服务器

## 一、项目实训目的

- 掌握 DNS 的安装与配置。
- 掌握两个以上的 DNS 服务器的建立与管理。
- 掌握 DNS 正向查找和反向查找的功能及配置方法。
- 掌握各种 DNS 服务器的配置方法。
- 掌握 DNS 资源记录的规划和创建方法。

## 二、项目环境

本次实训项目所依据的网络拓扑图分别为图 5-4 和图 5-30。

## 三、项目要求

（1）依据图 5-4，请完成以下任务：添加 DNS 服务器，部署主 DNS 服务器，配置 DNS 客户端并测试主 DNS 服务器的配置。

（2）依据图 5-30，请完成以下任务：部署惟缓存 DNS 服务器，配置转发器，测试惟缓存 DNS 服务器。

（3）依据图 5-30，请完成以下任务：设置区域传送功能，配置辅助 DNS 服务器，测试辅助 DNS 服务器。

（4）依据图 5-30，请完成以下任务：部署子域 sales，配置委派服务器，配置受委派服务器，测试委派是否成功。

# 项目 6
# 配置与管理 DHCP 服务器

**本项目学习要点**

　　IP 地址已是每台计算机必定配置的参数,手动配置每一台计算机的 IP 地址成为管理员最不愿意做的一件事,于是出现了自动配置 IP 地址的方法,这就是 DHCP。DHCP 全称是 Dynamic Host Configuration Protocol(动态主机配置协议),该协议可以自动为局域网中的每一台计算机分配 IP 地址,并完成每台计算机的 TCP/IP 配置,包括 IP 地址、子网掩码、网关,以及 DNS 服务器等。DHCP 服务器能够从预先设置的 IP 地址池中自动给主机分配 IP 地址,它不仅能够解决 IP 地址冲突的问题,也能及时回收 IP 地址以提高 IP 地址的利用率。

- 了解 DHCP 服务器在网络中的作用。
- 理解 DHCP 的工作过程。
- 掌握 DHCP 服务器的基本配置。
- 掌握 DHCP 客户端的配置和测试。
- 掌握常用 DHCP 选项的配置。
- 理解在网络中部署 DHCP 服务器的解决方案。
- 掌握常见 DHCP 服务器的维护。

## 6.1　项目基础知识

　　手动配置每一台计算机的 IP 地址是管理员最不愿意做的一件事,于是出现了自动配置 IP 地址的方法,这就是 DHCP。DHCP(Dynamic Host Configuration Protocol,动态主机配置协议),可以自动为局域网中的每一台计算机分配 IP 地址,并完成每台计算机的 TCP/IP 配置,包括 IP 地址、子网掩码、网关,以及 DNS 服务器等。DHCP 服务器能够从预先设置的 IP 地址池中自动给主机分配 IP 地址,它不仅能够解决 IP 地址冲突的问题,也能及时回收 IP 地址以提高 IP 地址的利用率。

### 6.1.1　何时使用 DHCP 服务

　　网络中每一台主机的 IP 地址与相关配置,可以采用以下两种方式获得,手动配置和自动获得(自动向 DHCP 服务器获取)。

在网络主机数目少的情况下,可以手动为网络中的主机分配静态的 IP 地址,但有时工作量很大,这就需要动态 IP 地址方案。在该方案中,每台计算机并不设定固定的 IP 地址,而是在计算机开机时才被分配一个 IP 地址,这台计算机被称为 DHCP 客户端(DHCP Client)。在网络中提供 DHCP 服务的计算机称为 DHCP 服务器。DHCP 服务器利用 DHCP(动态主机配置协议)为网络中的主机分配动态 IP 地址,并提供子网掩码、默认网关、路由器的 IP 地址以及一个 DNS 服务器的 IP 地址等。

动态 IP 地址方案可以减少管理员的工作量,只要 DHCP 服务器正常工作,IP 地址就不会发生冲突。要大批量更改计算机的所在子网或其他 IP 参数,只要在 DHCP 服务器上进行即可,管理员不必设置每一台计算机。

需要动态分配 IP 地址的情况包括以下 3 种。

- 网络的规模较大,网络中需要分配 IP 地址的主机很多,特别是要在网络中增加和删除网络主机或者要重新配置网络时,使用手动分配工作量很大,而且常常会因为用户不遵守规则而出现错误,例如导致 IP 地址的冲突等。
- 网络中的主机多,而 IP 地址不够用,这时也可以使用 DHCP 服务器来解决这一问题。例如,某个网络上有 200 台计算机,采用静态 IP 地址时,每台计算机都需要预留一个 IP 地址,即共需要 200 个 IP 地址。然而这 200 台计算机并不同时开机,甚至可能只有 20 台同时开机,这样就浪费了 180 个 IP 地址。这种情况对 ISP(Internet Service Provider,互联网服务供应商)来说是一个十分严重的问题,如果 ISP 有 100000 个用户,是否需要 100000 个 IP 地址?解决这个问题的方法就是使用 DHCP 服务。
- DHCP 服务使移动客户可以在不同的子网中移动,并在他们连接到网络时自动获得网络中的 IP 地址。随着笔记本电脑的普及,移动办公成为习以为常的事情,当计算机从一个网络移动到另一个网络时,每次移动也需要改变 IP 地址,并且移动的计算机在每个网络都需要占用一个 IP 地址。

我们利用拨号上网实际上就是从 ISP 那里动态获得了一个共有的 IP 地址。

## 6.1.2 DHCP 地址分配类型

DHCP 允许有 3 种类型的地址分配。

- 自动分配方式:当 DHCP 客户端第一次成功地从 DHCP 服务器端租用到 IP 地址之后,就永远使用这个地址。
- 动态分配方式:当 DHCP 客户端第一次成功地从 DHCP 服务器端租用到 IP 地址之后,并非永久地使用该地址,只要租约到期,客户端就得释放这个 IP 地址,以给其他工作站使用。当然,客户端可以比其他主机更优先地更新租约,或是租用其他的 IP 地址。
- 手动分配方式:DHCP 客户端的 IP 地址是由网络管理员指定的,DHCP 服务器只是把指定的 IP 地址告诉客户端。

### 6.1.3 DHCP 服务的工作过程

**1. DHCP 工作站第 1 次登录网络**

当 DHCP 客户机启动登录网络时通过以下步骤从 DHCP 服务器获得租约。

（1）DHCP 客户机在本地子网中先发送 DHCP Discover 报文，此报文以广播的形式发送，因为客户机现在不知道 DHCP 服务器的 IP 地址。

（2）在 DHCP 服务器收到 DHCP 客户机广播的 DHCP Discover 报文后，它向 DHCP 客户机发送 DHCP Offer 报文，其中包括一个可租用的 IP 地址。

如果没有 DHCP 服务器对客户机的请求做出反应，可能发生以下 2 种情况。

- 如果客户使用的是 Windows 2000 及后续版本 Windows 操作系统，且自动设置 IP 地址的功能处于激活状态，那么客户端将自动从 Microsoft 保留 IP 地址段中选择一个自动私有地址（Automatic Private IP Address，APIPA）作为自己的 IP 地址。自动私有 IP 地址的范围是 169.254.0.1~169.254.255.254。使用自动私有 IP 地址可以在 DHCP 服务器不可用时，DHCP 客户端之间仍然可以利用私有 IP 地址进行通信。所以，即使在网络中没有 DHCP 服务器，计算机之间仍能通过网上邻居发现彼此。

- 如果使用其他的操作系统或自动设置 IP 地址的功能被禁止，则客户机无法获得 IP 地址，初始化失败。但客户机在后台每隔 5min 发送 4 次 DHCP Discover 报文，直到它收到 DHCP Offer 报文。

- 一旦客户机收到 DHCP Offer 报文，它发送 DHCP Request 报文到服务器，表示它将使用服务器所提供的 IP 地址。

- DHCP 服务器在收到 DHCP Request 报文后，立即发送 DHCP YACK 确认报文，以确定此租约成立，且此报文中还包含其他 DHCP 选项信息。

客户机收到确认信息后，利用其中的信息，配置它的 TCP/IP 并加入网络中。上述过程如图 6-1 所示。

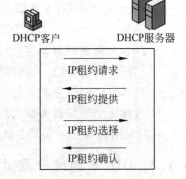

图 6-1　DHCP 租约生成过程

**2. DHCP 工作站第 2 次登录网络**

DHCP 客户机获得 IP 地址后再次登录网络时，就不需要再发送 DHCP Discover 报文了，而是直接发送包含前一次所分配的 IP 地址的 DHCP Request 报文。当 DHCP 服务器收到 DHCP Request 报文，会尝试让客户机继续使用原来的 IP 地址，并回答一个 DHCP YACK（确认信息）报文。

如果 DHCP 服务器无法分配给客户机原来的 IP 地址，则回答一个 DHCP NACK（不确认信息）报文。当客户机接收到 DHCP NACK 报文后，就必须重新发送 DHCP Discover 报文来请求新的 IP 地址。

**3. DHCP 租约的更新**

DHCP 服务器将 IP 地址分配给 DHCP 客户机后，有租用时间的限制，DHCP 客户机必须在该次租用过期前对它进行更新。客户机在 50％租借时间过去以后,每隔一段时间就开始请求 DHCP 服务器更新当前租借,如果 DHCP 服务器应答则租用延期。如果 DHCP 服务器始终没有应答,在有效租借期的 87.5％时,客户机应该与任何一个其他的 DHCP 服务器通信,并请求更新它的配置信息。如果客户机不能和所有的 DHCP 服务器取得联系,租借时间到期后,它必须放弃当前的 IP 地址,并重新发送一个 DHCP Discover 报文开始上述的 IP 地址获得过程。

客户端可以主动向服务器发出 DHCP Release 报文,将当前的 IP 地址释放。

## 6.2　项目设计与准备

部署 DHCP 之前应该先进行规划,明确哪些 IP 地址用于自动分配给客户端(作用域中应包含的 IP 地址),哪些 IP 地址用于手动指定给特定的服务器。例如,在项目中,将 IP 地址 10.10.10.1～200/24 用于自动分配,将 IP 地址 10.10.10.100/24、10.10.10.1/24 排除,预留给需要手动指定 TCP/IP 参数的服务器,将 10.10.10.200/24 用作保留地址等。

根据如图 6-2 所示的环境来部署 DHCP 服务。

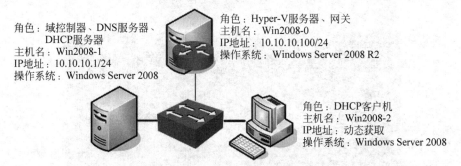

角色:域控制器、DNS服务器、
DHCP服务器
主机名:Win2008-1
IP地址:10.10.10.1/24
操作系统:Windows Server 2008

角色:Hyper-V服务器、网关
主机名:Win2008-0
IP地址:10.10.10.100/24
操作系统:Windows Server 2008 R2

角色:DHCP客户机
主机名:Win2008-2
IP地址:动态获取
操作系统:Windows Server 2008

图 6-2　架设 DHCP 服务器的网络拓扑图

**注意**:用于手动配置的 IP 地址,一定要排除或者是地址池之外的地址(如图 6-2 所示中的 10.10.10.100/24 和 10.10.10.1/24),否则会造成 IP 地址冲突。请思考为什么。

## 6.3　项目实施

### 6.3.1　安装 DHCP 服务器角色

(1)以域管理员账户登录 Win2008-1。选择"开始"→"管理工具"→"服务器管理器"选项,打开"服务器管理器"窗口,在"角色摘要"区域中单击"添加角色"超链接,启动"添加角色向导"。

(2)单击"下一步"按钮,显示如图 6-3 所示的"选择服务器角色"对话框,选中"DHCP 服务器"复选框。

(3)单击"下一步"按钮,显示如图 6-4 所示的"DHCP 服务器简介"对话框,可以查看 DHCP 服务器概述以及安装时相关的注意事项。

(4)单击"下一步"按钮,显示"选择网络连接绑定"对话框,选择向客户端提供服务的网

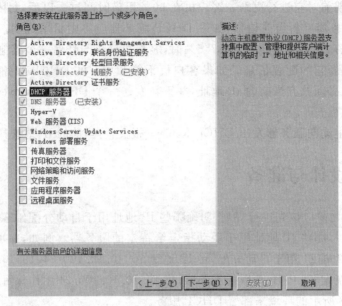

图 6-3 "选择服务器角色"对话框

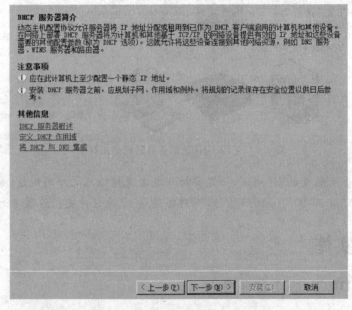

图 6-4 "DHCP 服务器简介"对话框

络连接,如图 6-5 所示。

(5) 单击"下一步"按钮,显示"指定 IPv4 DNS 服务器设置"对话框,输入父域名以及本地网络中所使用的 DNS 服务器的 IPv4 地址,如图 6-6 所示。

(6) 单击"下一步"按钮,显示"指定 IPv4 WINS 服务器设置"对话框,选择是否要使用 WINS 服务,按默认值选择不需要。

(7) 单击"下一步"按钮,显示如图 6-7 所示的"添加或编辑 DHCP 作用域"对话框,可添

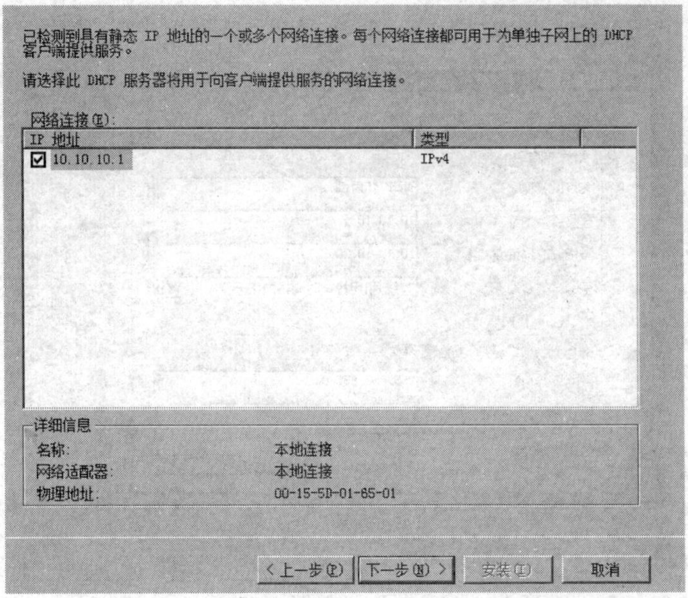

图 6-5 "选择网络连接绑定"对话框

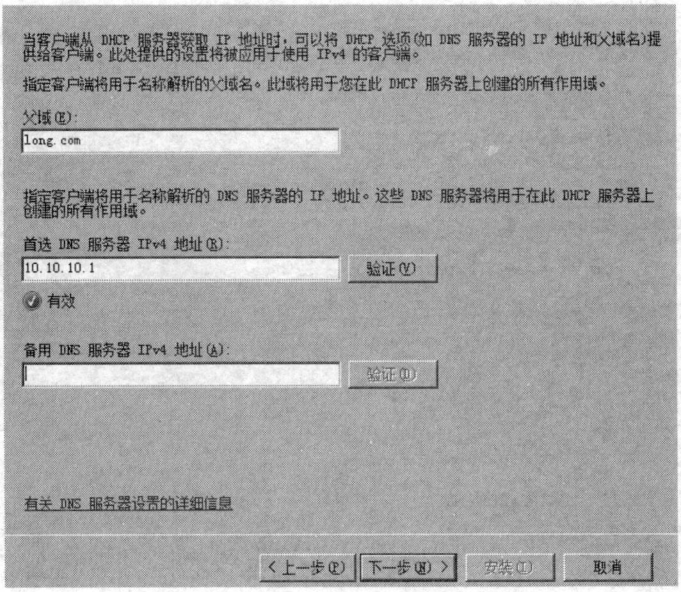

图 6-6 "指定 IPv4 DNS 服务器设置"对话框

加 DHCP 作用域,用来向客户端分配端口地址。

　　(8) 单击"添加"按钮,设置该作用域名称、起始 IP 地址和结束 IP 地址、子网掩码、默认网关以及子网类型。选中"激活此作用域"复选框,也可在作用域创建完成后自动激活。

　　(9) 单击"确定"按钮后,单击"下一步"按钮,在"配置 DHCPv6 无状态模式"对话框中选择"对此服务器禁用 DHCPv6 无状态模式"单选按钮(本书暂不涉及 DHCPv6 协议),如图 6-8 所示。

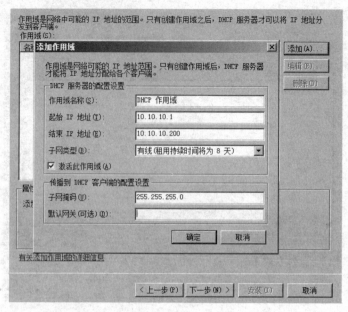

图 6-7 "添加或编辑 DHCP 作用域"对话框

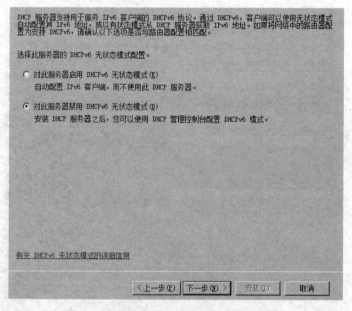

图 6-8 "配置 DHCPv6 无状态模式"对话框

（10）单击"下一步"按钮，显示"确认安装选择"对话框，列出了已做的配置。如果需要更改，可单击"上一步"按钮返回。

（11）单击"安装"按钮，开始安装 DHCP 服务器。安装完成后，显示"安装结果"对话框，提示 DHCP 服务器已经安装成功。

（12）单击"关闭"按钮关闭向导，DHCP 服务器安装完成。选择"开始"→"管理工具"→DHCP 命令，打开 DHCP 控制台，如图 6-9 所示，可以在此配置和管理 DHCP 服务器。

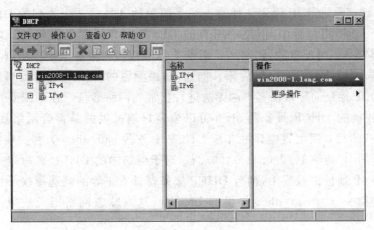

图 6-9 DHCP 控制台

## 6.3.2 授权 DHCP 服务器

Windows Server 2008 为使用活动目录的网络提供了集成的安全性支持。针对 DHCP 服务器,它提供了授权的功能,通过这一功能可以对网络中配置正确的合法 DHCP 服务器进行授权,允许它们对客户端自动分配 IP 地址。同时,还能够检测未授权的非法 DHCP 服务器以及防止这些服务器在网络中启动或运行,从而提高了网络的安全性。

### 1. 对域中的 DHCP 服务器进行授权

如果 DHCP 服务器是域的成员,并且在安装 DHCP 服务器过程中没有选择授权,那么在安装完成后就必须先进行授权,才能为客户端计算机提供 IP 地址,独立服务器不需要授权。具体步骤如下。

在图 6-9 中右击 DHCP 服务器 win2008-1. long. com,选择快捷菜单中的"授权"命令,即可为 DHCP 服务器授权。重新打开 DHCP 控制台,显示 DHCP 服务器已授权,如图 6-10 所示。

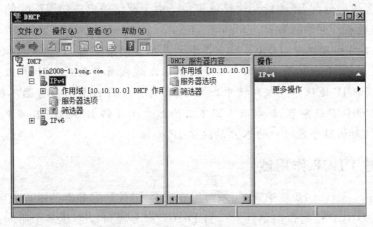

图 6-10 DHCP 服务器已授权

### 2. 为什么要授权 DHCP 服务器

由于 DHCP 服务器为客户端自动分配 IP 地址时均采用广播机制,而且客户端在发送

DHCP Request 消息进行 IP 租用选择时也只是简单地选择第一个收到的 DHCP Offer,这意味着在整个 IP 租用过程中,网络中所有的 DHCP 服务器都是平等的。如果网络中的 DHCP 服务器都是正确配置的,则网络将能够正常运行。如果在网络中出现了错误配置的 DHCP 服务器,则可能会引发网络故障。例如,错误配置的 DHCP 服务器可能会为客户端分配不正确的 IP 地址而导致该客户端无法进行正常的网络通信。在如图 6-11 所示的网络环境中,配置正确的 DHCP 服务器 dhcp 可以为客户端提供的是符合网络规划的 IP 地址 10.10.10.1~200/24,而配置错误的非法 DHCP 服务器 bad_dhcp 为客户端提供的却是不符合网络规划的 IP 地址 10.0.0.11~100/24。对于网络中的 DHCP 客户端 client 来说,由于在自动获得 IP 地址的过程中,两台 DHCP 服务器具有平等的被选择权,因此 client 将有 50%的可能获得一个由 bad_dhcp 提供的 IP 地址,这意味着网络出现故障的可能性将高达 50%。

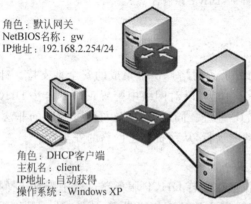

图 6-11　网络中出现非法的 DHCP 服务器的网络拓扑图

为了解决这一问题,Windows Server 2008 引入了 DHCP 服务器的授权机制。通过授权机制,DHCP 服务器在服务于客户端之前,需要验证是否已在 AD 中被授权。如果未经授权,将不能为客户端分配 IP 地址。这样就避免了由于网络中出现错误配置的 DHCP 服务器而导致的大多数意外网络故障。

**注意**:①工作组环境中,DHCP 服务器肯定是独立的服务器,无须授权(也不能授权)即能向客户端提供 IP 地址。②域环境中,域控制器或域成员身份的 DHCP 服务器能够被授权,为客户端提供 IP 地址。③域环境中,独立服务器身份的 DHCP 服务器不能被授权,若域中有被授权的 DHCP 服务器,则该服务器不能为客户端提供 IP 地址;若域中没有被授权的 DHCP 服务器,则该服务器可以为客户端提供 IP 地址。

### 6.3.3　创建 DHCP 作用域

在 Windows Server 2008 中,作用域可以在安装 DHCP 服务器的过程中创建,也可以在安装完成后在 DHCP 控制台中创建。一台 DHCP 服务器可以创建多个不同的作用域。如果在安装时没有建立作用域,也可以单独建立 DHCP 作用域。具体步骤如下。

(1) 在 Win2008-1 上打开 DHCP 控制台,展开服务器名,选择 IPv4,右击并选择快捷菜单中的"新建作用域"命令,运行新建作用域向导。

（2）单击"下一步"按钮,显示"作用域名"对话框,在"名称"文本框中输入新作用域的名称,用来与其他作用域相区分。

（3）单击"下一步"按钮,显示如图 6-12 所示的"IP 地址范围"对话框。在"起始 IP 地址"和"结束 IP 地址"文本框中输入欲分配的 IP 地址范围。

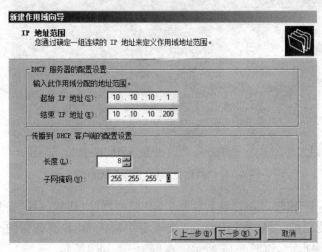

图 6-12　"IP 地址范围"对话框

（4）单击"下一步"按钮,显示如图 6-13 所示的"添加排除和延迟"对话框,设置客户端的排除地址。在"起始 IP 地址"和"结束 IP 地址"文本框中输入欲排除的 IP 地址或 IP 地址段,单击"添加"按钮,添加到"排除的地址范围"列表框中。

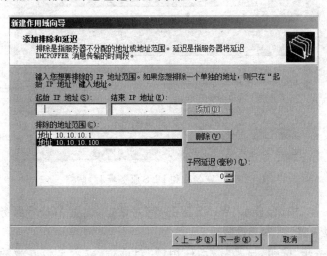

图 6-13　"添加排除和延迟"对话框

（5）单击"下一步"按钮,显示"租用期限"对话框,设置客户端租用 IP 地址的时间。

（6）单击"下一步"按钮,显示"配置 DHCP 选项"对话框,提示是否配置 DHCP 选项,选择默认的"是,我想现在配置这些选项"单选按钮。

（7）单击"下一步"按钮,显示如图 6-14 所示的"路由器（默认网关）"对话框,在"IP 地址"文本框中输入要分配的网关,单击"添加"按钮添加到列表框中。本例为 10.10.10.100。

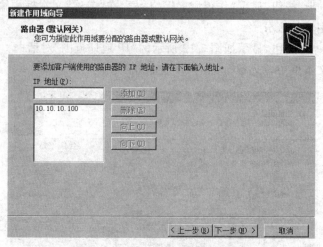

图 6-14　"路由器(默认网关)"对话框

　　(8) 单击"下一步"按钮，显示"域名称和 DNS 服务器"对话框。在"父域"文本框中输入进行 DNS 解析时使用的父域，在"IP 地址"文本框中输入 DNS 服务器的 IP 地址，单击"添加"按钮，添加到列表框中，如图 6-15 所示。本例为 10.10.10.1。

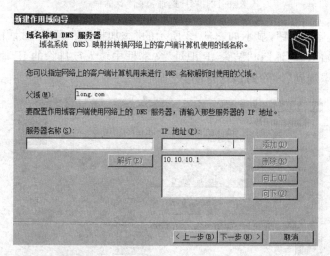

图 6-15　"域名称和 DNS 服务器"对话框

　　(9) 单击"下一步"按钮，显示"WINS 服务器"对话框，设置 WINS 服务器。如果网络中没有配置 WINS 服务器，则不必设置。

　　(10) 单击"下一步"按钮，显示"激活作用域"对话框，提示是否要激活作用域。建议使用默认的"是，我想现在激活此作用域"。

　　(11) 单击"下一步"按钮，显示"正在完成新建作用域向导"对话框。

　　(12) 单击"完成"按钮，作用域创建完成并自动激活。

### 6.3.4　保留特定的 IP 地址

　　如果用户想保留特定的 IP 地址给指定的客户机，以便 DHCP 客户机在每次启动时都能获得相同的 IP 地址,就需要将该 IP 地址与客户机的 MAC 地址绑定。设置步骤如下。

(1) 打开 DHCP 控制台,在左窗格中选择作用域中的"保留"选项。

(2) 选择"操作"→"添加"命令,打开"新建保留"对话框,如图 6-16 所示。

(3) 在"IP 地址"文本框中输入要保留的 IP 地址。本例为 10.10.10.200。

(4) 在"MAC 地址"文本框中输入 IP 地址要保留给哪一张网卡。

(5) 在"保留名称"文本框中输入客户名称。注意此名称只是一般的说明文字,并不是用户账号的名称,但此处不能为空白。

(6) 如果需要,可以在"描述"文本框中输入一些描述此客户的说明性文字。

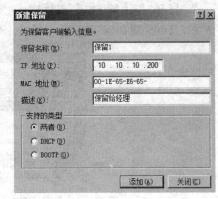

图 6-16　"新建保留"对话框

添加完成后,用户可利用作用域中的"地址租约"选项进行查看。大部分情况下,客户机使用的仍然是以前的 IP 地址。也可用以下方法进行更新。

- ipconfig /release:释放现有 IP。
- ipconfig /renew:更新 IP。

**注意**:如果在设置保留地址时,网络上有多台 DHCP 服务器存在,用户需要在其他服务器中将此保留地址排除,以便客户机可以获得正确的保留地址。

## 6.3.5　配置 DHCP 选项

DHCP 服务器除了可以为 DHCP 客户机提供 IP 地址外,还可以设置 DHCP 客户机启动时的工作环境,如可以设置客户机登录的域名称、DNS 服务器、WINS 服务器、路由器、默认网关等。在客户机启动或更新租约时,DHCP 服务器可以自动设置客户机启动后的 TCP/IP 环境。

DHCP 服务器提供了许多选项,如默认网关、域名、DNS、WINS、路由器等。选项包括 4 种类型。

- 默认服务器选项:这些选项的设置,影响 DHCP 控制台窗口下该服务器下所有的作用域中的保留客户和类选项。
- 作用域选项:这些选项的设置,只影响该作用域下的地址租约。
- 类选项:这些选项的设置,只影响被指定使用该 DHCP 类 ID 的客户机。
- 保留客户选项:这些选项的设置,只影响指定的保留客户。

如果在默认服务器选项与作用域选项中设置了不同的选项,则作用域选项起作用,即在应用时作用域选项将覆盖默认服务器选项,同理,类选项会覆盖作用域选项、保留客户选项覆盖以上 3 种选项,它们的优先级表示如下:保留客户选项>类选项>作用域的选项>默认服务器选项。

为了进一步了解选项设置,以在作用域中添加 DNS 选项为例,说明 DHCP 的选项设置。

（1）打开 DHCP 对话框，在左窗格中展开服务器，选择"作用域"选项，选择"操作"→"配置选项"命令。

（2）打开"作用域 选项"对话框，如图 6-17 所示。在"常规"选项卡的"可用选项"列表中选择"006 DNS 服务器"复选框，输入 IP 地址。单击"确定"按钮结束。

图 6-17 "作用域 选项"对话框

### 6.3.6 配置超级作用域

超级作用域是运行 Windows Server 2003 的 DHCP 服务器的一种管理功能，当 DHCP 服务器上有多个作用域时，就可组成超级作用域，作为单个实体来管理。超级作用域常用于多网配置。多网是指在同一物理网段上使用两台或多台 DHCP 服务器以管理分离的逻辑 IP 网络。在多网配置中，可以使用 DHCP 超级作用域来组合多个作用域，为网络中的客户机提供来自多个作用域的租约。其网络拓扑图如图 6-18 所示。

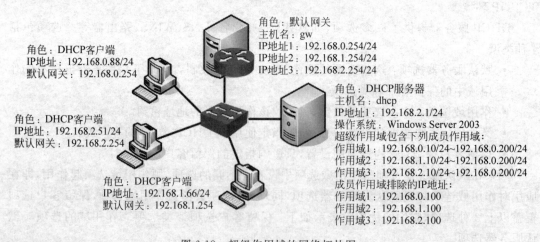

图 6-18 超级作用域的网络拓扑图

超级作用域设置方法如下。

(1) 在 DHCP 控制台中右击 DHCP 服务器下的 IPv4,在弹出的快捷菜单中选择“新建超级作用域”命令,打开“新建超级作用域向导”对话框。在“选择作用域”对话框中,可选择要加入超级作用域管理的作用域。

(2) 当超级作用域创建完成以后,会显示在 DHCP 控制台中,而且还可以将其他作用域也添加到该超级作用域中。

超级作用域可以解决多网结构中的某些 DHCP 部署问题,比较典型的情况就是当前活动作用域的可用地址池几乎已耗尽,而又要向网络添加更多的计算机,可使用另一个 IP 网络地址范围以扩展同一物理网段的地址空间。

**注意**:超级作用域只是一个简单的容器,删除超级作用域时并不会删除其中的子作用域。

## 6.3.7 配置和测试 DHCP 客户端

### 1. 配置 DHCP 客户端

目前,常用的操作系统均可作为 DHCP 客户端,下面以 Windows 平台为客户端进行配置。在 Windows 平台中配置 DHCP 客户端非常简单。

(1) 在客户端 Win2008-2 上,打开“Internet 协议版本 4(TCP/IPv4)属性”对话框。

(2) 选中“自动获得 IP 地址”和“自动获得 DNS 服务器地址”两项即可。

**提示**:由于 DHCP 客户机是在开机时自动获得 IP 地址的,因此并不能保证每次获得的 IP 地址是相同的。

### 2. 测试 DHCP 客户端

在 DHCP 客户端上打开命令提示符窗口,通过 ipconfig /all 和 ping 命令对 DHCP 客户端进行测试,如图 6-19 所示。

```
PS C:\Users\Administrator> ipconfig /all

Windows IP 配置

   主机名  . . . . . . . . . . . . . : Win2008-2
   主 DNS 后缀 . . . . . . . . . . . : long.com
   节点类型  . . . . . . . . . . . . : 混合
   IP 路由已启用 . . . . . . . . . . : 否
   WINS 代理已启用 . . . . . . . . . : 否
   DNS 后缀搜索列表  . . . . . . . . : long.com

以太网适配器 本地连接:

   连接特定的 DNS 后缀 . . . . . . . : long.com
   描述. . . . . . . . . . . . . . . : Microsoft 虚拟机总线网络适配器
   物理地址. . . . . . . . . . . . . : 00-15-5D-01-65-00
   DHCP 已启用 . . . . . . . . . . . : 是
   自动配置已启用. . . . . . . . . . : 是
   本地链接 IPv6 地址. . . . . . . . : fe80::e12e:cbfc:fc86:7ac7%11(首选)
   IPv4 地址 . . . . . . . . . . . . : 10.10.10.2(首选)
   子网掩码  . . . . . . . . . . . . : 255.255.255.0
   获得租约的时间  . . . . . . . . . : 2012年5月27日 23:26:46
   租约过期的时间  . . . . . . . . . : 2012年6月4日 23:26:46
   默认网关. . . . . . . . . . . . . : 10.10.10.100
   DHCP 服务器 . . . . . . . . . . . : 10.10.10.1
   DHCPv6 IAID . . . . . . . . . . . : 234886493
   DHCPv6 客户端 DUID  . . . . . . . : 00-01-00-01-17-4A-B2-46-00-15-5D-01-65-00
   DNS 服务器  . . . . . . . . . . . : 10.10.10.1
   TCPIP 上的 NetBIOS  . . . . . . . : 已启用
```

图 6-19 测试 DHCP 客户端

**3. 手动释放 DHCP 客户端 IP 地址租约**

在 DHCP 客户端上打开命令提示符窗口，使用 ipconfig /release 命令手动释放 DHCP 客户端 IP 地址租约。

**4. 手动更新 DHCP 客户端 IP 地址租约**

在 DHCP 客户端上打开命令提示符窗口，使用 ipconfig /renew 命令手动更新 DHCP 客户端 IP 地址租约。

**5. 在 DHCP 服务器上验证租约**

使用具有管理员权限的用户账户登录 DHCP 服务器，打开 DHCP 控制台。在左侧控制台树中双击 DHCP 服务器，在展开的树中双击作用域，然后选择"地址租约"选项，将能够看到从 DHCP 服务器的当前作用域中租用 IP 地址的租约，如图 6-20 所示。

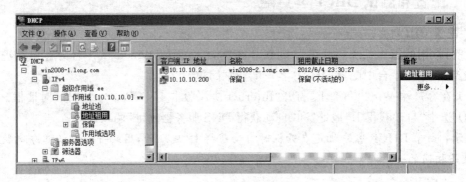

图 6-20　IP 地址租约

# 6.4　习题

**1. 填空题**

(1) DHCP 工作过程包括_____、_____、_____和_____ 4 种报文。

(2) 如果 Windows 的 DHCP 客户端无法获得 IP 地址，将自动从 Microsoft 保留地址段_____中选择一个作为自己的地址。

(3) 在 Windows Server 2008 的 DHCP 服务器中，根据不同的应用范围划分的不同级别的 DHCP 选项，包括_____、_____、_____和_____。

(4) 在 Windows Server 2008 环境下，使用_____命令可以查看 IP 地址配置，释放 IP 地址使用_____命令，续订 IP 地址使用_____命令。

**2. 选择题**

(1) 在一个局域网中利用 DHCP 服务器为网络中的所有主机提供动态 IP 地址分配，DHCP 服务器的 IP 地址为 192.168.2.1/24，在服务器上创建一个作用域为 192.168.2.11～200/24 并激活。在 DHCP 默认服务器选项中设置 003 为 192.168.2.254，在作用域选项中设置 003 为 192.168.2.253，则网络中租用到 IP 地址 192.168.2.20 的 DHCP 客户端所获得的默认网关地址应为多少？（　　　）

　　　A. 192.168.2.1　　　B. 192.168.2.254　　C. 192.168.2.253　　D. 192.168.2.20

（2）DHCP 选项的设置中不可以设置的是（　　）。

    A. DNS 服务器　　　B. DNS 域名　　　C. WINS 服务器　　D. 计算机名

（3）我们在使用 Windows Server 2008 的 DHCP 服务器时，当客户机租约使用时间超过租约的 50% 时，客户机会向服务器发送（　　）数据包，以更新现有的地址租约。

    A. DHCPDISCOVER　　　　　　　B. DHCPOFFER

    C. DHCPREQUEST　　　　　　　　D. DHCPIACK

（4）下列用来显示网络适配器的 DHCP 类别信息的命令是（　　）。

    A. ipconfig /all　　　　　　　　B. ipconfig /release

    C. ipconfig /renew　　　　　　　D. ipconfig /showclassid

**3. 简答题**

（1）动态 IP 地址方案有什么优点和缺点？简述 DHCP 服务器的工作过程。

（2）如何配置 DHCP 作用域选项？如何备份与还原 DHCP 数据库？

**4. 案例分析题**

（1）某企业用户反映，他的一台计算机从人事部搬到财务部后，就不能连接到 Internet 了，这是什么原因？应该如何处理？

（2）学校因为计算机数量的增加，需要在 DHCP 服务器上添加一个新的作用域。用户反映客户端计算机并不能从服务器获得新的作用域中的 IP 地址。可能是什么原因？如何处理？

# 6.5　项目实训　配置与管理 DHCP 服务器

## 一、项目实训目的

- 掌握 DHCP 服务器的配置方法。
- 掌握 DHCP 的用户类别的配置。
- 掌握测试 DHCP 服务器的方法。

## 二、项目环境

本项目根据如图 6-2 所示的环境来部署 DHCP 服务。

## 三、项目要求

（1）将 DHCP 服务器的 IP 地址池设为 192.168.2.10～200/24。

（2）将 IP 地址 192.168.2.104/24 预留给需要手动指定 TCP/IP 参数的服务器。

（3）将 192.168.2.100 用作保留地址。

（4）增加一台客户端 client2，要使 client1 客户端与 client2 客户端自动获取的路由器和 DNS 服务器地址不同。

# 项目 7
# 配置与管理 Web 服务器 和 FTP 服务器

**本项目学习要点**

WWW(万维网)正在逐步改变全球用户的通信方式,这种新的大众传媒比以往的任何一种通信媒体都要快,因而受到人们的普遍欢迎。在过去的十几年中,WWW 飞速增长,融入了大量的信息,从商品报价到就业机会、从电子公告牌到新闻、电影预告、文学评论以及娱乐等,利用 IIS 建立 Web 服务器、FTP 服务器是目前世界上使用最广泛的手段之一。

- 学会 IIS 的安装与配置。
- 学会 Web 网站的配置与管理。
- 学会创建 Web 网站和虚拟主机。
- 学会 Web 网站的目录管理。
- 学会实现安全的 Web 网站。
- 学会创建与管理 FTP 服务器。

## 7.1 项目基础知识

IIS 提供了基本服务,包括发布信息、传输文件、支持用户通信和更新这些服务所依赖的数据存储。

### 1. 万维网发布服务

通过将客户端 HTTP 请求连接到在 IIS 中运行的网站上,万维网发布服务向 IIS 最终用户提供 Web 发布。WWW 服务管理 IIS 的核心组件,这些组件处理 HTTP 请求并配置和管理 Web 应用程序。

### 2. 文件传输协议服务

通过文件传输协议(FTP)服务,IIS 提供对管理和处理文件的完全支持。该服务使用传输控制协议(TCP),这就确保了文件传输的完成和数据传输的准确。该版本的 FTP 支持在站点级别上隔离用户以帮助管理员保护其 Internet 站点的安全并使之商业化。

### 3．简单邮件传输协议服务

通过使用简单邮件传输协议（SMTP）服务，IIS 能够发送和接收电子邮件。例如，为确认用户提交表格成功，可以对服务器进行编程以自动发送邮件来响应事件。也可以使用 SMTP 服务以接收来自网站客户反馈的消息。SMTP 不支持完整的电子邮件服务，要提供完整的电子邮件服务，可使用 Microsoft Exchange Server。

### 4．网络新闻传输协议服务

可以使用网络新闻传输协议（NNTP）服务主控单台计算机上的 NNTP 本地讨论组。因为该功能完全符合 NNTP 协议，所以用户可以使用任何新闻阅读客户端程序加入新闻组进行讨论。

### 5．管理服务

该项功能管理 IIS 配置数据库，并为 WWW 服务、FTP 服务、SMTP 服务和 NNTP 服务更新 Microsoft Windows 操作系统注册表。配置数据库用来保存 IIS 的各种配置参数。IIS 管理服务对其他应用程序公开配置数据库，这些应用程序包括 IIS 核心组件、在 IIS 上建立的应用程序以及独立于 IIS 的第三方应用程序（如管理或监视工具）。

## 7.2　项目设计与准备

### 7.2.1　部署架设 Web 服务器的需求和环境

在架设 Web 服务器之前，读者需要了解本任务实例部署的需求和实验环境。

#### 1．部署需求

在部署 Web 服务器前需满足以下要求。

- 设置 Web 服务器的 TCP/IP 属性，手动指定 IP 地址、子网掩码、默认网关和 DNS 服务器 IP 地址等。
- 部署域环境，域名为 long.com。

#### 2．部署环境

本项目中所有实例被部署在一个域环境下，域名为 long.com。其中，Web 服务器主机名为 Win2008-1，其本身也是域控制器和 DNS 服务器，IP 地址为 10.10.10.1。Web 客户机主机名为 Win2008-2，其本身是域成员服务器，IP 地址为 10.10.10.2。网络拓扑图如图 7-1 所示。

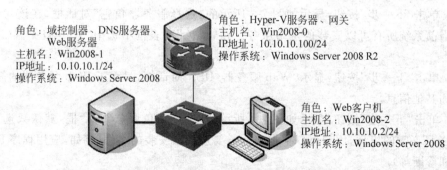

图 7-1　架设 Web 服务器的网络拓扑图

### 7.2.2　部署架设 FTP 服务器的需求和环境

在架设 Web 服务器之前,读者需要了解本任务实例部署的需求和实验环境。

**1. 部署需求**

在部署 FTP 服务器前需满足以下要求。

- 设置 FTP 服务器的 TCP/IP 属性,手动指定 IP 地址、子网掩码、默认网关和 DNS 服务器 IP 地址等。
- 部署域环境,域名为 long.com。

**2. 部署环境**

本项目中所有实例被部署在一个域环境下,域名为 long.com。其中,FTP 服务器主机名为 Win2008-1,其本身也是域控制器和 DNS 服务器,IP 地址为 10.10.10.1。FTP 客户机主机名为 Win2008-2,其本身是域成员服务器,IP 地址为 10.10.10.2。网络拓扑图如图 7-2 所示。

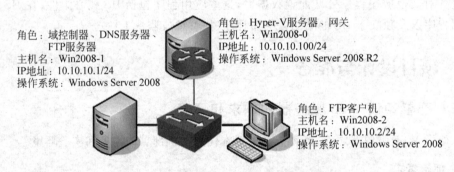

图 7-2　架设 FTP 服务器的网络拓扑图

# 7.3　项目实施

## 7.3.1　安装 Web 服务器(IIS)角色

在计算机 Win2008-1 上通过"服务器管理器"安装 Web 服务器(IIS)角色,具体步骤如下。

(1) 在"服务器管理器"窗口中单击"添加角色"超链接,启动"添加角色向导"。

(2) 单击"下一步"按钮,显示如图 7-3 所示的"选择服务器角色"对话框,在该对话框中显示了当前系统所有可以安装的网络服务。在"角色"列表框中选中"Web 服务器(IIS)"复选项。

(3) 单击"下一步"按钮,显示"Web 服务器(IIS)"对话框,显示了 Web 服务器的简介、注意事项和其他信息。

(4) 单击"下一步"按钮,显示如图 7-4 所示的"选择角色服务"对话框,默认只选择安装 Web 服务所必需的组件,用户可以根据实际需要选择欲安装的组件(例如,应用程序开发、运行状况和诊断等)。

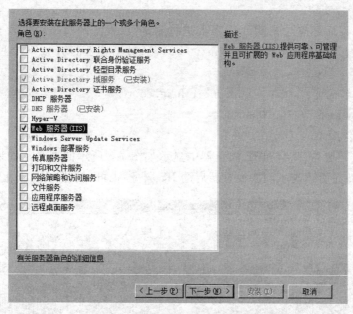

图 7-3　"选择服务器角色"对话框

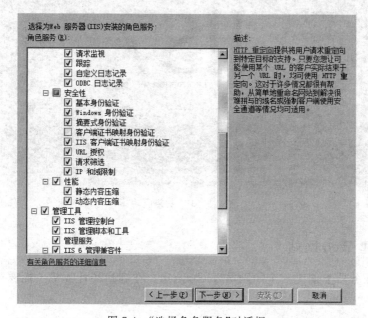

图 7-4　"选择角色服务"对话框

提示：在此将选中"FTP 服务器"复选框，在安装 Web 服务器的同时，也安装了 FTP 服务器。建议"角色服务"各选项全部进行安装，特别是身份验证方式。如果安装不全，后面做网站安全时，会有部分功能不能使用。

（5）选择好要安装的组件后，单击"下一步"按钮，显示"确认安装选择"对话框，显示了前面所进行的设置，检查设置是否正确。

（6）单击"安装"按钮，开始安装 Web 服务器。安装完成后，显示"安装结果"对话框，单击"关闭"按钮完成安装。

安装完 IIS 以后还应对该 Web 服务器进行测试,以检测网站是否正确安装并运行。在局域网中的一台计算机上(本例为 Win2008-2),通过浏览器打开以下 3 种地址格式进行测试。

- DNS 域名地址:http://win2008-1.long.com/。
- IP 地址:http://10.10.10.1/。
- 计算机名:http://win2008-1/。

如果 IIS 安装成功,则会在 IE 浏览器中显示如图 7-5 所示的网页。如果没有显示出该网页,请检查 IIS 是否出现了问题或重新启动 IIS 服务,也可以删除 IIS 重新安装。

图 7-5　IIS 安装成功

### 7.3.2　创建 Web 网站

在 Web 服务器上创建一个新网站 Web,使用户在客户端计算机上能通过 IP 地址和域名进行访问。

**1. 创建使用 IP 地址访问的 Web 网站**

创建使用 IP 地址访问的 Web 网站的具体步骤如下。

1) 停止默认网站(Default Web Site)

以域管理员账户登录到 Web 服务器上,打开"Internet 信息服务(IIS)管理器"控制台。在控制台树中依次展开服务器和"网站"节点。右击 Default Web Site,在弹出的快捷菜单中选择"管理网站"→"停止"命令,即可停止正在运行的默认网站,如图 7-6 所示。停止后默认网站的状态显示为"已停止"。

图 7-6　停止默认网站(Default Web Site)

2) 准备 Web 网站内容

在 C 盘上创建文件夹 C：\web 作为网站的主目录,并在其文件夹同存放在网页 index. htm 中作为网站的首页,网站首页可以用记事本或 Dreamweaver 软件编写。

3) 创建 Web 网站

(1) 在"Internet 信息服务(IIS)管理器"控制台树中展开服务器节点,右击"网站",在弹出的快捷菜单中选择"添加网站"命令,打开"添加网站"对话框。在该对话框中可以指定网站名称、应用程序池、网站内容目录、传递身份验证、网站类型、IP 地址、端口号、主机名以及是否启动网站。在此设置"网站名称"为 web,"物理路径"为 C：\web,"类型"为 http,"IP 地址"为 10.10.10.1,默认端口号为 80,如图 7-7 所示。单击"确定"按钮,完成 Web 网站的创建。

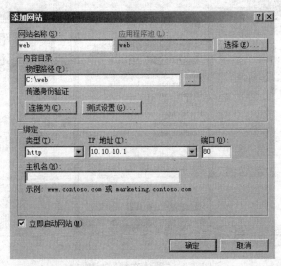

图 7-7　"添加网站"对话框

（2）返回"Internet 信息服务（IIS）管理器"控制台，可以看到刚才所创建的网站已经启动，如图 7-8 所示。

图 7-8　"Internet 信息服务（IIS）管理器"控制台

（3）用户在客户端计算机 Win2008-2 上打开浏览器，输入 http：//10.10.10.1 就可以访问刚才建立的网站了。

**注意**：在图 7-8 中，双击右侧视图中的"默认文档"，打开如图 7-9 所示的"默认文档"对话框。可以对默认文档进行添加、删除及更改顺序的操作。

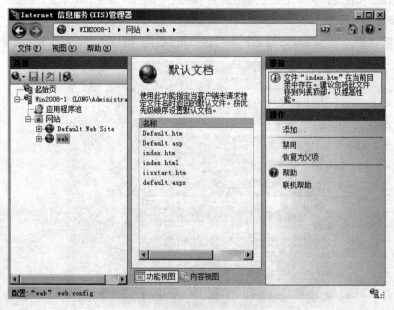

图 7-9　"默认文档"对话框

所谓默认文档,是指在 Web 浏览器中输入 Web 网站的 IP 地址或域名即显示出来的 Web 页面,也就是通常所说的主页(HomePage)。IIS 7.0 默认文档的文件名有 6 种,分别为 default. htm、default. asp、index. htm、index. html、IISstar. htm 和 default. aspx。这也是一般网站中最常用的主页名。如果 Web 网站无法找到这 6 种文件中的任何一种,那么,将在 Web 浏览器上显示"该页无法显示"的提示。默认文档既可以是一个,也可以是多个。当设置多个默认文档时,IIS 将按照排列的前后顺序依次调用这些文档。当第 1 个文档存在时,将直接把它显示在用户的浏览器上,而不再调用后面的文档;当第 1 个文档不存在时,则将第 2 个文档显示给用户,以此类推。

**思考与实践**:由于本例首页文件名为 index. htm,所以在客户端直接输入 IP 地址即可浏览网站。如果网站首页的文件名不在列出的 6 种默认文档中,该如何处理? 请试着做一下。

**2. 创建使用域名访问的 Web 网站**

创建使用域名 www. long. com 访问的 Web 网站,具体步骤如下。

(1) 打开"DNS 管理器"控制台,依次展开服务器和"正向查找区域"节点,单击区域 long. com。

(2) 创建别名记录。右击区域 long. com,在弹出的快捷菜单中选择"新建别名"命令,出现"新建资源记录"对话框。在"别名"文本框中输入"www",在"目标主机的完全合格的域名(FQDN)"文本框中输入 win2008-1. long. com。

(3) 单击"确定"按钮,别名创建完成。

(4) 用户在客户端计算机 Win2008-2 上打开浏览器,输入 http://www. long. com 就可以访问刚才建立的网站了。

**注意**:保证客户端计算机 Win2008-2 的 DNS 服务器的地址是 10. 10. 10. 1。

## 7.3.3　管理 Web 网站的目录

在 Web 网站中,Web 内容文件都会保存在一棵或多棵目录树下,包括 HTML 内容文件、Web 应用程序和数据库等,甚至有的会保存在多台计算机上的多个目录中。因此,为了使其他目录中的内容和信息也能够通过 Web 网站发布,可通过创建虚拟目录来实现。当然,也可以在物理目录下直接创建目录来管理内容。

**1. 虚拟目录与物理目录**

在 Internet 上浏览网页时,经常会看到一个网站下面有许多子目录,这就是虚拟目录。虚拟目录只是一个文件夹,并不一定包含于主目录内,但在浏览 Web 站点的用户看来,就像位于主目录中一样。

对于任何一个网站,都需要使用目录来保存文件。即可以将所有的网页及相关文件都存放到网站的主目录之下,也就是在主目录之下建立文件夹,然后将文件放到这些子文件夹内,这些文件夹也称为物理目录。也可以将文件保存到其他物理文件夹内,如本地计算机或其他计算机内,然后通过虚拟目录映射到这个文件夹,每个虚拟目录都有一个别名。虚拟目录的好处是在不需要改变别名的情况下,可以随时改变其对应的文件夹。

在 Web 网站中,默认发布主目录中的内容。但如果要发布其他物理目录中的内容,就需要创建虚拟目录。虚拟目录也就是网站的子目录，每个网站都可能会有多个子目录，不同的子目录内容不同，在磁盘中会用不同的文件夹来存放不同的文件。例如，使用 BBS 文件夹来存放论坛程序，用 image 文件夹来存放网站图片等。

**2. 创建虚拟目录**

在 www.long.com 对应的网站上创建一个名为 BBS 的虚拟目录，其路径为本地磁盘中的 C：\MY_BBS 文件夹，该文件夹下有个文档 index.htm。具体创建过程如下。

（1）以域管理员身份登录 Win2008-1。在 IIS 管理器中，展开左侧的"网站"目录树，选择要创建虚拟目录的网站 web，右击，在弹出的快捷菜单中选择"添加虚拟目录"命令，显示虚拟目录创建向导，利用该向导可为该虚拟网站创建不同的虚拟目录。

（2）在"别名"文本框中设置该虚拟目录的别名，本例为 BBS，用户用该别名来连接虚拟目录，该别名必须唯一，不能与其他网站或虚拟目录重名。在"物理路径"文本框中输入该虚拟目录的文件夹路径，或单击"浏览"按钮进行选择，本例为 C：\MY_BBS。这里既可以使用本地计算机上的路径，也可以使用网络中的文件夹路径。设置完成后如图 7-10 所示。

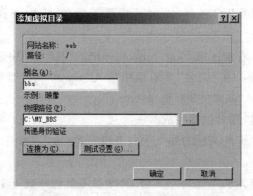

图 7-10　"添加虚拟目录"对话框

（3）用户在客户端计算机 Win2008-2 上打开浏览器，输入 http：//www.long.com/bbs 就可以访问 C：\MY_BBS 里的默认网站了。

## 7.3.4　管理 Web 网站的安全

Web 网站安全的重要性是由 Web 应用的广泛性和 Web 在网络信息系统中的重要地位决定的。尤其是当 Web 网站中的信息非常敏感，只允许特殊用户才能浏览时，数据的加密传输和用户的授权就成为网络安全的重要组成部分。

**1. Web 网站身份验证简介**

身份验证是验证客户端访问 Web 网站身份的行为。一般情况下，客户端必须提供某些证据（一般称为凭据）来证明其身份。

通常，凭据包括用户名和密码，Internet 信息服务（IIS）和 ASP.NET 都提供以下几种身份验证方案。

- 匿名身份验证。允许网络中的任意用户进行访问，不需要使用用户名和密码登录。
- ASP.NET 模拟。如果要在非默认安全上下文中运行 ASP.NET 应用程序，使用 ASP.NET 模拟身份验证。如果对某个 ASP.NET 应用程序启用了模拟，那么该应用程序可以运行在以下两种不同的上下文中：作为通过 IIS 身份验证的用户或作为设置的任意账户。例如，如果要使用的是匿名身份验证，并选择作为已通过身份验证的用户运行 ASP. NET 应用程序，那么该应用程序将在为匿名用户设置的账户（通常为 IUSR）下运行。同样，如果选择在任意账户下运行应用程序，则它将运行在为该账户设置的任意安全上下文中。

- 基本身份验证。需要用户输入用户名和密码，然后以明文方式通过网络将这些信息传送到服务器，经过验证后方可允许用户访问。
- Forms 身份验证。使用客户端重定向来将未经过身份验证的用户重定向至一个 HTML 表单，用户可在该表单中输入凭据，通常是用户名和密码。确认凭据有效后，系统将用户重定向至它们最初请求的页面。
- Windows 身份验证。使用哈希技术来标识用户，而不通过网络实际发送密码。
- 摘要式身份验证。与"基本身份验证"非常类似，所不同的是将密码作为"哈希"值发送。摘要式身份验证仅用于 Windows 域控制器的域。

使用这些方法可以确认任何请求访问网站的用户的身份，以及授予访问站点公共区域的权限，同时又可防止未经授权的用户访问专用文件和目录。

**2. 禁止使用匿名账户访问 Web 网站**

设置 Web 网站安全，使所有用户不能匿名访问 Web 网站，而只能以 Windows 身份验证访问。具体步骤如下。

1）禁用匿名身份验证

（1）以域管理员身份登录 Win2008-1。在 IIS 管理器中展开左侧的"网站"目录树，单击网站"web"，在"功能视图"界面中找到"身份验证"并双击打开，可以看到 Web 网站默认启用的是"匿名身份验证"，也就是说任何人都能访问 Web 网站，如图 7-10 所示。

（2）选择"匿名身份验证"，然后单击"操作"界面中的"禁用"按钮，即可禁用 Web 网站的匿名访问。

2）启用 Windows 身份验证

在图 7-11"身份验证"窗口中选择"Windows 身份验证"，然后单击"操作"界面中的"启用"按钮，即可启用该身份验证方法。

3）在客户端计算机 Win2008-2 上测试

用户在客户端计算机 Win2008-2 上打开浏览器，输入 http：//www. long. com/访问网站，弹出如图 7-12 所示的"Windows 安全"对话框，输入能被 Web 网站进行身份验证的用户账户和密码，在此输入 administrator 账户进行访问，然后单击"确定"按钮即可访问 Web 网站。

提示：为方便后面的网站设置工作，请将网站访问改为匿名后继续进行。

**3. 限制访问 Web 网站的客户端数量**

设置"限制连接数"限制访问 Web 网站的用户数量为 1，具体步骤如下。

1）设置 Web 网站限制连接数

（1）以域管理员账户登录到 Web 服务器上，打开"Internet 信息服务（IIS）管理器"控制台，依次展开服务器和"网站"节点，单击网站"web"，然后在"操作"界面中单击"配置"区域

图 7-11　"身份验证"窗口

图 7-12　"Windows 安全"对话框

的"限制"按钮，如图 7-13 所示。

（2）在打开的"编辑网站限制"对话框中选中"限制连接数"复选框，并设置要限制的连接数为 1，最后单击"确定"按钮，即可完成"限制连接数"的设置，如图 7-14 所示。

2）在 Web 客户端计算机上测试限制连接数

（1）在客户端计算机 Win2008-2 上打开浏览器，输入 http：//www.long.com/，访问网站，则访问正常。

（2）在"虚拟服务管理器"中创建一台虚拟机，计算机名为 Win2008-3，IP 地址为 10.10.10.3/24，DNS 服务器为 10.10.10.1。

（3）在客户端计算机 Win2008-3 上打开浏览器，输入 http：//www.long.com/，访问网站，显示图 7-15 所示页面，表示超过网站限制连接数。

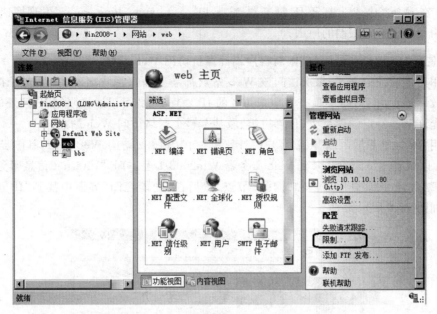

图 7-13  "Internet 信息服务(IIS)管理器"控制台

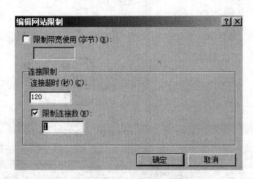

图 7-14  设置"限制连接数"

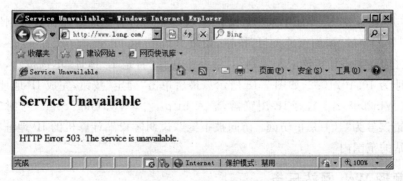

图 7-15  访问 Web 网站时超过限制连接数

**4. 使用"限制带宽使用"限制客户端访问 Web 网站**

(1) 在图 7-14 中,选中"限制带宽使用(字节)"复选框,并设置要限制的带宽数为 1024。
最后单击"确定"按钮,即可完成"限制带宽使用"的设置。

（2）在 Win2008-2 上打开 IE 浏览器，输入 http：//www.long.com/，发现网速非常慢，这是因为设置了带宽限制的原因。

**5. 使用"IP 地址和域限制"限制客户端计算机访问 Web 网站**

使用用户验证的方式，每次访问该 Web 站点都需要输入用户名和密码，对于授权用户而言比较麻烦。由于 IIS 会检查每个来访者的 IP 地址，因此可以通过限制 IP 地址的访问来防止或允许某些特定的计算机、计算机组、域甚至整个网络访问 Web 站点。

使用"IP 地址和域限制"限制客户端计算机 10.10.10.2 访问 Web 网站，具体步骤如下。

（1）以域管理员账户登录到 Web 服务器 Win2008-1 上，打开"Internet 信息服务（IIS）管理器"控制台，依次展开服务器和"网站"节点，然后在"功能视图"界面中找到"IP 地址和域限制"，如图 7-16 所示。

图 7-16　IP 地址和域限制

（2）双击"功能视图"界面中的"IP 地址和域限制"，打开"IP 地址和域限制"设置界面，单击"操作"界面中的"添加拒绝条目"按钮，如图 7-17 所示。

（3）在打开的"添加拒绝限制规则"对话框中选择"特定 IP 地址"单选按钮，并设置要拒绝的 IP 地址为 10.10.10.2，如图 7-18 所示。最后单击"确定"按钮，完成 IP 地址的限制。

（4）在 Win2008-2 上打开 IE 浏览器，输入 http：//www.long.com/，这时客户机不能访问，显示错误号为"404-禁止访问：访问被拒绝"，说明客户端计算机的 IP 地址在被拒绝访问 Web 网站的范围内。

## 7.3.5　管理 Web 网站日志

每个网站的用户和服务器活动时都会生成相应的日志，这些日志中记录了用户和服务器的活动情况。IIS 日志数据可以记录用户对内容的访问，确定哪些内容比较受欢迎，还可以记录有哪些用户非法入侵网站，来确定计划安全要求和排除潜在的网站问题等。

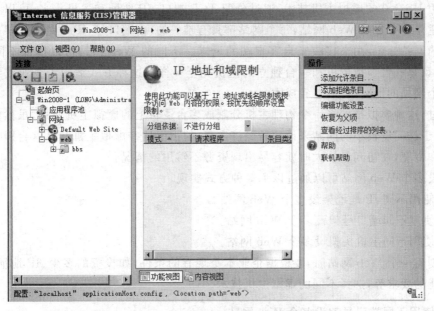

图 7-17　"IP 地址和域限制"设置界面

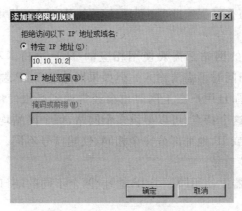

图 7-18　"添加拒绝限制规则"对话框

## 7.3.6　架设多个 Web 网站

Web 服务的实现采用客户/服务器模式,信息提供者称为服务器,信息的需要者或获取者称为客户。作为服务器的计算机中安装有 Web 服务器端程序(如 Netscape iplanet Web Server、Microsoft Internet Information Server 等),并且保存有大量的公用信息,随时等待用户的访问。作为客户的计算机中则安装 Web 客户端程序,即 Web 浏览器,可通过局域网或 Internet 从 Web 服务器中浏览或获取信息。

使用 IIS 7.0 可以很方便地架设 Web 网站。虽然在安装 IIS 时系统已经建立了一个现成的默认 Web 网站,直接将网站内容放到其主目录或虚拟目录中即可直接浏览,但最好还是要重新设置,以保证网站的安全。如果需要,还可在一台服务器上建立多台虚拟主机来实现多个 Web 网站,这样可以节约硬件资源、节省空间、降低能源成本。

　　使用 IIS 7.0 的虚拟主机技术，通过分配 TCP 端口、IP 地址和主机头名，可以在一台服务器上建立多个虚拟 Web 网站，每个网站都具有唯一的、由端口号、IP 地址和主机头名 3 部分组成的网站标识，用来接收来自客户端的请求。不同的 Web 网站可以提供不同的 Web 服务，而且每一台虚拟主机和一台独立的主机完全一样。这种方式适用于企业或组织需要创建多个网站的情况，可以节省成本。

　　不过，这种虚拟技术将一个物理主机分割成多台逻辑上的虚拟主机使用，虽然能够节省经费，对于访问量较小的网站来说比较经济实惠，但由于这些虚拟主机共享这台服务器的硬件资源和带宽，在访问量较大时就容易出现资源不够用的情况。

　　架设多个 Web 网站可以通过以下 3 种方式实现。

- 使用不同 IP 地址架设多个 Web 网站。
- 使用不同端口号架设多个 Web 网站。
- 使用不同主机头架设多个 Web 网站。

　　在创建一个 Web 网站时，要根据企业本身现有的条件，如投资的多少、IP 地址的多少、网站性能的要求等，选择不同的虚拟主机技术。

### 1. 使用不同端口号架设多个 Web 网站

　　如今 IP 地址资源越来越紧张，有时需要在 Web 服务器上架设多个网站，但计算机却只有一个 IP 地址，这时该怎么办呢？此时，利用这一个 IP 地址，使用不同的端口号也可以达到架设多个网站的目的。

　　其实，用户访问所有的网站都需要使用相应的 TCP 端口。不过，Web 服务器默认的 TCP 端口为 80，在用户访问时不需要输入。但如果网站的 TCP 端口不为 80，在输入网址时就必须添加上端口号了，而且用户在上网时也会经常遇到必须使用端口号才能访问网站的情况。利用 Web 服务的这个特点，可以架设多个网站，每个网站均使用不同的端口号，这种方式创建的网站，其域名或 IP 地址部分完全相同，仅端口号不同。只是，用户在使用网址访问时必须添加上相应的端口号。

　　在同一台 Web 服务器上使用同一个 IP 地址、两个不同的端口号（80、8080）创建两个网站，具体步骤如下。

　　1）新建第 2 个 Web 网站

　　（1）以域管理员账户登录到 Web 服务器 Win2008-1 上。

　　（2）在"Internet 信息服务（IIS）管理器"控制台中，创建第 2 个 Web 网站，"网站名称"为 web2，"物理路径"为 C：\web2，"IP 地址"为 10.10.10.1，"端口"为 8080，如图 7-19 所示。

　　2）在客户端上访问两个网站

　　在 Win2008-2 上打开 IE 浏览器，分别输入 http：//10.10.10.1 和 http：//10.10.10.1：8080，这时会发现打开了两个不同的网站 web 和 web2。

### 2. 使用不同的主机头名架设多个 Web 网站

　　使用 www.long.com 访问第 1 个 Web 网站，使用 www2.long.com 访问第 2 个 Web 网站。具体步骤如下。

　　1）在区域 long.com 上创建别名记录

　　（1）以域管理员账户登录到 Web 服务器 Win2008-1 上。

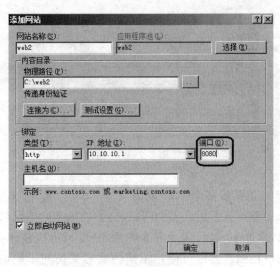

图 7-19   "添加网站"对话框

（2）打开"DNS 管理器"控制台，依次展开服务器和"正向查找区域"节点，单击区域 long.com。

（3）创建别名记录。右击区域 long.com，在弹出的快捷菜单中选择"新建别名"命令，出现"新建资源记录"对话框。在"别名"文本框中输入 www2，在"目标主机的完全合格的域名（FQDN）"文本框中输入 win2008-1.long.com。

（4）单击"确定"按钮，别名创建完成。

2）设置 Web 网站的主机名

（1）以域管理员账户登录到 Web 服务器上，打开第 1 个 Web 网站"web"的"编辑网站绑定"对话框，在"主机名"文本框中输入 www.long.com，"端口"为 80，"IP 地址"为 10.10.10.1，如图 7-20 所示。最后单击"确定"按钮即可。

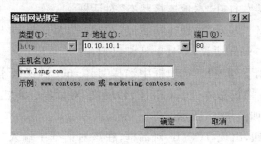

图 7-20   设置第 1 个 Web 网站的主机名

（2）打开第 2 个 Web 网站"web2"的"编辑网站绑定"对话框，在"主机名"文本框中输入 www2.long.com，"端口"为 80，"IP 地址"为 10.10.10.1，如图 7-21 所示。最后单击"确定"按钮即可。

3）在客户端上访问两个网站

在 Win2008-2 上打开 IE 浏览器，分别输入 http://www.long.com/ 和 http://www2.long.com/，这时会发现打开了两个不同的网站"web"和"web2"。

图 7-21　设置第 2 个 Web 网站的主机名

### 3. 使用不同的 IP 地址架设多个 Web 网站

如果要在一台 Web 服务器上创建多个网站，为了使每个网站域名都能对应于独立的 IP 地址，一般都使用多 IP 地址来实现，这种方案称为 IP 虚拟主机技术，也是比较传统的解决方案。当然，为了使用户在浏览器中可使用不同的域名来访问不同的 Web 网站，必须将主机名及其对应的 IP 地址添加到域名解析系统（DNS）。如果使用此方法在 Internet 上维护多个网站，也需要通过 InterNIC 注册域名。

要使用多个 IP 地址架设多个网站，首先需要在一台服务器上绑定多个 IP 地址。而 Windows Server 2003 及 Windows Server 2008 操作系统均支持一台服务器上安装多块网卡，一块网卡可以绑定多个 IP 地址。再将这些 IP 地址分配给不同的虚拟网站，就可以达到一台服务器利用多个 IP 地址来架设多个 Web 网站的目的。例如，要在一台服务器上创建两个网站 linux.long.com 和 windows.long.com，所对应的 IP 地址分别为 10.10.10.2 和 10.10.10.4。需要在服务器网卡中添加这两个地址。具体步骤如下。

1）在 Win2008-1 上添加两个 IP 地址

（1）以域管理员账户登录到 Web 服务器上，右击桌面右下角任务托盘区域的网络连接图标，选择快捷菜单中的"网络和共享中心"命令，打开 "网络和共享中心"窗口。

（2）单击"本地连接"，打开"本地连接状态"对话框。

（3）单击"属性"按钮，显示"本地连接属性"对话框。Windows Server 2008 中包含 IPv6 和 IPv4 两个版本的 Internet 协议，并且默认都已启用。

（4）在"此连接使用下列项目"选项框中选择"Internet 协议版本 4（TCP/IP）"，单击"属性"按钮，显示"Internet 协议版本 4（TCP/IPv4）属性"对话框。单击"高级"按钮，打开"高级 TCP/IP 设置"对话框，如图 7-22 所示。

（5）单击"添加"按钮，出现 TCP/IP 对话框，在该对话框中输入"IP 地址"为 10.10.10.4，"子网掩码"为 255.255.255.0。单击"确定"按钮，完成设置。

2）更改第 2 个网站的 IP 地址和端口号

以域管理员账户登录到 Web 服务器上，打开第 2 个 Web 网站"web"的"编辑网站绑定"对话框，在"主机名"文本框中不输入内容，"端口"为 80，"IP 地址"为 10.10.10.4，如图 7-23 所示。最后单击"确定"按钮即可。

3）在客户端上进行测试

在 Win2008-2 上打开 IE 浏览器，分别输入 http：//10.10.10.2 和 http：//10.10.10.4，这时会发现打开了两个不同的网站"web"和"web2"。

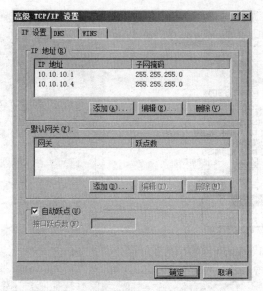

图 7-22　"高级 TCP/IP 设置"对话框

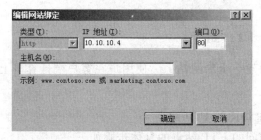

图 7-23　"编辑网站绑定"对话框

## 7.3.7　安装 FTP 发布服务角色服务

在计算机 Win2008-1 上通过"服务器管理器"安装 Web 服务器(IIS)角色,具体步骤如下。

(1) 在"服务器管理器"窗口中单击"添加角色"超链接,启动"添加角色向导"。

(2) 单击"下一步"按钮,显示"选择服务器角色"对话框,在该对话框中显示了当前系统所有可以安装的网络服务。在"角色"列表框中选中"Web 服务器(IIS)"复选框。

(3) 单击"下一步"按钮,显示"Web 服务器(IIS)"对话框,显示了 Web 服务器的简介、注意事项和其他信息。

(4) 单击"下一步"按钮,显示"选择角色服务"对话框,在该对话框中只需选择"IIS 6 元数据库兼容性"和"FTP 服务器"角色服务即可,而"FTP 服务器"包含 FTP Service 和"FTP 扩展",如图 7-24 所示。

(5) 后面的安装过程,与 7.3.2 小节内容相似,不再赘述。

**提示**：FTP 7.0 是微软最新的 FTP 服务器,在 Windows Server 2008 R2 中包含该版本。Windows Server 2008 稍前的版本不包含 FTP 7.0 服务器版本。如果服务器中不包含 FTP 7.0 服务器最新版本,建议在微软官方网站上下载。

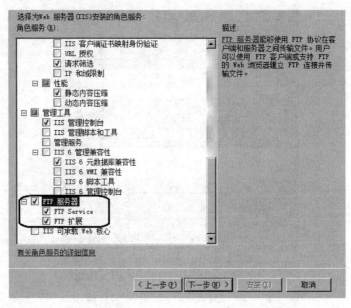

图 7-24 "选择角色服务"对话框

### 7.3.8 创建和访问 FTP 站点

在 FTP 服务器上创建一个新网站 ftp,使用户在客户端计算机上能通过 IP 地址和域名进行访问。

**1. 创建使用 IP 地址访问的 FTP 站点**

创建使用 IP 地址访问的 FTP 站点的具体步骤如下。

1) 准备 FTP 主目录

在 C 盘上创建文件夹 C:\ftp 作为 FTP 主目录,并在其文件夹同存放在一个文件 ftile1.txt 中供用户在客户端计算机上下载和上传测试。

**注意**:请添加 Network Service 用户,使其对 FTP 主目录有完全控制的权限。

2) 创建 FTP 站点

(1) 在"Internet 信息服务(IIS)管理器"控制台树中右击服务器 Win2008-1,在弹出的快捷菜单中选择"添加 FTP 站点"命令,如图 7-25 所示,打开"添加 FTP 站点"对话框,如图 7-26 所示。

(2) 在"FTP 站点名称"文本框中输入 ftp,"物理路径"为 C:\ftp。

(3) 单击"下一步"按钮,打开如图 7-27 所示的"绑定和 SSL 设置"对话框,在"IP 地址"文本框中输入 10.10.10.1,"端口"为 21,在 SSL 选项下选中"无"单选按钮。

(4) 单击"下一步"按钮,打开如图 7-28 所示的"身份验证和授权信息"对话框,输入相应的信息。本例允许匿名访问,并且也允许特定用户访问。

**注意**:访问 FTP 服务器主目录的最终权限由此处的权限与用户对 FTP 主目录的 NTFS 权限共同作用,哪一个严格取哪一个。

3) 测试 FTP 站点

用户在客户端计算机 Win2008-2 上打开浏览器,输入 ftp://10.10.10.1,就可以访问

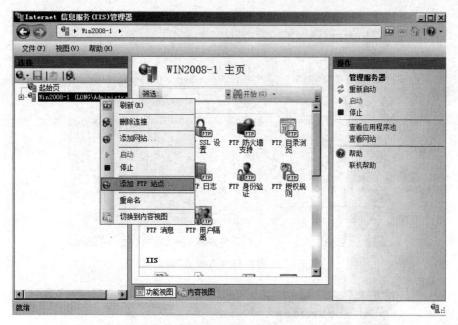

图 7-25　在"Internet 信息服务(IIS)管理器"中添加 FTP 站点

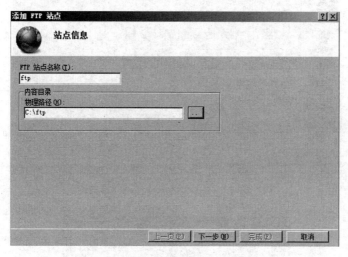

图 7-26　"添加 FTP 站点"对话框

刚才建立的 FTP 站点。

### 2. 创建使用域名访问的 FTP 站点

创建使用域名访问的 FTP 站点的具体步骤如下。

1) 在 DNS 区域中创建别名

（1）以管理员账户登录到 DNS 服务器 Win2008-1 上，打开"DNS 管理器"控制台，在控制台树中依次展开服务器和"正向查找区域"节点，然后右击区域 long.com，在弹出的快捷菜单中选择"新建别名"命令，打开"新建资源记录"对话框，如图 7-29 所示。

（2）在该对话框"别名（如果为空则使用父域）"文本框中输入别名 ftp，在"目标主机的完全合格的域名(FQDN)"文本框中输入 FTP 服务器的完全合格域名，在此输入 win2008-1.long.com。

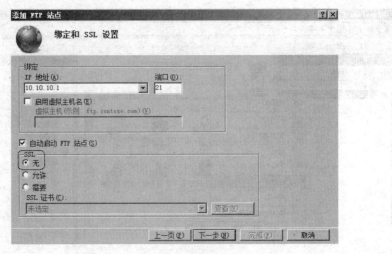

图 7-27 "绑定和 SSL 设置"对话框

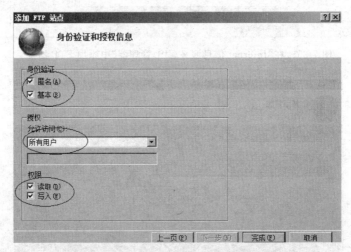

图 7-28 "身份验证和授权信息"对话框

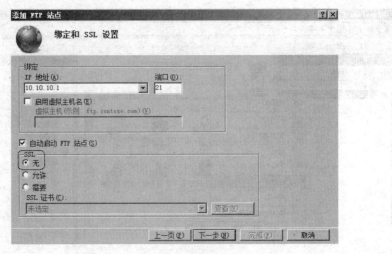

图 7-29 "新建资源记录"对话框

（3）单击"确定"按钮，完成别名记录的创建。

2）测试 FTP 站点

用户在客户端计算机 Win2008-2 上打开浏览器，输入 ftp：//ftp.long.com/，就可以访问刚才建立的 FTP 站点，如图 7-30 所示。

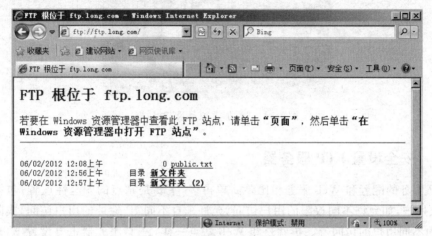

图 7-30　使用完全合格域名（FQDN）访问 FTP 站点

## 7.3.9　创建 FTP 虚拟目录

使用虚拟目录可以在服务器硬盘上创建多个物理目录，或者引用其他计算机上的主目录，从而为不同上传或下载服务的用户提供不同的目录，并且可以为不同的目录分别设置不同的权限，如读取、写入等。使用 FTP 虚拟目录时，由于用户不知道文件的具体储存位置，从而使文件存储更加安全。

在 FTP 站点上创建虚拟目录 xunimulu 的具体步骤如下。

### 1. 准备虚拟目录内容

以管理员账户登录到 DNS 服务器 Win2008-1 上创建文件夹 C：\xuni，作为 FTP 虚拟目录的主目录，在该文件夹下存入一个文件 test.txt，供用户在客户端计算机上下载。

### 2. 创建虚拟目录

（1）在"Internet 信息服务（IIS）管理器"控制台树中依次展开 FTP 服务器和"FTP 站点"，右击刚才创建的站点 ftp，在弹出的快捷菜单中选择"添加虚拟目录"，打开"添加虚拟目录"对话框，如图 7-31 所示。

（2）在"别名"文本框中输入 xunimulu，在"物理路径"文本框中输入 C：\xuni。

### 3. 测试 FTP 站点的虚拟目录

用户在客户端计算机 Win2008-2 上打开浏览器，输入 ftp：//ftp.long.com/xunimulu 或者 ftp：//10.10.10.1/xunimulu，就可以访问刚才建立的 FTP 站点的虚拟目录了。

提示：在各种服务器的配置中，要时刻注意账户的 NTFS 权限，避免由于 NTFS 权限设置不当而无法完成相关配置。

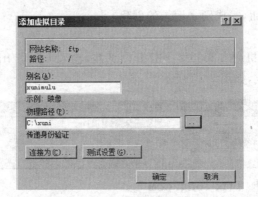

图 7-31 "添加虚拟目录"对话框

### 7.3.10 安全设置 FTP 服务器

FTP 服务的配置和 Web 服务相比要简单得多,主要是站点的安全性设置,包括指定不同的授权用户,如允许不同权限的用户访问,允许来自不同 IP 地址的用户访问,或限制不同 IP 地址的不同用户的访问等。再就是和 Web 站点一样,FTP 服务器也要设置 FTP 站点的主目录和性能等。

#### 1. 设置 IP 地址和端口

(1) 在"Internet 信息服务(IIS)管理器"控制台树中,依次展开 FTP 服务器,选择 FTP 站点 ftp。然后单击操作列的"绑定"按钮,打开"网站绑定"对话框,如图 7-32 所示。

图 7-32 "网站绑定"对话框

(2) 选择 ftp 条目后,单击"编辑"按钮,完成 IP 地址和端口号的更改。

**2. 其他配置**

在"Internet 信息服务(IIS)管理器"控制台树中依次展开 FTP 服务器,选择 FTP 站点 ftp。可以分别进行"FTP IPv4 地址和域限制""FTP SSL 设置""FTP 当前会话""FTP 防火墙支持""FTP 目录浏览""FTP 请求筛选""FTP 日志""FTP 身份验证""FTP 授权规则""FTP 消息""FTP 用户隔离"等内容的设置或浏览,如图 7-33 所示。

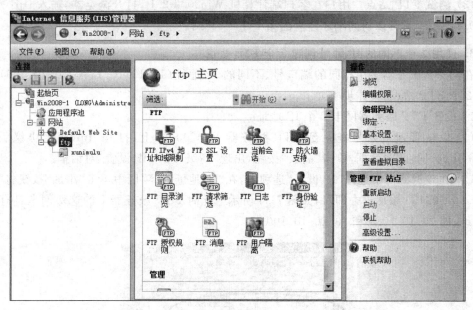

图 7-33　"ftp 主页"对话框

在"操作"列,可以进行"浏览""编辑权限""绑定""基本设置""查看应用程序""查看虚拟目录""重新启动 FTP 站点""启动或停止 FTP 站点"和"高级设置"等操作。

## 7.3.11　创建 FTP 虚拟主机

**1. 虚拟主机简介**

一个 FTP 站点是由一个 IP 地址和一个端口号唯一标识,改变其中的任意一项均标识不同的 FTP 站点,但是在 FTP 服务器上,通过"Internet 信息服务(IIS)管理器"控制台只能创建一个 FTP 站点。在实际的应用环境中有时需要在一台服务器上创建两个不同的 FTP 站点,这就涉及虚拟主机的问题。

在一台服务器上创建的两个 FTP 站点默认只能启动其中一个站点,那么我们可以更改 IP 地址或是端口号两种方法来解决这个问题。

可以使用多个 IP 地址和多个端口来创建多个 FTP 站点。尽管使用多个 IP 地址来创建多个站点是常见并且推荐的操作,但由于在默认情况下,当使用 FTP 协议时,客户端会调用端口 21,这种情况会变得非常复杂。因此,如果要使用多个端口来创建多个 FTP 站点,需要将新端口号通知用户,以便它们的 FTP 客户能够找到并连接到该端口。

**2. 使用相同 IP 地址、不同端口号创建 2 个 FTP 站点**

在同一台服务器上使用相同的 IP 地址、不同的端口号(21、2121)同时创建 2 个 FIP 站点,具体步骤如下。

(1) 以域管理员账户登录到 FTP 服务器 Win2008-1 上,创建 C：\ftp2 文件夹作为第 2 个 FTP 站点的主目录,并在其文件夹内放入一些文件。

(2) 接着创建第 2 个 FTP 站点,站点的创建请参见 7.3.4 小节的相关内容,只是在设置端口号时一定设为 2121。

(3) 测试 FTP 站点。用户在客户端计算机 Win2008-2 上,打开浏览器,输入 ftp：//10. 10.10.1：2121 就可以访问刚才建立的第 2 个 FTP 站点了。

**3. 使用 2 个不同的 IP 地址创建 2 个 FTP 站点**

在同一台服务器上用相同的端口号、不同的 IP 地址(10.10.10.1、10.10.10.100)同时创建 2 个 FTP 站点,具体步骤如下。

1) 设置 FTP 服务器网卡 2 个 IP 地址

(1) 以域管理员账号登录到 FTP 服务器 Win2008-1 上,打开"Internet 协议版本 4 (TCP/IPv4)属性"对话框,单击"高级"按钮,出现"高级 TCP/IP 设置"对话框。

(2) 在该对话框中选择"IP 设置"选项卡,在"IP 地址"选项区中单击"添加"按钮将 IP 地址 10.10.10.100 添加进去即可,如图 7-34 所示。此时 FTP 服务器上的这块网卡具有 2 个 IP 地址,即 10.10.10.1 和 10.10.10.100。

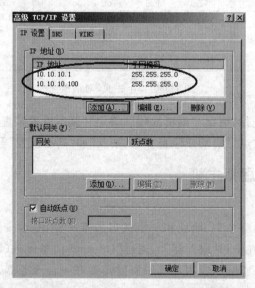

图 7-34　在网卡上添加第 2 个 IP 地址

2) 更改第 2 个 FTP 站点的 IP 地址

(1) 在"Internet 信息服务(IIS)管理器"控制台树中依次展开 FTP 服务器,选择 FTP 站点 ftp2。然后单击操作列的"绑定"按钮,打开"编辑网站绑定"对话框。

(2) 选择 ftp 条目后,单击"编辑"按钮,将 IP 地址改为 10.10.10.100,端口号改为 21,如图 7-35 所示。

(3) 单击"确定"按钮完成更改。

3) 测试 FTP 的第 2 个站点。

用户在客户端计算机 Win2008-2 上打开浏览器,输入 ftp：//10.10.10.100 就可以访问

图 7-35　"编辑网站绑定"对话框

刚才建立的第 2 个 FTP 站点了。

## 7.3.12　配置与使用客户端

任何一种服务器的搭建,其目的都是应用。FTP 服务也一样,搭建 FTP 服务器的目的就是方便用户上传和下载文件。当 FTP 服务器建立成功并提供 FTP 服务后,用户就可以访问了,一般主要使用两种方式访问 FTP 站点,一是利用标准的 Web 浏览器;二是利用专门的 FTP 客户端软件,以实现 FTP 站点的浏览、下载和上传文件。

### 1. FTP 站点的访问

根据 FTP 服务器所赋予的权限,用户可以浏览、上传或下载文件,但使用不同的访问方式,其操作方法也不相同。

1) Web 浏览器访问

Web 浏览器除了可以访问 Web 网站外,还可以用来登录 FTP 服务器。

匿名访问时的格式为

`ftp://FTP 服务器地址`

非匿名访问 FTP 服务器的格式为

`ftp://用户名:密码@FTP 服务器地址`

登录到 FTP 站点以后,就可以像访问本地文件夹一样使用了。如果要下载文件,可以先复制一个文件,然后粘贴到本地文件夹中即可;若要上传文件,可以先从本地文件夹中复制一个文件,然后在 FTP 站点文件夹中粘贴,即可自动上传到 FTP 服务器。如果具有"写入"权限,还可以重命名、新建或删除文件或文件夹。

2) FTP 软件访问

大多数访问 FTP 站点的用户都会使用 FTP 软件,因为 FTP 软件不但方便,而且和 Web 浏览器相比,它的功能更加强大。比较常用的 FTP 客户端软件有 CuteFTP、FlashFXP、LeapFTP 等。

### 2. 虚拟目录的访问

当利用 FTP 客户端软件连接至 FTP 站点时,所列出的文件夹中并不会显示虚拟目录,因此,如果想显示虚拟目录,必须切换到虚拟目录。

如果使用 Web 浏览器方式访问 FTP 服务器,可在"地址"栏中输入地址时,直接在后面添加虚拟目录的名称。格式为

```
ftp://FTP 服务器地址/虚拟目录名称
```

这样就可以直接连接到 FTP 服务器的虚拟目录中。

如果使用 FlashFXP 等 FTP 软件连接 FTP 站点，可以在建立连接时，在"远程路径"文本框中输入虚拟目录的名称；如果已经连接到了 FTP 站点，要切换到 FTP 虚拟目录，可以在文件列表框中右击，在弹出的快捷菜单中选择"更改文件夹"命令，在"文件夹名称"文本框中输入要切换到的虚拟目录名称。

### 7.3.13 设置 AD 隔离用户 FTP 服务器

FTP 用户隔离相当于专业 FTP 服务器的用户目录锁定功能，实际上是将用户限制在自己的目录中，防止用户查看或覆盖其他用户的内容。

有 3 种隔离模式可供选择，其含义如下。

- 不隔离用户：这是 FTP 的默认模式。该模式不启用 FTP 用户隔离。在使用这种模式时，FTP 客户端用户可以访问其他用户的 FTP 主目录。这种模式最适合于只提供共享内容下载功能的站点，或者不需要在用户间进行数据保护的站点。

- 隔离用户：当使用这种模式时，所有用户的主目录都在单一 FTP 主目录下，每个用户均被限制在自己的主目录中，用户名必须与相应的主目录相匹配，不允许用户浏览除自己主目录之外的其他内容。如果用户需要访问特定的共享文件夹，需要为该用户再创建一个虚拟根目录。如果 FTP 是独立的服务器，并且用户数据需要相互隔离，那么应当选择该方式。需要注意的是，当使用该模式创建了上百个主目录时，服务器性能会大幅下降。

- 用 Active Directory 隔离用户：使用这种模式时，服务器中必须安装 Active Directory。这种模式根据相应的 Active Directory 验证用户凭据，为每个客户指定特定的 FTP 服务器实例，以确保数据完整性及隔离性。当用户对象在活动目录中时，可以将 FTPRoot 和 FTPDir 属性提取出来，为用户主目录提供完整路径。如果 FTP 服务能成功地访问该路径，则用户被放在代表 FTP 根位置的该主目录中，用户只能看见自己的 FTP 根位置，因此，受限制而无法向上浏览目录树。如果 FTPRoot 或 FTPDir 属性不存在，或它们无法共同构成有效、可访问的路径，用户将无法访问。如果 FTP 服务器已经加入域，并且用户数据需要相互隔离，则应当选择该方式。

创建基于 Active Directory 隔离用户的 FTP 服务器的具体步骤如下。

**1. 建立主 FTP 目录与用户 FTP 目录**

以域管理员账户登录到 FTP 服务器 Win2008-1 上，创建 C：\ftproot 文件夹、C：\ftproot\user1 和 C：\ftproot\user2 子文件夹。

**2. 建立组织单位及用户账户**

打开"Active Directory 用户和计算机"管理工具，建立组织单位 ftpuser，建立用户账户，即用户 user1 和 user2，再创建一个让 FTP 站点可以读取用户属性的域用户账户 ftpuser，如图 7-36 所示。

**3. 创建有权限读取 FTPRoot 与 FTPDir 两个属性的账户**

（1）FTP 站点必须能够读取位于 AD 内的域用户账户的 FTPRoot 与 FTPDir 两个属

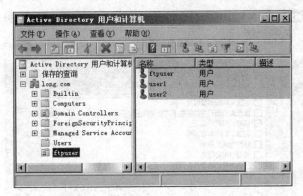

图 7-36  创建组织单位和用户账户

性,才能够得知该用户主目录的位置,因此我们先要为 FTP 站点创建一个有权限读取这两个属性的用户账户,通过委派控制来实现。右击 long. com 的 Domain Controllers,选择"委派控制"命令,根据向导添加用户 ftpuser,如图 7-37 所示。

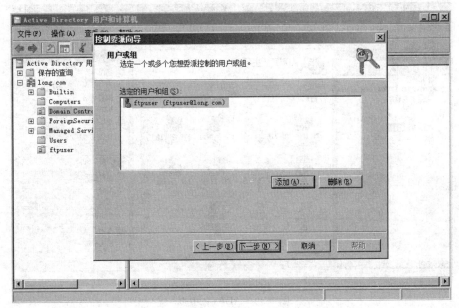

图 7-37  "控制委派向导"中的"用户或组"对话框

(2)单击"下一步"按钮,设置委派任务,如图 7-38 所示。

### 4. 新建 FTP 站点

(1)参照 7.3.3 小节内容创建 FTP 站点 ADFTP,如图 7-39 所示。

(2)在图 7-39 中,双击"FTP 用户隔离"按钮,打开"FTP 用户隔离"对话框。选中"在 Active Directory 中配置的 FTP 主目录"单选按钮。

(3)单击"设置"按钮,打开"设置凭据"对话框,指定用来访问 Active Directory 域的用户名和密码,如图 7-40 所示。

(4)单击"确定"按钮,返回 FTP 站点主页。单击"操作"列的"应用"按钮,保存并应用更改。

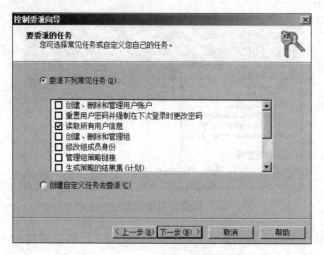

图 7-38 "要委派的任务"对话框

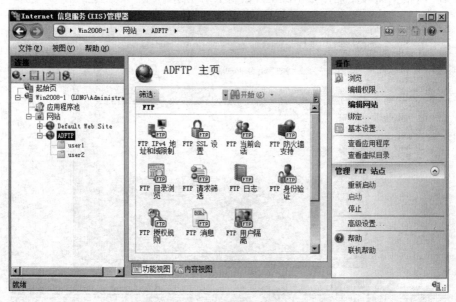

图 7-39 ADFTP 主页

（5）根据访问需要设置 ftpuser、user1 和 user2 对文件夹 C：\ftproot 及其子文件夹的 NTFS 权限。至此成功建立 AD 隔离用户 FTP 服务器，站点名称为 ADFTP。

**5. 在 AD 数据库中设置用户的主目录**

（1）在 Win2008-1 服务器上，在"运行"文本框中输入 adsiedit. msc，打开"ADSI 编辑器"窗口。选择"操作"→"连接到"命令，连接到当前服务器。

（2）依次展开左侧的目录树，右击 CN＝user1，在弹出的快捷菜单中选择"属性"命令，打开"CN＝user1 属性"对话框，如图 7-41 所示。

（3）选中 msIIS-FTPDir，然后单击"编辑"按钮，出现"字符串属性编辑器"对话框。在此输入用户 user1 的 FTP 主目录，即 user1，如图 7-42 所示。

（4）选中 msIIS-FTPRoot，然后单击"编辑"按钮，出现"字符串属性编辑器"对话框。在

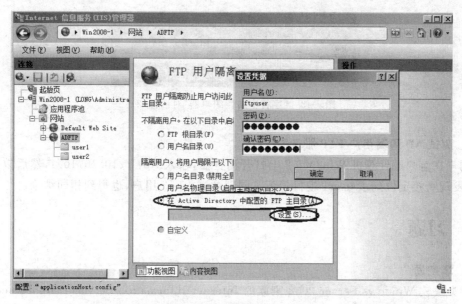

图 7-40　"设置凭据"对话框

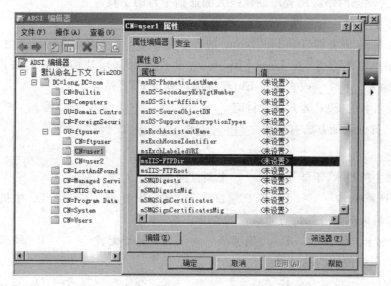

图 7-41　"CN=user1 属性"对话框

图 7-42　"字符串属性编辑器"对话框(1)

此输入用户 user1 的 FTP 根目录,即 C：\ftproot,如图 7-43 所示。

(5) 同理设置用户 uscr2 的 FTP 主目录和 FTP 根目录。

图 7-43 "字符串属性编辑器"对话框(2)

**6. 测试 AD 隔离用户 FTP 服务器**

用户在客户端计算机 Win2008-2 上打开浏览器,输入 ftp：//10.10.10.1,然后以 user1 登录,发现直接定位到了 user1 主目录下。同理测试 user2 用户,也得到相同结论。

# 7.4 习题

**1. 填空题**

(1) 微软 Windows Server 2008 家族的 Internet Information Server(IIS,Internet 信息服务)在_____、_____或_____上提供了集成、可靠、可伸缩、安全和可管理的 Web 服务器功能,为动态网络应用程序创建强大的通信平台的工具。

(2) Web 中的目录分为两种类型:物理目录和_____。

(3) 打开 FTP 服务器(ftp.long.com)的命令是_____,浏览其下目录列表的命令是_____。如果匿名登录,在 User [ftp.long.com：(none)]处输入匿名账户_____,Password 处输入_____或直接按 Enter 键即可登录 FTP 站点。

(4) 比较著名的 FTP 客户端软件有_____、_____、_____等。

(5) FTP 身份验证方法有两种:_____和_____。

**2. 选择题**

(1) 虚拟主机技术,不能通过( )来架设网站。

    A. 计算机名        B. TCP 端口        C. IP 地址        D. 主机头名

(2) 虚拟目录不具备的特点是( )。

    A. 便于扩展        B. 增删灵活        C. 易于配置        D. 动态分配空间

(3) FTP 服务使用的端口是( )。

    A. 21            B. 23            C. 25            D. 53

(4) 从 Internet 上获得软件最常采用( )。

    A. WWW        B. Telnet        C. FTP        D. DNS

**3. 判断题**

(1) 若 Web 网站中的信息非常敏感,为防中途被人截获,就可采用 SSL 加密方式。( )

(2) IIS 提供了基本服务,包括发布信息、传输文件、支持用户通信和更新这些服务所依赖的数据存储。( )

(3) 虚拟目录是一个文件夹,一定包含于主目录内。( )

(4) FTP 的全称是 File Transfer Protocol(文件传输协议),是用于传输文件的协议。( )

（5）当使用"用户隔离"模式时，所有用户的主目录都在单一 FTP 主目录下，每个用户均被限制在自己的主目录中，且用户名必须与相应的主目录相匹配，不允许用户浏览除自己主目录之外的其他内容。（　　）

**4. 简答题**

（1）简述架设多个 Web 网站的方法。

（2）IIS 7.0 提供的服务有哪些？

（3）什么是虚拟主机？

（4）简述创建 AD 用户隔离 FTP 服务器的步骤。

# 7.5　项目实训　配置与管理 Web 服务器和 FTP 服务器

## 一、项目实训目的

- 掌握 Web 服务器的配置方法。
- 掌握 FTP 的配置方法。
- 掌握 AD 隔离用户 FTP 服务器的配置方法。

## 二、项目环境

本项目根据图 7-1 和图 7-2 所示的环境来部署 Web 服务器与 FTP 服务器。

## 三、项目要求

（1）根据图 7-1 中的网络拓扑图完成以下任务。

① 安装 Web 服务器。

② 创建 Web 网站。

③ 管理 Web 网站目录。

④ 管理 Web 网站的安全。

⑤ 管理 Web 网站的日志。

⑥ 架设多个 Web 网站。

（2）根据图 7-2 中的网络拓扑图完成以下任务。

① 安装 FTP 发布服务角色服务。

② 创建和访问 FTP 站点。

③ 创建虚拟目录。

④ 安全设置 FTP 服务器。

⑤ 创建虚拟主机。

⑥ 配置与使用客户端。

⑦ 设置 AD 隔离用户 FTP 服务器。

# 项目 8
# 配置与管理远程桌面服务器

**本项目学习要点**

　　对于网络管理员来说，管理网络中的服务器既是重点，也是难点。远程操作可以给管理员维护整个网络带来极大的便利。可以在服务器上启用远程桌面来远程管理服务器，但方式仅能并发连接两个会话。如果想让更多用户连接到服务器，使用安装在服务器上的程序，则必须在服务器上安装远程桌面服务（以前称为终端服务）。

　　Windows 远程桌面服务允许用户以 Windows 界面的客户端访问服务器，运行服务器中的应用程序像使用本地计算机一样。借助于 Windows 远程桌面服务，可以在低配置计算机上运行 Windows 远程桌面服务器上的应用程序。

- 理解远程桌面服务的功能特点。
- 掌握如何安装远程桌面服务。
- 掌握配置与管理远程桌面服务器。
- 掌握如何连接远程桌面。

## 8.1 项目基础知识

　　Windows 远程桌面服务（Windows Server 2008 Terminal Services）在功能方面、性能方面以及用户体验方面都做了很大的改进。

### 8.1.1 了解远程桌面服务的功能

　　借助远程桌面服务，管理员可以实现以下操作。

- 部署与用户的本地桌面集成的应用程序。
- 提供对集中式管理的 Windows 桌面的访问。
- 支持应用程序的远程访问。
- 保证数据中心内的应用程序和数据的安全。

### 8.1.2 理解远程桌面服务的基本组成

　　通过部署远程桌面服务，使多台客户机可以同时登录到远程桌面服务器上，运行服务器中的应用程序,就如同用户使用自己的计算机一样方便。

远程桌面服务的基本组成如下。

- 远程桌面服务器:用户开启了远程桌面服务功能并且能够管理终端客户端连接的服务器。远程桌面服务器的性能直接影响到客户端的访问,因此服务器的硬件配置要比较高,一般使用多 CPU、大内存、高速硬盘以及千兆网卡。
- 远程桌面协议(Remote Desktop Protocol,RDP):RDP 是一项基于国际电信联盟制定的国际标准 T.120 的多通道协议,其主要是用来负责客户端与服务器端之间的通信,而且将操作界面在客户端显示出来。这项协议以 TCP/IP 为基础,用户不需要手动安装。在 Windows Server 2008 中,RDP 为 6.0 版本。RDP 默认使用 TCP 协议端口 3389。
- 远程桌面服务客户机:安装了远程桌面服务客户端程序的计算机,从 Windows XP 开始,这种客户端程序就被内置在计算机的操作系统中,用户不需要手动安装。

## 8.1.3　了解远程桌面服务的改进

与早期版本相比,Windows Server 2008 远程桌面服务主要有以下几个方面的改进。

### 1. Terminal Services RemoteApp

Terminal Services RemoteApp(TS RemoteApp)程序通过远程桌面服务,就像在本地计算机上运行一样,并且可以与本地程序一起运行 TS RemoteApp。如果用户在同一个远程桌面服务器上运行多个 RemoteApp,则 RemoteApp 将共享同一个远程桌面服务会话。另外,用户可以使用以下方法访问 TS RemoteApp。

- 使用管理员创建和分发的"开始"菜单或桌面上的程序图标。
- 运行与 TS RemoteApp 关联的文件。
- 使用 TS Web Access 网站上的 TS RemoteApp 超链接。

### 2. 远程桌面服务网关

远程桌面服务网关的作用是使得到授权的用户能够使用 Remote Desktop Connection (RDC)6.0 连接到公司网络的远程桌面服务器和远程桌面。TS 网关使用的是可以越过 HTTPS 的远程桌面协议(RDP),从而形成经过加密的安全连接。使用 TS 网关,不需要配置虚拟专用网(VPN)连接,即可使远程用户通过 Internet 连接到公司网络,从而提供一个全面安全的配置模型,通过该模型可以控制对特定资源的访问。TS 网关管理单元控制台采用的是一站式管理工具,使用该功能可以配置相应的用户策略,即配置用户连接到网络资源所需满足的条件。

### 3. 远程桌面服务 Web 访问

使用 TS Web 访问,能够使用户从 Web 浏览器使用远程桌面服务 RemoteApp。TS Web 包含一个默认的网页,用户可以在 Web 上部署 TS RemoteApp。借助于 TS Web 访问,用户可以直接访问 Internet 或 Intranet 上的网站,访问可用的 TS RemoteApp 程序列表。当用户启动 TS RemoteApp 程序时,即可在该应用程序所在的远程桌面服务器上启动一个远程桌面服务会话。

**4. 远程桌面服务会话代理**

TS 会话代理是 Windows Server 2008 Release Candidate 的一个新功能,它提供一个比用于远程桌面服务的 Microsoft 网络负载平衡更简单的方案。借助 TS 会话代理功能,可以将新的会话分发到网络内负载最少的服务器,从而保证网络及服务器的性能,用户可以重新连接到现有会话,而无须知道有关建立会话的服务器的特定信息。使用该功能,管理员可以为每个远程桌面服务器的 Internet 协议(IP)地址添加一条 DNS 条目。

**5. 远程桌面服务轻松打印**

远程桌面服务轻松打印是 Windows Server 2008 Release Candidate 的一个新功能,它使用户能够从 TS RemoteApp 程序或远程桌面会话,安全可靠的使用客户端计算机上的本地或网络打印机。当用户想从 TS RemoteApp 程序或远程桌面会话中进行打印时,会从本地客户端看到打印机用户界面,可以使用所有打印机功能。

# 8.2 项目设计与准备

在架设远程桌面服务器之前,读者需要了解项目实例部署的需求和实验环境。

**1. 部署需求**

在部署远程桌面服务前需满足以下要求:设置远程桌面服务器的 TCP/IP 属性,手动指定 IP 地址、子网掩码、默认网关和 DNS 服务器 IP 地址等。

**2. 部署环境**

远程桌面服务器主机名为 Win2008-2,IP 地址为 10.10.10.2。远程桌面服务客户机主机名为 Win2008-3,其本身是域成员服务器,IP 地址为 10.10.10.3。网络拓扑图如图 8-1 所示。

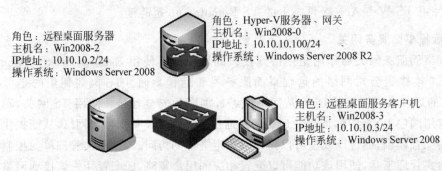

图 8-1 架设远程桌面服务器的网络拓扑图

# 8.3 项目实施

## 8.3.1 安装远程桌面服务器

以管理员身份登录独立服务器 Win2008-2,通过"服务器管理器"安装远程桌面服务器角色,具体步骤如下。

(1)运行"添加角色向导",在"选择服务器角色"对话框中选中"远程桌面服务"复选框,如图 8-2 所示。

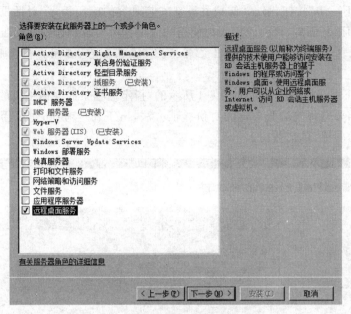

图 8-2　"选择服务器角色"对话框

（2）单击"下一步"按钮，显示"远程桌面服务"对话框，显示了终端服务的简介及其注意事项，单击"远程桌面服务概述"超链接可以查看远程桌面服务的概述信息。

（3）单击"下一步"按钮，显示如图 8-3 所示的"选择角色服务"对话框。根据需要选中所要安装的组件即可，这里选中"远程桌面会话主机"复选框。

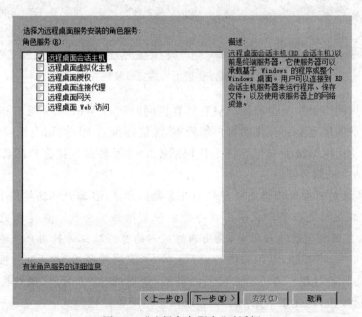

图 8-3　"选择角色服务"对话框

远程桌面会话主机即以前的终端服务器，用户可以连接到远程桌面服务器来运行程序、保存文件以及使用该服务器上的网络资源。

（4）单击"下一步"按钮，显示"卸载并重新安装兼容的应用程序"对话框，提示用户最好在安装远程桌面服务器后，再将希望用户使用的应用程序安装到远程桌面服务器中。

**注意**：如果在安装远程桌面服务器之前安装了应用程序，在用户使用时可能会无法正常运行。

（5）单击"下一步"按钮，显示如图 8-4 所示的"指定远程桌面会话主机的身份验证方法"对话框。根据需要选择终端服务器的身份验证方法，出于安全考虑，建议用户选择"需要使用网络级别身份验证"单选按钮。

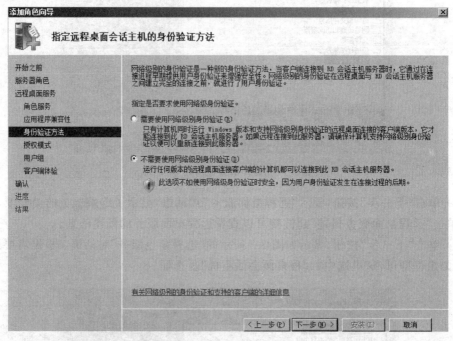

图 8-4 "指定远程桌面会话主机的身份验证方法"对话框

- 需要使用网络级别身份验证。只有计算机同时运行 Windows 版本和支持网络级别身份验证的远程桌面连接的客户端版本，才能连接到 RD 会话主机服务器。
- 不需要使用网络级别身份验证。任何版本的远程桌面连接客户端都可以连接到该 RD 会话主机服务器。

**提示**：网络级别的身份验证是一种新的身份验证方法，当客户端连接到 RD 会话主机服务器时，它通过在连接进程早期提供用户身份验证来增强安全性。在建立完全远程桌面与 RD 主机会话服务器之间的连接之前，使用网络级别的身份验证进行用户身份验证。

（6）单击"下一步"按钮，显示如图 8-5 所示的"指定授权模式"对话框。根据实际需要选择 RD 主机会话服务器客户端访问许可证的类型，这里选择"每用户"单选按钮。如果选择"以后配置"单选按钮，则在接下来的 120 天以内必须配置授权模式。

（7）单击"下一步"按钮，显示如图 8-6 所示的"选择允许访问此 RD 会话主机服务器的用户组"对话框。可以连接到该 RD 会话主机服务器的用户被添加到本地 Remote Desktop Users 用户组中。默认情况下已添加 Administrators 组。

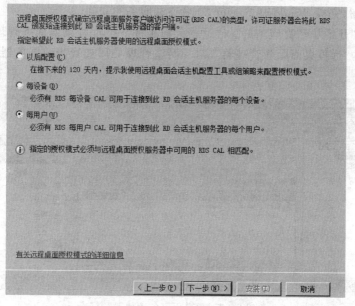

图 8-5　"指定授权模式"对话框

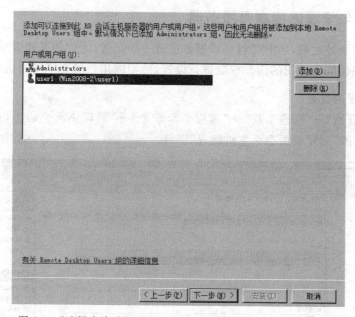

图 8-6　"选择允许访问此 RD 会话主机服务器的用户组"对话框

（8）单击"添加"按钮，添加允许使用 RD 主机会话服务的用户，本例添加 user1 用户。然后单击"完成"按钮。单击"下一步"按钮，显示"客户端体验"对话框。

（9）单击"下一步"按钮，显示"确认安装选择"对话框，列出了前面所做的配置。单击"安装"按钮开始进行安装，完成后显示"安装结果"对话框。

（10）单击"关闭"按钮，显示"是否希望立即重新启动"对话框。提示必须重新启动计算机才能完成安装过程。如果不重新启动服务器，则无法添加或删除其他角色、角色服务或功能。

（11）单击"是"按钮，立即重新启动计算机，重新启动后再次显示"安装结果"对话框。

单击"关闭"按钮,完成 Windows Server 2008 终端服务的安装。

(12) 选择"开始"→"管理工具"→"远程桌面服务"→"远程桌面服务管理器"选项,显示如图 8-7 所示的"远程桌面服务管理器"窗口,网络管理员可查看当前服务器连接用户、会话以及进程。

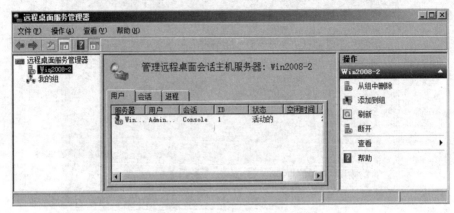

图 8-7 "远程桌面服务管理器"窗口

### 8.3.2 配置与管理远程桌面服务器

在使用终端服务之前,还需要对终端服务进行一些设置,才能使其正常安全地运行。尤其是要对客户端访问所使用的用户权限进行设置,使不同用户具有不同的访问权限。

**1. 用户权限的设置**

(1) 选择"开始"→"管理工具"→"远程桌面服务"→"远程桌面会话主机配置"选项,显示如图 8-8 所示的"远程桌面会话主机配置"窗口。

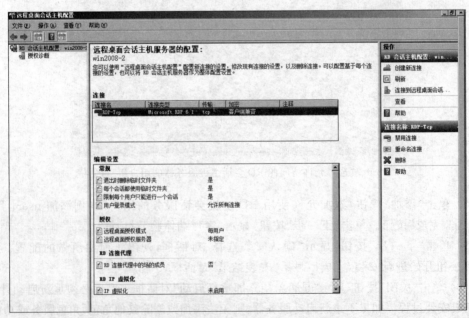

图 8-8 "远程桌面会话主机配置"窗口

（2）在中间列表栏中右击 RDP-Tcp 选项，在弹出的快捷菜单中选择"属性"命令，显示如图 8-9 所示的"RDP-Tcp 属性"对话框。

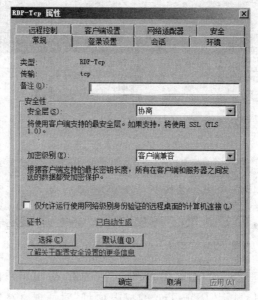

图 8-9　"RDP-Tcp 属性"对话框

（3）选择"安全"选项卡，如图 8-10 所示，选择 Remote Desktop Users（Win2008-2\Remote Desktop Users）用户组，在"Remote Desktop Users 的权限"列表框中可修改该用户组的权限。需要注意的是，只有属于该用户组内的用户才能使用远程桌面服务访问该服务器。

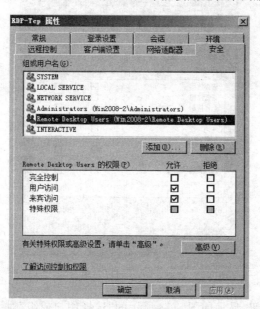

图 8-10　"安全"选项卡

（4）单击"高级"按钮，可以进行更详细的配置，显示如图 8-11 所示的"RDP-Tcp 的高级安全设置"对话框，在"权限项目"列表框中显示了所有的用户。

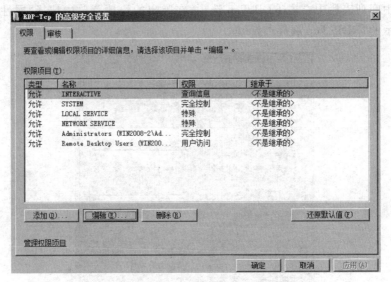

图 8-11 "RDP-Tcp 的高级安全设置"对话框

（5）在该对话框中可以添加/删除用户，也可以查看/编辑用户的权限。选中要操作的用户名，单击"编辑"按钮，显示"RDP-Tcp 的权限项目"对话框。在"权限"列表框中列出了该用户所拥有的权限，如果欲使该用户拥有相应权限，选中该权限所对应的"允许"复选框即可。如果选中该权限的"拒绝"复选框，则该用户将不能使用该权限。单击"全部清除"按钮，会将所有选项清除，如图 8-12 所示。

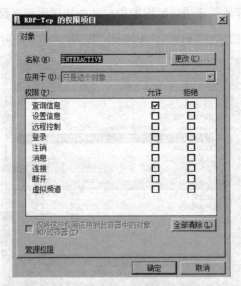

图 8-12 "RDP-Tcp 的权限项目"对话框

（6）单击"更改"按钮，显示如图 8-13 所示的"选择用户或组"对话框，在该对话框中可以自定义用户的权限。具体操作请参见本书的相关内容。

（7）在图 8-11 所示的"RDP-Tcp 的高级安全设置"对话框中单击"删除"按钮，可以删除选定的用户，单击"添加"按钮，可以添加允许使用终端服务的用户或组。具体操作请参见本

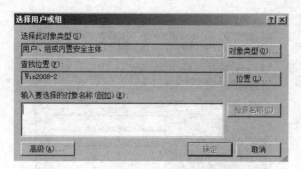

图 8-13　"选择用户或组"对话框

书的相关内容。

（8）设置完成后，单击"确定"按钮，保存设置即可。

至此完成了为用户设置权限的操作，用户可以使用远程桌面服务了。

**2. 终端服务高级设置**

1）更改加密级别

（1）在"RDP-Tcp 属性"对话框中切换到"常规"选项卡。在"安全"选项区的"安全层"下拉列表中选择欲使用的安全层设置。

- 协商。使用客户端支持的最安全层。
- SSL(TLS 1.0)。将用于服务器身份验证，并用于加密服务器和客户端之间传输的所有数据。
- RDP 安全层。服务器和客户端之间的通信将使用本地 RDP 加密。

（2）在"加密级别"下拉列表中选择合适的级别。

- 客户端兼容。根据客户端支持的最长密钥长度，所有从客户端和服务器之间发送的数据都受加密保护。
- 低。所有从客户端和服务器之间发送的数据都受加密保护，加密基于客户端所支持的最大密钥强度。
- 高。根据服务器支持的最长密钥长度，所有从客户端和服务器之间发送的数据都受加密保护。不支持这个加密级别的客户端无法连接。
- 符合 FIPS 标准。所有从客户端和服务器之间发送的数据都受联邦信息处理标准 140-1 验证加密算法的保护。

（3）单击"选择"按钮，可以选择当前服务器所安装的证书，默认情况下将使用远程桌面服务器的自生成证书。最后，单击"应用"或"确定"按钮保存设置。

2）登录设置

（1）切换到如图 8-14 所示的"登录设置"选项卡，选择"始终使用以下登录信息"单选按钮，设置允许用户登录的信息。在"用户名"文本框中输入允许自动登录到服务器的用户名称；在"域"文本框中输入用户计算机所属域的名称；在"密码"和"确认密码"文本框中输入该用户登录时的密码。需要注意的是，当所有的用户以相同的账户登录时，要跟踪可能导致问题的用户会比较困难。如果选中"始终提示密码"复选框，则该用户在登录到服务器之前始终要被提示输入密码。

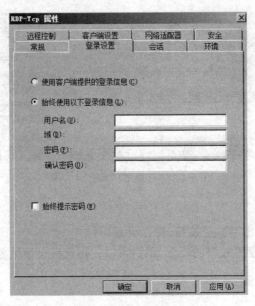

图 8-14 "登录设置"选项卡

（2）最后，单击"应用"或"确定"按钮保存设置。

3）配置远程桌面会话主机服务超时和重新连接

（1）切换到如图 8-15 所示的"会话"选项卡。选中"改写用户设置"复选框，允许用户配置此连接的超时设置。

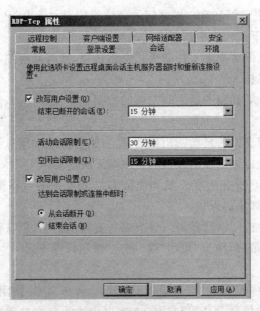

图 8-15 "会话"选项卡

- 在"结束已断开的会话"中选择断开连接的会话留在服务器上的最长时间，最长时间为 5 天。当到达时间限制时，就结束断开连接的会话，会话结束后会永久地从服务器中删除该会话。选择"从不"选项，允许断开连接的会话永久地留在服务器上。

- 在"活动会话限制"中选择用户的会话在服务器上继续活动的最长时间。当到达时间限制时,会将用户从会话断开连接或结束会话,会话结束后会永久地从服务器中删除。选择"从不"选项,允许会话永久地继续下去。
- 在"空闲会话限制"中选择空闲的会话(没有客户端活动的会话)继续留在服务器上的最长时间。当到达时间限制时,会将用户从会话断开连接或结束会话,会话结束后会永久地从服务器中删除。选择"从不"选项,允许空闲会话永久地留在服务器上。

(2)选中"改写用户设置"复选框,设置达到会话限制或者连接被中断时进行的操作。

- "从会话断开"单选按钮:从会话中断开连接,允许该会话重新连接。
- "结束会话"单选按钮:达到会话限制或者连接被中断时用户结束会话,会话结束后会永久地从服务器中删除该会话。需要注意的是,任何运行的应用程序都会被强制关闭,这可能导致客户端的数据丢失。

(3)最后,单击"应用"或"确定"按钮保存设置。

4)管理远程控制

(1)切换到如图8-16所示的"远程控制"选项卡,可以远程控制或观察用户会话。

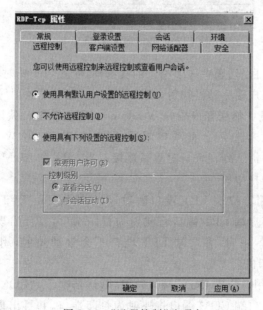

图8-16　"远程控制"选项卡

（2）选中"使用具有默认用户设置的远程控制"单选按钮,可使用默认用户设置的远程控制;如果选中"不允许远程控制"单选按钮,则不允许任何形式的远程控制;要在客户端上显示询问是否有查看或加入该会话权限的消息,则应选择"使用具有下列设置的远程控制"单选按钮,并选中"需要用户许可"复选框;在"控制级别"选项区中选择"查看会话"单选按钮,则用户的会话只能查看;选择"与会话互动"单选按钮,则用户的会话可以随时使用键盘和鼠标进行控制。

（3）最后,单击"应用"或"确定"按钮保存设置。

5)管理客户端设置

(1)切换到如图8-17所示的"客户端设置"选项卡,选中"限制最大颜色深度"复选框来限制颜色深度最大值,从下拉列表中选择想要的颜色深度最大值。

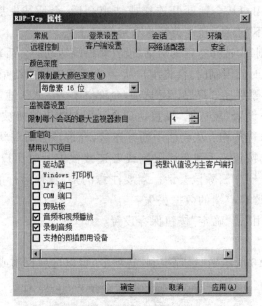

图 8-17 "客户端设置"选项卡

(2) 在"禁用以下项目"列表中选中相应的复选框,配置用于映射客户端的设备。

- 驱动器。禁用客户端驱动器映射,默认情况下,"驱动器映射"启用(未选中)。
- Windows 打印机。禁用客户端的 Windows 打印机映射。默认情况下,"Windows 打印机映射"启用(未选中)。此项启用时,客户端可以映射 Windows 打印机,同时所有的客户端打印机队列在登录时重新连接。当 LPT 和 COM 端口映射都被禁用时,将无法手动添加打印机。
- LPT 端口。禁用客户端 LPT 端口映射,默认情况下,"LPT 端口映射"启用(未选中)。启用时,客户端 LPT 端口将映射为打印端口,并且出现在"添加打印机"向导的端口列表中;禁用时,客户端 LPT 端口不会自动映射,用户无法手动创建使用 LPT 端口的打印机。
- COM 端口。禁用客户端 COM 端口映射,默认情况下,"COM 端口映射"启用(未选中)。启用时,客户端 COM 端口将映射为打印端口,并且出现在"添加打印机"向导的端口列表中;禁用时,客户端 COM 端口不会自动映射,用户无法手动创建使用 COM 端口的打印机。
- 剪贴板。禁用客户端剪贴板映射,默认情况下,"剪贴板映射"启用。
- 音频和视频播放。禁用客户端音频及视频,默认情况下禁用该选项。
- 支持的即插即用设备。禁用使用服务器的即插即用设备(如 U 盘等)。
- 将默认值设为主客户端打印机。禁用默认的主客户端打印机。

(3) 最后,单击"应用"或"确定"按钮保存设置。

6) 配置网络适配器

(1) 切换到如图 8-18 所示的"网络适配器"选项卡。目前基本上所有的服务器都会在主板上集成两块网卡,因此需要在"网络适配器"下拉列表中选择欲设置为允许使用终端服务的服务器网卡。

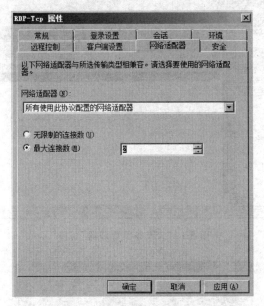

图 8-18　"网络适配器"选项卡

（2）另外，为了保证远程桌面会话主机服务器的性能不受影响，还应设置同时连接到服务器的客户端数量。选择"最大连接数"单选按钮，并在文本框中输入所允许的最大连接数量即可。

（3）最后，单击"应用"或"确定"按钮保存设置。

## 8.3.3　配置远程桌面用户

当服务器启用了远程连接功能以后，在网络中的客户端计算机使用"远程桌面连接"连接远程服务器，并使用有权限的用户账户登录，可登录到远程服务器桌面进行管理，操作起来就如同坐在服务器面前一样。默认情况下，远程服务器最多只允许两个远程连接，安装了远程桌面会话主机服务并授权以后，将不具有连接限制。

默认情况下，Windows Server 2008 只允许 Administrators 组中的成员具有远程桌面连接权限，如果想要允许其他用户使用远程连接功能，应赋予远程连接权限。

（1）根据实际需要创建用户，准备赋予远程桌面会话主机服务访问权限，如图 8-19 所示。

（2）打开"开始"菜单，右击"计算机"并选择快捷菜单中的"属性"命令，打开"系统"窗口。在"任务"栏中单击"远程设置"超链接，显示如图 8-20 所示的"系统属性"对话框。在"远程"选项卡中，可以在"远程桌面"选项区中选择远程连接方式，通常选择"允许运行任意版本远程桌面的计算机连接（较不安全）"单选按钮即可。如果想使用户安全连接，可选择"仅允许运行使用网络级别身份验证的远程桌面的计算机连接（更安全）"单选按钮。

（3）单击"选择用户"按钮，显示如图 8-21 所示的"远程桌面用户"对话框，默认只有 Administrator 用户账户具有访问权限。

（4）单击"添加"按钮，显示"选择用户"对话框，在"输入对象名称来选择"文本框中输入欲赋予远程访问权限的用户账户。

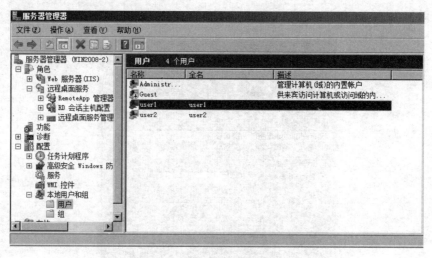

图 8-19 "服务器管理器"窗口

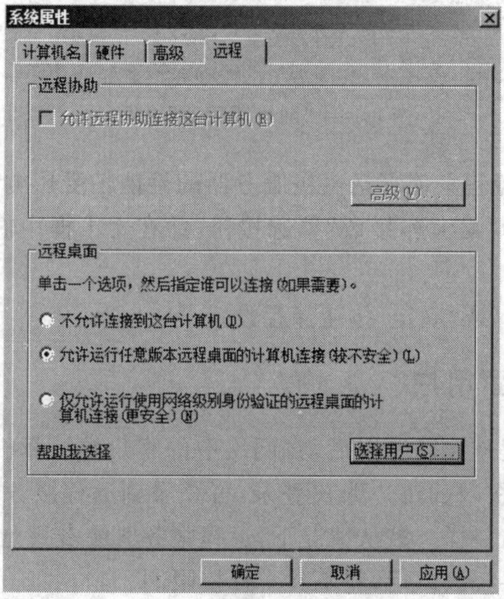

图 8-20 "系统属性"对话框

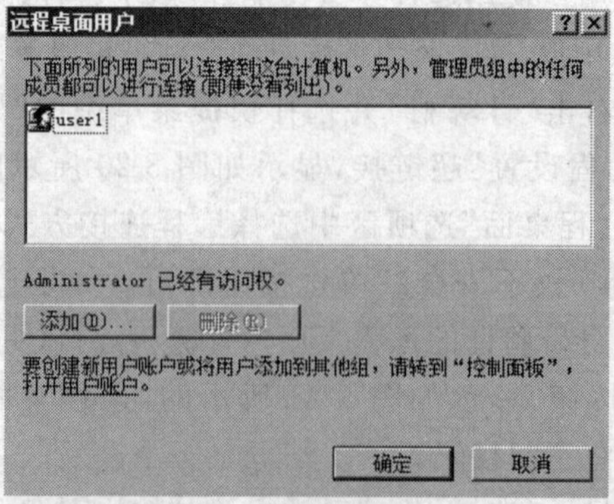

图 8-21 "远程桌面用户"对话框

（5）单击"确定"按钮,添加到"远程桌面用户"对话框中,该用户具有了远程访问权限,user1 用户有了访问权限。

（6）单击"确定"按钮保存设置,在远程计算机上就可以使用该用户账户利用远程桌面访问服务器了。

### 8.3.4    使用远程桌面连接

Windows XP Professional 和 Windows Server 2003/Vista/2008 都内置有远程桌面功能,无须另行安装,即可直接用来远程连接远程桌面会话主机服务器的桌面并进行管理。这里以 Windows Server 2008 为例。

（1）以管理员身份登录计算机 Win2008-3。选择"开始"→"所有程序"→"附件"→"远程桌面连接"选项,显示如图 8-22 所示的"远程桌面连接"对话框,在"计算机"文本框中输入远程桌面会话主机服务器的 IP 地址,本例为 10.10.10.2。

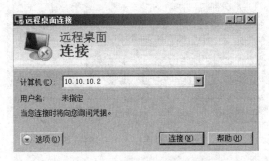

图 8-22    "远程桌面连接"对话框

（2）单击"选项"按钮,如图 8-23 所示,可以详细地配置远程桌面连接。

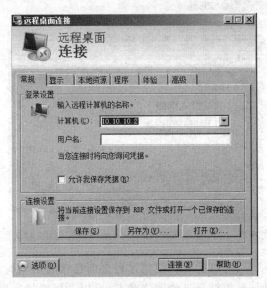

图 8-23    "远程桌面连接"对话框的"常规"选项卡

（3）选择"显示"选项卡,可以设置远程桌面的大小及颜色质量,通常应根据自己的显示器及分辨率的大小来选择。

　　（4）选择"本地资源"选项卡，如图 8-24 所示，可以设置要使用的本地资源。单击"本地设备和资源"下的"详细信息"按钮，打开如图 8-25 所示的"本地设备和资源"对话框。比如，选中"本地磁盘(C:)"则可在远程会话中使用该计算机上的"磁盘 C"，便于与远程主机进行数据交换。

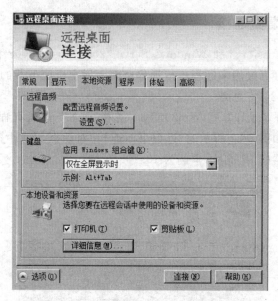

图 8-24　"远程桌面连接——本地资源"对话框

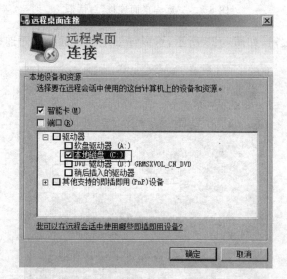

图 8-25　"远程桌面连接——本地设备和资源"对话框

　　（5）选择"程序"选项卡，可以配置在使用远程桌面连接时启动的程序。

　　（6）选择"体验"选项卡，根据自己的网络状况，可以选择连接速度以优化性能。

　　（7）选择"高级"选项卡，可以设置服务器身份验证的使用方式。

　　（8）设置完成后单击"连接"按钮，显示如图 8-26 所示的"Windows 安全"对话框，分别在"用户名"和"密码"文本框中输入具有访问服务器的用户名和密码。

图 8-26 "Windows 安全"对话框

（9）单击"确定"按钮，即可远程连接到服务器的桌面。此时就可以像使用本地计算机一样，根据用户所具有的权限，利用键盘和鼠标对服务器进行操作了。

## 8.4　习题

### 1. 填空题

（1）用户要进行远程桌面连接，要加入_____组中。

（2）_____是远程桌面和终端服务器进行通信的协议，该协议基于 TCP/IP 进行工作，允许用户访问运行在服务器上的应用程序和服务，无须本地执行这些程序。

（3）远程桌面是用来远程管理服务器的，最多只能连接_____。如果想让更多的用户连接到服务器，使用安装在服务器上的程序，必须在服务器上安装_____。

（4）远程桌面服务由_____、_____、_____组成。

（5）远程桌面协议 RDP 默认使用的 TCP 协议端口是_____。

### 2. 简答题

（1）远程桌面服务的优点是什么？

（2）远程桌面连接的断开和注销有什么区别？

（3）如何设置才能使用户在远程桌面中可以看到本地的磁盘？

## 8.5　项目实训　配置与管理远程桌面服务器

### 一、项目实训目的

- 掌握远程桌面服务的安装。
- 掌握配置与管理远程桌面服务器。
- 掌握连接到远程桌面的方法。

### 二、项目环境

本项目根据图 8-1 所示的环境来部署远程桌面服务器。

### 三、项目要求

根据图 8-1 网络拓扑图完成以下任务。

（1）安装远程桌面服务。

（2）配置与管理远程桌面服务器。

（3）连接远程桌面。

# 项目 9
# 配置与管理数字证书服务器

## 本项目学习要点

对于大型的计算机网络，数据的安全和管理的自动化历来都是人们追求的目标，特别是随着 Internet 的迅猛发展，在 Internet 上处理事务、交流信息和交易等方式越来越广泛，越来越多的重要数据要在网上传输，网络安全问题也更加被重视。尤其是在电子商务活动中，必须保证交易双方能够相互确认身份，安全地传输敏感信息，同时还要防止被人截获、篡改，或者假冒交易等。因此，如何保证重要数据不受到恶意的损坏，成为网络管理最关键的问题之一。而通过部署公钥基础机构(PKI)，利用 PKI 提供的密钥体系来实现数字证书签发、身份认证、数据加密和数字签名等功能，可以为网络业务的开展提供安全保证。

- 理解数字证书的概念和 CA 的层次结构。
- 掌握企业 CA 的安装与证书申请。
- 掌握数字证书的管理。
- 掌握基于 SSL 的网络安全应用。

## 9.1 项目基础知识

数字证书是一段包含用户身份信息、用户公钥信息和身份验证机构数字签名的数据。

身份验证机构的数字签名可以确保证书信息的真实性，用户公钥信息可以保证数字信息传输的完整性，用户的数字签名可以保证数字信息的不可否认性。

### 9.1.1 数字证书

数字证书是各类终端实体和最终用户在网上进行信息交流与商务活动的身份证明，在电子交易的各个环节，交易的各方都需验证对方数字证书的有效性，从而解决相互间的信任问题。

数字证书是一个经证书认证中心(CA)数字签名的，包含公开密钥拥有者信息和公开密钥的文件。认证中心(CA)作为权威的、可信赖的、公正的第三方机构，专门负责为各种认证需求提供数字证书服务。认证中心颁发的数字证书均遵循 X.509 V3 标准。X.509 V3 标准在编排公共密钥密码格式方面已被广为接受。X.509 V3 证书已应用于许多网络安全，其中包括 IPSec(IP 安全)、SSL、SET、S/MIME。

数字信息安全主要包括以下几个方面。

- 身份验证(Authentication)。
- 信息传输安全。
- 信息保密性(存储与交易)(Confidentiality)。
- 信息完整性(Integrity)。
- 交易的不可否认性(Non-repudiation)。

对于数字信息的安全需求,可以通过以下方法来实现。

- 数据的保密性——加密。
- 数据的完整性——数字签名。
- 身份鉴别——数字证书与数字签名。
- 不可否认性——数字签名。

为了保证网上信息传输双方的身份验证和信息传输安全,目前采用数字证书技术来实现,从而实现对传输信息的机密性、真实性、完整性和不可否认性。

### 9.1.2　PKI

公钥基础结构(Public Key Infrastructure,PKI)是通过使用公钥加密,对参与电子交易的每一方的有效性进行验证。

一个单位选择使用 Windows 来部署 PKI 的原因有很多:

- 安全性强。可以通过智能卡获得强大的身份验证,也可以通过使用 Internet 协议安全性来维护在公用网络上传输的数据保密性和完整性,并使用 EFS(加密文件系统)维护已存储数据的保密性。
- 简化管理。可以颁发证书并与其他技术一起使用,这样,就没有必要使用密码了。必要时可以吊销证书并发布证书吊销列表(CRL)。可以使用证书在整个企业建立信任关系;还可以利用"证书服务"与 Active Directory 目录服务和策略的集成;还可以将证书映射到用户账户。
- 其他机会。可以在 Internet 这样的公用网络上安全地交换文件和数据;可以通过使用安全/多用途 Internet 邮件扩展(S/MIME)实现安全的电子邮件传输,使用安全套接字层(SSL)或传输层安全性(TLS)实现安全的 Web 连接;还可以对无线网络实现安全增强功能。

### 9.1.3　内部 CA 和外部 CA

微软认证服务(Microsoft Certificate Services)使企业内部可以很容易地建立满足商业需要的认证权威机构(CA)。认证服务包括一套向企业内部用户、计算机或服务器发布认证的策略模型。其中,包括对请求者的鉴定,以及确认所请求的认证是否满足域中的公用密钥安全策略。这种服务可以很容易地改进和提高以满足其他的策略要求。

同时,还存在一些大型的外部商用 CA,为成千上万的用户提供认证服务。通过 PKI,可以很容易地实现对企业内部 CA 和外部 CA 的支持。

每个 CA 都有一个由自己或其他 CA 颁发的证书来确认自己的身份。对某个 CA 的信任意味着信任该 CA 的策略和颁发的所有证书。

## 9.1.4　颁发证书的过程

认证中心 CA 颁发证书涉及以下 4 个步骤。

（1）CA 收到证书请求信息，包括个人资料和公钥等。

（2）CA 对用户提供的信息进行核实。

（3）CA 用自己的私钥对证书进行数字签名。

（4）CA 将证书发给用户。

## 9.1.5　证书吊销

证书的吊销使证书在自然过期之前便宣告作废。作为安全凭据的证书在其过期之前变得不可信任，其中的原因很多。可能的原因包括以下 3 点。

- 证书拥有者的私钥泄露或被怀疑泄露。
- 发现证书是用欺骗手段获得的。
- 证书拥有者的情况发生了改变。

## 9.1.6　CA 的层次结构

Windows Server 2008 PKI 采用了分层 CA 模型。这种模型具备可伸缩性，易于管理，并且能够对不断增长的商业性第三方 CA 产品提供良好的支持。在最简单的情况下，认证体系可以只包含一个 CA。但是就一般情况而言，这个体系是由相互信任的多重 CA 构成的，如图 9-1 所示。

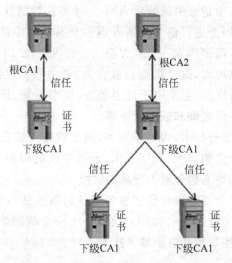

图 9-1　CA 的分层体系

**提示**：*可以存在彼此没有从属关系的不同分层体系，而并不需要使所有的 CA 共享一个公共的顶级父 CA（或根 CA）。*

在这种模型中，子 CA 由父 CA 进行认证，父 CA 发布认证书，以确定子 CA 公用密钥与它的身份和其他策略属性之间的关系。分层体系最高级的 CA 一般称为根 CA。下级的 CA

一般称为中间 CA 或发布 CA。发布最终认证给用户的 CA 被称为发布 CA。中间 CA 是指那些不是根 CA，而对其他 CA 进行认证的 CA 级。

# 9.2  项目设计与准备

（1）两台计算机，一台安装 Windows Server 2008 R2 企业版，用作 CA 服务器和 Web 服务器，IP 地址为 192.168.0.223；一台安装 Windows 7 作为客户端进行测试，IP 地址为 192.168.0.200。或者一台计算机安装多台虚拟机。

（2）Windows Server 2008 R2 安装光盘或其镜像文件，Windows 7 安装光盘或其镜像文件。

# 9.3  项目实施

若要使用证书服务，必须在服务器上安装并部署企业 CA，然后由用户向该企业 CA 申请证书，使用公开密钥和私有密钥来对要传送的信息进行加密和身份验证。用户在发送信息时，要使用接收人的公开密钥将信息加密，接收人收到后再利用自己的私有密钥将信息解密，这样就保证了信息的安全。

## 9.3.1  了解企业证书的意义与适用性

要保证信息在网络中的安全，就要对信息进行加密。PKI 根据公开密钥密码学（Public Key Cryptography）来提供信息加密与身份验证功能，用户需要使用公开密钥与私有密钥来支持这些功能，并且还必须申请证书或数字识别码，才可执行信息加密与身份验证。

数字证书是各实体在网上进行信息交流及商务交易活动中的身份证明，具有唯一性和权威性。为满足这一需求，需要建立一个各方都信任的机构，专门负责数字证书的发放和管理，以保证数字证书的真实可靠，这个机构就被称为"证书颁发机构（CA）"，也称为"证书认证机构"。CA 作为 PKI 的核心，主要用于证书颁发、证书更新、证书吊销、证书和证书吊销列表的公布、证书状态的在线查询和证书认证等。

PKI 是一套基于公钥加密技术，为电子商务、电子政务等提供安全服务的技术和规范。作为一种基础设施，PKI 由公钥技术、数字证书、证书发放机构和关于公钥的安全策略等几部分共同组成，用于保证网络通信和网上交易的安全。

从广义上讲，所有提供公钥加密和数字签名服务的系统都称为 PKI 系统。PKI 的主要目的是通过自动管理密钥和数字证书为用户建立一个安全的网络运行环境，使用户可以在多种应用环境下方便地使用加密和数字签名技术。

PKI 包括以下几部分。

- 认证机构。简称 CA，即数字证书的颁发机构，是 PKI 的核心，必须具备权威性，为用户所信任。
- 数字证书库。存储已颁发的数字证书及公钥，供公众查询。
- 密钥备份及恢复系统。对用户密钥进行备份，便于丢失时恢复。
- 证书吊销系统。与各种身份证件一样，在证件有效期内也可能需要将证书作废。

- PKI 应用接口系统。便于各种各样的应用能够以安全可信的方式与 PKI 交互,确保所建立的网络环境安全可信。

PKI 广泛应用于电子商务、网上金融业务、电子政务和企业网络安全等领域。从技术角度看,以 PKI 为基础的安全应用非常多,许多应用程序依赖于 PKI。比较典型的例子如下。

- 基于 SSL/TLS 的 Web 安全服务。利用 PKI 技术,SSL/TLS 协议允许在浏览器与服务器之间进行加密通信,还可以利用数字证书保证通信安全,便于交易双方确认对方的身份。结合 SSL 协议和数字证书,PKI 技术可以保证 Web 交易多方面的安全需求,使 Web 上的交易和面对面的交易一样安全。
- 基于 SET 的电子交易系统。这是比 SSL 更为专业的电子商务安全技术。
- 基于 S/MIME 的安全电子邮件。电子邮件的安全需求,如机密、完整、认证和不可否认等都可以利用 PKI 技术来实现。
- 用于认证的智能卡。
- VPN 的安全认证。目前广泛使用的 IPSec VPN,需要部署 PKI 用于 VPN 路由器和 VPN 客户机的身份认证。

## 9.3.2　认识 CA 模式

Windows Server 2008 支持两类认证中心:企业级 CA 和独立 CA,每类 CA 中都包含根 CA 和从属 CA。如果打算为 Windows 网络中的用户或计算机颁发证书,需要部署一个企业级的 CA,并且企业级的 CA 只对活动目录中的计算机和用户颁发证书。

独立 CA 可向 Windows 网络外部的用户颁发证书,并且不需要活动目录的支持。

在建立认证服务之前,选择一种适应需要的认证模式是非常关键的,安装认证服务时可选择 4 种 CA 模式,每种模式都有各自的性能和特性。

### 1. 企业根 CA

企业根 CA 是认证体系中最高级别的证书颁发机构。它通过活动目录来识别申请者,并确定该申请者是否对特定证书有访问权限。如果只对组织中的用户和计算机颁发证书,则需建立一个企业根 CA。一般来讲,企业根 CA 只对其下级的 CA 颁发证书,而下级 CA 再颁发证书给用户和计算机。安装企业根 CA 需要以下支持。

- 活动目录:证书服务的企业策略信息存放在活动目录中。
- DNS 名称解析服务:在 Windows 中活动目录与 DNS 紧密集成。
- 对 DNS、活动目录和 CA 服务器的管理权限。

### 2. 企业从属 CA

企业从属 CA 是组织中直接向用户和计算机颁发证书的 CA。企业从属 CA 在组织中不是最受信任的 CA,它还要由上一级 CA 来确定自己的身份。

### 3. 独立根 CA

独立根 CA 是认证体系中最高级别的证书颁发机构。独立根 CA 不需要活动目录,因此即使是域中的成员也可不加入域中。独立根 CA 可从网络中断开放置到安全的地方。独立根 CA 可用于向组织外部的实体颁发证书。同企业根 CA 一样,独立根 CA 通常只向其下一级的独立 CA 颁发证书。

**4. 独立从属 CA**

独立从属 CA 将直接对组织外部的实体颁发证书。建立独立从属 CA 需要以下支持。

- 上一级 CA：比如组织外部的第三方商业性的认证机构。
- 因为独立 CA 不需要加入域中，因此要有对本机操作的管理员权限。

### 9.3.3 安装证书服务并架设独立根 CA

安装证书服务并架设独立根 CA 的步骤如下。

(1) 登录 Windows Server 2008 服务器，打开"服务器管理器"窗口，如图 9-2 所示。

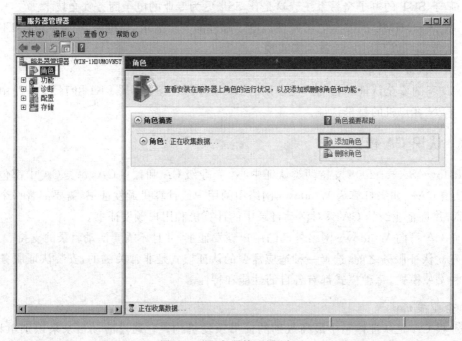

图 9-2　"服务器管理器"窗口

(2) 单击"添加角色"按钮，然后单击"下一步"按钮。至少需要两种角色：Active Directory 证书服务和 Web 服务器(IIS)，如图 9-3 所示。

(3) 单击"下一步"按钮，进入证书服务简介界面，单击"下一步"按钮，选中"证书颁发机构""证书颁发机构 Web 注册"复选框，如图 9-4 所示。

(4) 单击"下一步"按钮，选中"独立"单选按钮，如图 9-5 所示(由于不在域管理中创建，直接默认为"独立")。

(5) 单击"下一步"按钮，由于是首次创建，选中"根 CA"单选按钮，如图 9-6 所示。

(6) 单击"下一步"按钮，首次创建选中"新建私钥"单选按钮，如图 9-7 所示。

(7) 单击"下一步"按钮，为 CA 配置加密，如图 9-8 所示。

(8) 单击"下一步"按钮，配置 CA 名称，如图 9-9 所示。本例 CA 名称设为 NTKO-ZS。

(9) 单击"下一步"按钮，接下来设置有效期、配置证书数据库，采用默认值即可。然后设置安装 IIS 角色的各选项。选中 ASP.NET、".NET 扩展件"、CGI 和"在服务器端的包含文件"复选框，如图 9-10 所示。

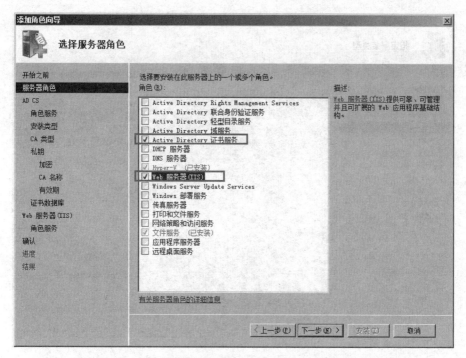

图 9-3 选择服务器角色

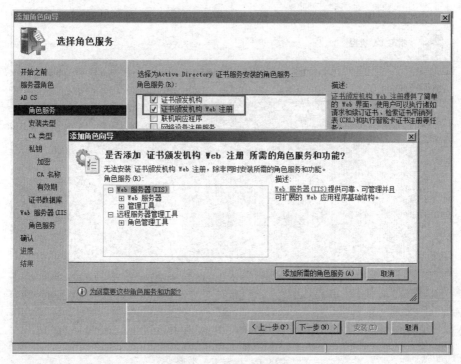

图 9-4 选择角色服务(1)

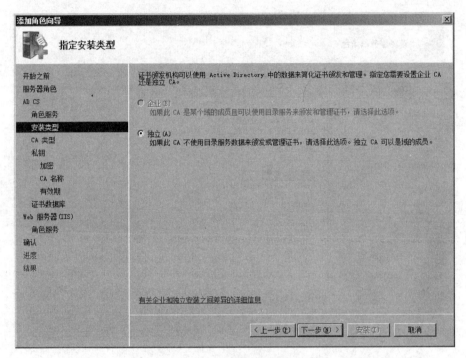

图 9-5　指定安装类型

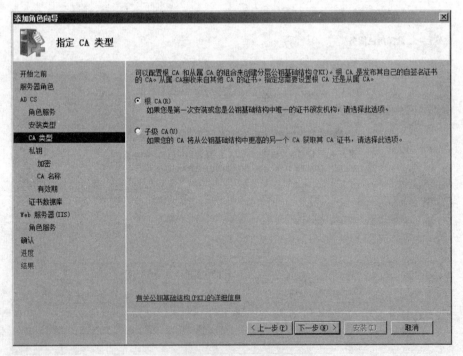

图 9-6　指定 CA 类型

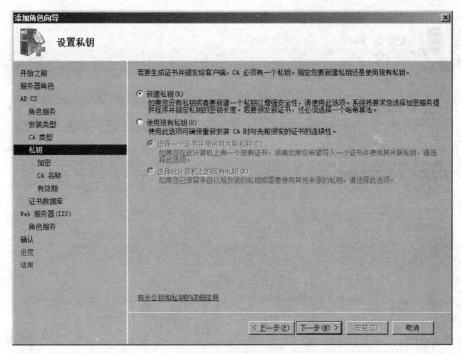

图 9-7 设置私钥

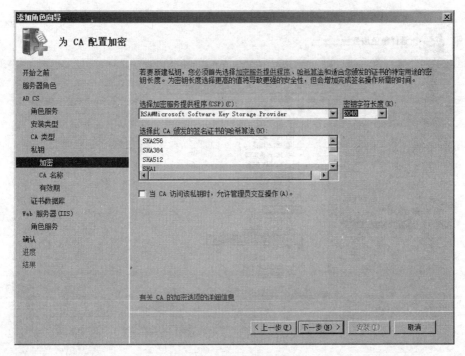

图 9-8 为 CA 配置加密

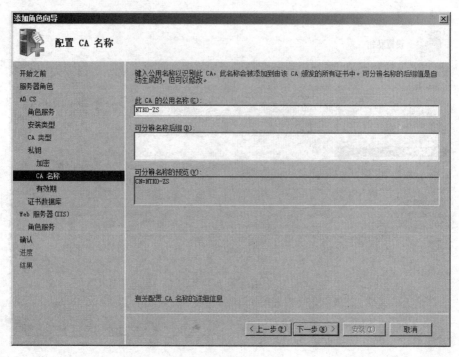

图 9-9　配置 CA 名称

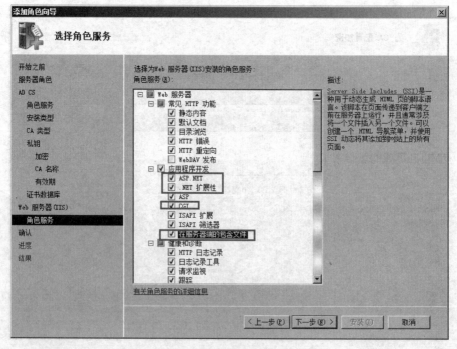

图 9-10　选择角色服务(2)

（10）单击"安装"按钮，开始安装角色，如图 9-11 所示。

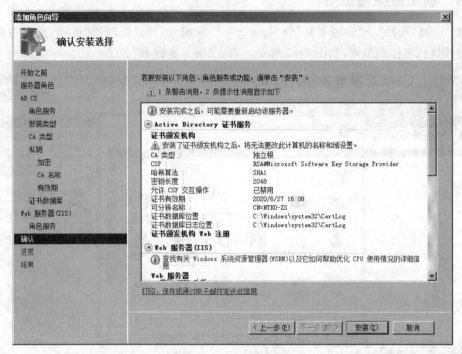

图 9-11　确认安装选择

（11）安装完毕，单击"关闭"按钮，显示安装结果，如图 9-12 所示。

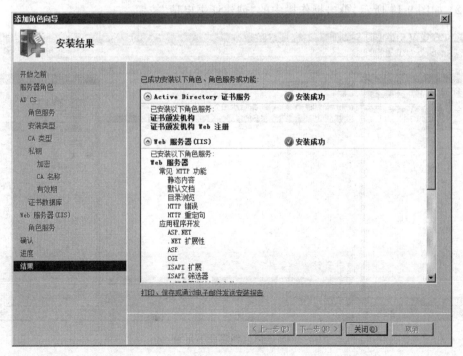

图 9-12　安装结果

### 9.3.4 创建服务器证书

（1）选择"开始"→"管理工具"→"Internet 信息服务（IIS）管理器"选项，选择左侧连接栏中的计算机名称根节点，如图 9-13 所示。双击"服务器证书"。

图 9-13 服务器证书

（2）如图 9-14 所示，单击操作栏中的"创建证书申请"按钮。

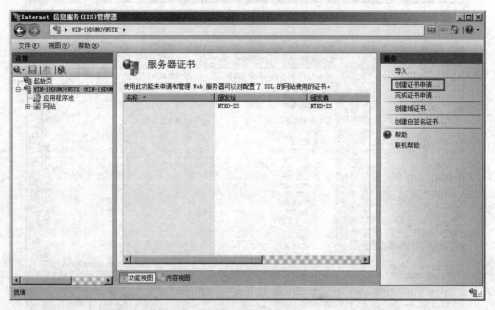

图 9-14 创建证书申请

（3）填写证书申请的相关信息，如图 9-15 所示。

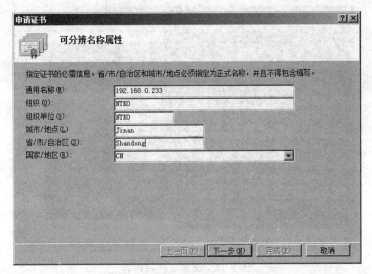

图 9-15　填写证书申请的相关信息

（4）指定一个证书申请信息文本文件存储路径和文件名，如图 9-16 所示。

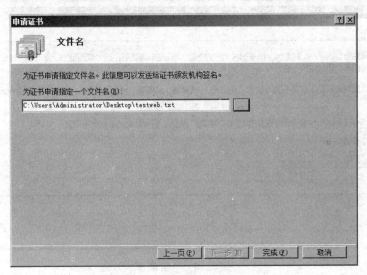

图 9-16　指定存储路径和文件名

（5）单击"完成"按钮后，即在指定目录下生成一个文本文件，双击打开该文本文件后，复制里面的全部内容，如图 9-17 所示。

（6）打开浏览器，在地址栏中输入证书服务的管理地址 http：//localhost/certsrv/，如图 9-18 所示。

（7）单击"申请证书"超链接，出现如图 9-19 所示的高级证书申请界面。

（8）再单击"高级证书申请"超链接，出现如图 9-20 所示的界面。把从文本文件里复制的内容粘贴到"Base-64 编码的证书申请（CMC 或 PKCS ♯10 或 PKCS ♯7）"文本框中，单击"提交"按钮。

（9）此时可以看到提交信息，申请已经提交给证书服务器，如图 9-21 所示。关闭当前 IE。

图 9-17 文本文件的内容

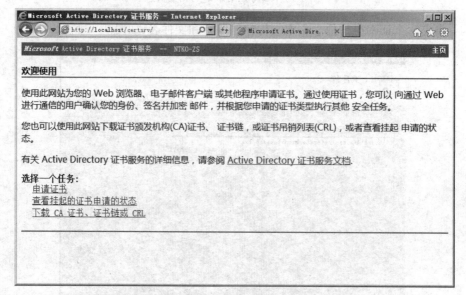

图 9-18 申请证书

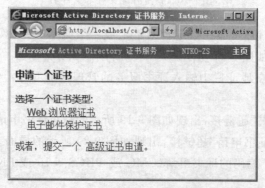

图 9-19 高级证书申请界面

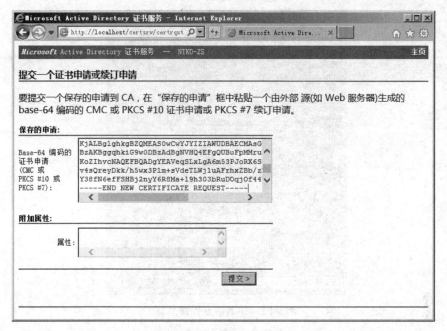

图 9-20　提交一个证书申请或续订申请

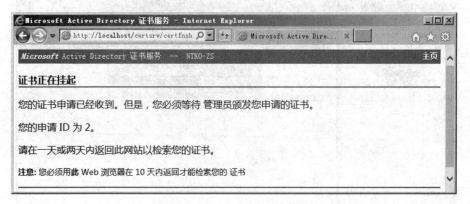

图 9-21　证书申请信息

（10）在"开始"菜单（或者管理工具）里找到证书颁发管理工具，如图 9-22 所示。或者回到 Windows 并依次选择"桌面"→"开始"→"运行"命令，输入 certsrv. msc。

（11）在左侧列表中单击"挂起的申请"命令。在右侧的证书申请列表中选中申请记录，右击并选择"所有任务"下的"颁发"命令，如图 9-23 所示。

（12）打开浏览器，在地址栏中输入证书服务的管理地址 http：//localhost/certsrv/。打开页面后，可单击"查看挂起的证书申请的状态"；之后会进入"查看挂起的证书申请的状态"页面，单击"保存的申请证书（2015 年 6 月 27 日 16：57：52）"，如图 9-24 所示。

（13）右击"下载证书"按钮，在弹出的对话框中单击"保存"右侧的下三角按钮，选择"另存为"命令，将证书下载到本地，如图 9-25 所示。

（14）选择"开始"→"管理工具"→"Internet 信息服务（IIS）管理器"选项，双击"主页"区域中的"服务器证书"按钮，在弹出的对话框中选择右侧操作栏中的"完成证书申请"命令，如

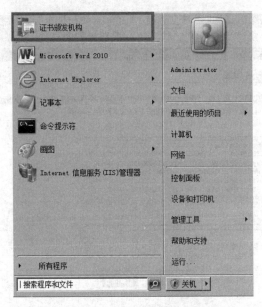

图 9-22　证书颁发管理工具

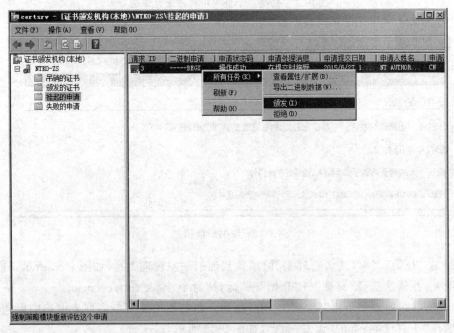

图 9-23　颁发挂起的证书申请

图 9-26 所示。

　　(15) 在"包含证书颁发机构响应的文件名"下面选择前面下载到桌面上的证书文件,本例为 C:\Users\Administrator\Desktop\certnew.cer,并给证书设置一个好记名称,比如Mytest。然后单击"确定"按钮,完成整个证书的申请流程,如图 9-27 所示。

　　(16) 上述操作完成后,可在"服务器证书"界面下看到申请的证书,如图 9-28 所示。

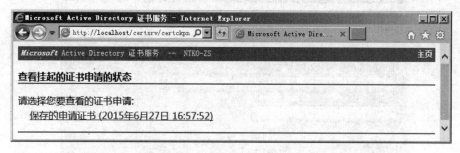

图 9-24　查看挂起的证书申请的状态

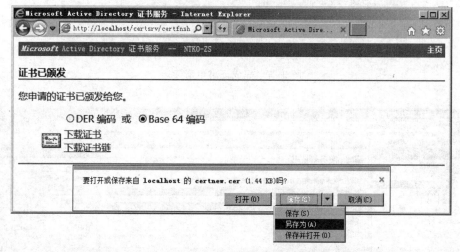

图 9-25　将证书下载到本地

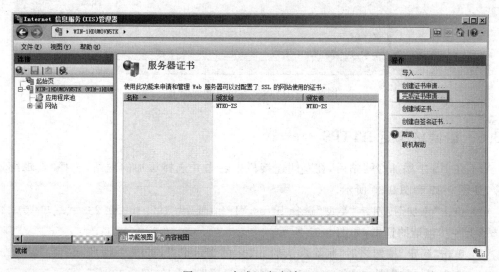

图 9-26　完成证书申请(1)

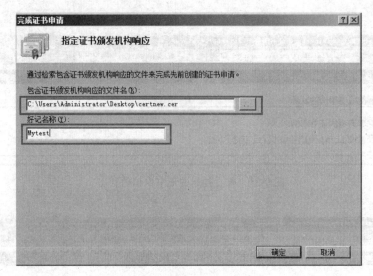

图 9-27　完成证书申请(2)

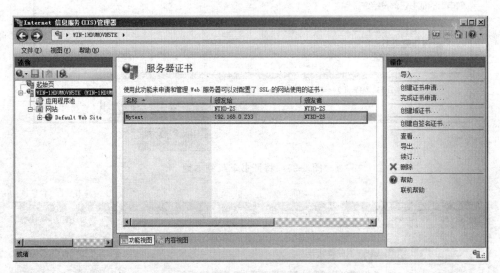

图 9-28　IIS 服务器申请到的证书

### 9.3.5　给网站绑定 HTTPS

(1) 在 IIS 中添加好网站后,在左侧连接栏中右击并选择添加的网站,选择"编辑绑定"命令,如图 9-29 和图 9-30 所示。

(2) 单击"添加"按钮。"类型"选择 https,"IP 地址"为 192.168.0.233,"端口"为 443,再选择上一步申请的证书,如图 9-31 所示。

(3) 单击"确定"按钮之后,删除默认的 https 的绑定记录,如图 9-32 所示。

(4) 选中添加的网站,在窗口中间选择"SSL 设置"选项,如图 9-33 所示。

(5) 双击"SSL 设置"按钮,在弹出的对话框中选中"要求 SSL"复选框。单击右侧操作栏的"应用"选项后,就完成了服务器端的配置,如图 9-34 所示。

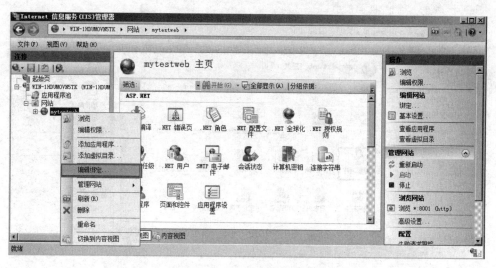

图 9-29　选择"编辑绑定"命令

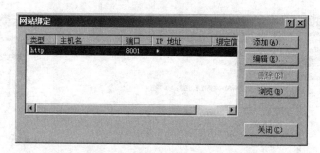

图 9-30　"网站绑定"对话框

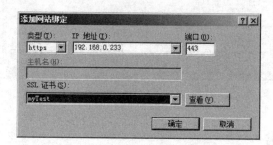

图 9-31　"添加网站绑定"对话框

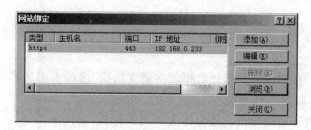

图 9-32　删除默认的 https 的绑定记录

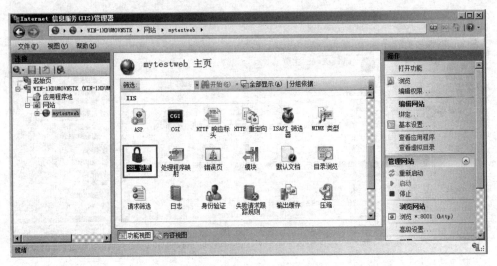

图 9-33　选择"SSL 设置"选项

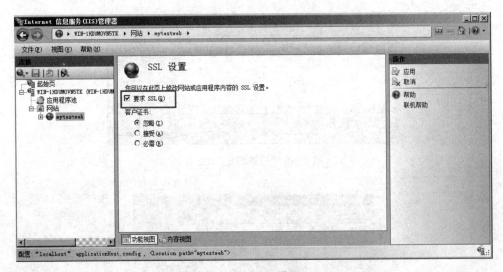

图 9-34　SSL 设置

### 9.3.6　导出根证书

服务器端配置完成后,需要将根证书导出,并在每台客户端上安装后,客户端才能正常访问网站。

(1)登录证书和 Web 服务器,打开"Internet 选项"对话框,选择"内容"选项卡,如图 9-35所示。

(2)单击"证书"按钮,在"受信任的根证书颁发机构"选项卡中选择之前创建的根证书,并单击"导出"按钮,如图 9-36 所示。

(3)按向导完成证书的导出。请记住文件名和位置,如图 9-37 所示。导出成功的界面如图 9-38 所示。

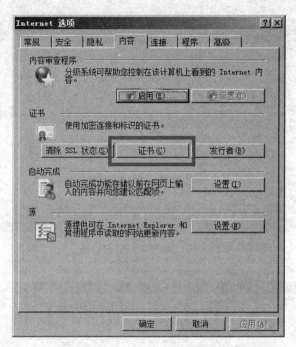

图 9-35　"Internet 选项"对话框

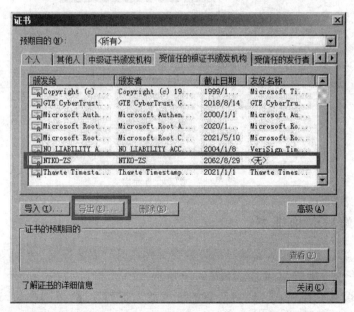

图 9-36　"证书"对话框

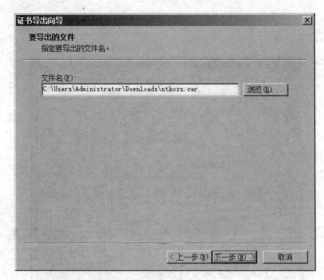

图 9-37　证书文件名及位置

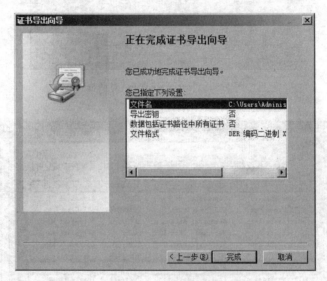

图 9-38　完成证书导出

### 9.3.7　客户端安装根证书

（1）在客户端右击，从服务器端导出根证书文件，选择"安装证书"命令，如图 9-39 所示。

（2）弹出"安全性警告"对话框，如图 9-40 所示。

（3）选择"是"按钮继续，选择"将所有的证书放入下列存储"单选按钮，选择"受信任的根证书颁发机构"并单击"浏览"按钮，如图 9-41 所示。

（4）单击"下一步"按钮，按向导提示完成证书导入，如图 9-42 所示。

（5）根证书安装完毕后，就可以打开浏览器，在地址栏里输入 https：//192.168.0.223。通过以上设置，现在就能够成功访问该网站了。

图 9-39　选择"安装证书"命令

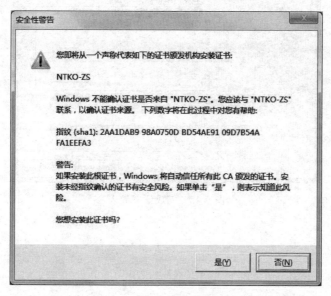

图 9-40　"安全性警告"对话框

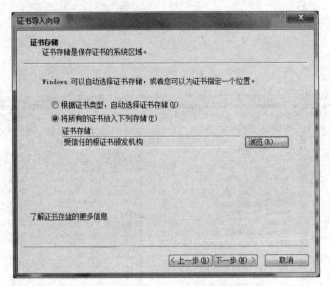

图 9-41 将所有的证书放入下列存储

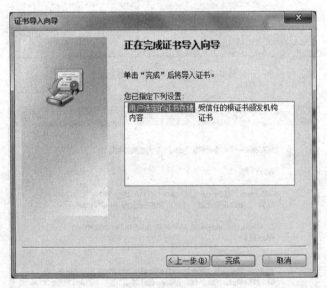

图 9-42 完成证书导入

# 9.4 习题

## 1. 填空题

(1) 数字签名通常利用公钥加密方法实现,其中发送者签名使用的密钥为发送者的_____。

(2) 身份验证机构的_____可以确保证书信息的真实性,用户的_____可以保证数字信息传输的完整性,用户的_____可以保证数字信息的不可否认性。

(3) 认证中心颁发的数字证书均遵循_____标准。

（4）PKI 的中文名称是_____，英文全称是_____。

（5）_____专门负责数字证书的发放和管理，以保证数字证书的真实可靠，也称_____。

（6）Windows Server 2008 支持两类认证中心：_____和_____，每类 CA 中都包含根 CA 和从属 CA。

（7）申请独立 CA 证书时，只能通过_____方式。

（8）独立 CA 在收到申请信息后，不能自动核准与发放证书，需要_____证书，然后客户端才能安装证书。

**2. 简答题**

（1）对称密钥和非对称密钥的特点各是什么？

（2）什么是电子证书？

（3）证书的用途是什么？

（4）企业根 CA 和独立根 CA 有什么不同？

（5）安装 Windows Server 2008 认证服务的核心步骤是什么？

（6）证书与 IIS 结合实现 Web 站点的安全性的核心步骤是什么？

（7）简述证书的颁发过程和吊销过程。

# 9.5    项目实训    Web 站点的 SSL 安全连接

## 一、项目实训目的

- 掌握企业 CA 的安装与证书申请。
- 掌握数字证书的管理方法及技巧。

## 二、项目环境

本项目需要 2 台计算机，一台安装 Windows Server 2008 R2 企业版，用作 CA 服务器和 Web 服务器，IP 地址为 192.168.0.223；一台安装 Windows 7 作为客户端进行测试，IP 地址为 192.168.0.200。或者一台计算机安装多台虚拟机。

另外需要 Windows Server 2008 R2 安装光盘或其镜像文件，Windows 7 安装光盘或其镜像文件。

## 三、项目要求

在默认情况下，IIS 使用 HTTP 协议以明文形式传输数据，没有采取任何加密措施，用户的重要数据很容易被窃取，如何才能保护局域网中的这些重要数据呢？ 我们可以利用 CA 证书使用 SSL 增强 IIS 服务器的通信安全。

SSL 网站不同于一般的 Web 站点，它使用的是 HTTPS 协议，而不是普通的 HTTP 协议。因此它的 URL（统一资源定位器）格式为"https：//网站域名"。具体实现方法如下。

**1. 在网络中安装证书服务**

安装独立根 CA，设置证书的有效期限为 5 年，指定证书数据库和证书数据库日志采用默认位置。

**2. 利用 IIS 创建 Web 站点**

利用 IIS 创建一个 Web 站点。具体方法详见项目 7 相关内容,在此不再赘述。

**3. 服务器端(Web 站点)安装证书**

选择"开始"→"程序"→"管理工具"→"Internet 信息服务"命令,打开 Web 站点的"属性"对话框,转到"目录安全性"选项卡,选择"服务器证书",从 CA 安装证书。设置参数如下。

(1) 此网站使用的方法是"新建证书",并且立即请求证书。

(2) 新证书的名称是 smile,加密密钥的位长是 512。

(3) 单位信息:组织名 jn(济南)和部门名称×××(信息系)。

(4) 站点的公用名称:top。

(5) 证书的地理信息:中国,山东省,济南市。

(6) SSL 端口采用默认的 443。

(7) 选择证书颁发机构为前面安装的机构。

**4. 服务器端(Web 站点)设置 SSL**

在 Web 站点的"目录安全性"选项卡中单击"编辑"按钮,选中"要求安全通道(SSL)"和"接受客户端证书"选项。

**5. 客户端(IE 浏览器)的设置**

在客户端通过 Web 方式向证书颁发机构申请证书并安装。

**6. 进行安全通信(验证实验结果)**

(1) 利用普通的 HTTP 进行浏览,将会得到错误信息"该网页必须通过安全频道查看"。

(2) 利用 HTTPS 进行浏览,系统将通过 IE 浏览器提示客户 Web 站点的安全证书问题,单击"确定"按钮,可以浏览到站点。

提示:客户端将向 Web 站点提供自己从 CA 申请的证书给 Web 站点,此后客户端(IE 浏览器)和 Web 站点之间的通信就被加密了。

# 项目 10
# 配置与管理 VPN 服务器和 NAT 服务器

## 本项目学习要点

某高校组建了学校的校园网,并且已经架设了文件服务、Web、FTP、DNS、DHCP、E-mail 等功能的服务器来为校园网用户提供服务,现有以下问题需要解决。

(1)需要将子网连接在一起构成整个校园网。

(2)由于校园网使用的是私有地址,需要进行网络地址转换,使校园网中的用户能够访问互联网。

(3)为满足家住校外的师生对校园网内部资源和应用服务的访问需求,需要在校园网内开通远程接入功能。

该项目实际上是由 Windows Server 2008 操作系统的"路由和远程访问"角色完成的,通过该角色部署软路由、NAT 和 VPN,能够实现上述问题。本项目重点内容如下。

- 理解 NAT、VPN 的基本概念和基本原理。
- 理解远程访问 VPN 的构成和连接过程。
- 掌握配置并测试远程访问 VPN 的方法。
- 理解 NAT 网络地址转换的工作过程。
- 掌握配置并测试网络地址转换 NAT 的方法。

## 10.1 项目基础知识

为满足家住校外师生对校园网内部资源和应用服务的访问需求,需要开通校园网远程访问功能。只要能够访问互联网,不论是在家中还是出差在外,都可以通过该功能轻松访问未对外开放的校园网内部资源(文件和打印共享、Web 服务、FTP 服务、OA 系统等)。

远程访问(Remote Access)也称为远程接入,通过这种技术,可以将远程或移动用户连接到组织内部网上,使远程用户可以像他们的计算机物理地连接到内部网上一样工作。实现远程访问最常用的连接方式就是 VPN 技术。目前,互联网中的多个企业网络常常选择 VPN 技术(通过加密技术、验证技术、数据确认技术的共同应用)连接起来,就可以轻易地在 Internet 上建立一个专用网络,让远程用户通过 Internet 来安全地访问网络内部的网络资源。

VPN(Virtual Private Network)即虚拟专用网,是指在公共网络(通常为 Internet 中)建立一个虚拟的、专用的网络,是 Internet 与 Intranet 之间的专用通道,为企业提供一个高安全、高性能、简便易用的环境。当远程的 VPN 客户端通过 Internet 连接到 VPN 服务器时,它们之间所传送的信息会被加密,所以即使信息在 Internet 传送的过程中被拦截,也会因为信息已被加密而无法识别,因此可以确保信息的安全性。

**1. VPN 的构成**

(1) 远程访问 VPN 服务器:用于接收并响应 VPN 客户端的连接请求,并建立 VPN 连接。它可以是专用的 VPN 服务器设备,也可以是运行 VPN 服务的主机。

(2) VPN 客户端:用于发起连接 VPN 请求,通常为 VPN 连接组件的主机。

(3) 隧道协议:VPN 的实现依赖于隧道协议,通过隧道协议,可以将一种协议用另一种协议或相同协议封装,同时还可以提供加密、认证等安全服务。VPN 服务器和客户端必须支持相同的隧道协议,以便建立 VPN 连接。目前最常用的隧道协议有 PPTP 和 L2TP。

- PPTP(Point-to-Point Tunneling Protocol,点对点隧道协议)。PPTP 是点对点协议 (PPP)的扩展,并协调使用 PPP 的身份验证、压缩和加密机制。PPTP 客户端支持内置于 Windows XP 远程访问客户端。只有 IP 网络(如 Internet)才可以建立 PPTP 的 VPN。两个局域网之间若通过 PPTP 来连接,则两端直接连接到 Internet 的 VPN 服务器必须执行 TCP/IP 通信协议,但网络内的其他计算机不一定需要支持 TCP/IP 协议,它们可执行 TCP/IP、IPX 或 NetBEUI 通信协议,因为当它们通过 VPN 服务器与远程计算机通信时,这些不同通信协议的数据包会被封装到 PPP 的数据包内,然后经过 Internet 传送,信息到达目的地后,再由远程的 VPN 服务器将其还原为 TCP/IP、IPX 或 NetBEUI 的数据包。PPTP 是利用 MPPE(Microsoft Point-to-Point Encryption)加密法来将信息加密。PPTP 的 VPN 服务器支持内置于 Windows Server 2003 家族的成员。PPTP 与 TCP/IP 协议一同安装,根据运行"路由和远程访问服务器安装向导"时所做的选择,PPTP 可以配置为 5 个或 128 个 PPTP 端口。

- L2TP(Layer Two Tunneling Protocol,第二层隧道协议)。L2TP 是基于 RFC 的隧道协议,该协议是一种业内标准。L2TP 同时具有身份验证、加密与数据压缩的功能。L2TP 的验证与加密方法都是采用 IPSec。与 PPTP 类似,L2TP 也可以将 IP、IPX 或 NetBEUI 的数据包封装到 PPP 的数据包内。与 PPTP 不同,运行在 Windows Server 2003 服务器上的 L2TP 不利用 Microsoft 点对点加密(MPPE)来加密点对点协议(PPP)数据包。L2TP 依赖于加密服务的 Internet 协议安全性 (IPSec)。L2TP 和 IPSec 的组合被称为 L2TP/IPSec。L2TP/IPSec 提供专用数据的封装和加密的主要虚拟专用网(VPN)服务。VPN 客户端和 VPN 服务器必须支持 L2TP 和 IPSec。L2TP 的客户端支持内置于 Windows XP 远程访问客户端,而 L2TP 的 VPN 服务器支持内置于 Windows Server 2003 家族的成员。L2TP 与

TCP/IP 协议一同安装,根据运行"路由和远程访问服务器安装向导"时所做的选择,L2TP 可以配置为 5 个或 128 个 L2TP 端口。

(4) Internet 连接: VPN 服务器和客户端必须都接入 Internet,并且能够通过 Internet 进行正常的通信。

**2. VPN 应用场合**

VPN 的实现可以分为软件和硬件两种方式。Windows 服务器版的操作系统以完全基于软件的方式实现了虚拟专用网,成本非常低廉。无论身处何地,只要能连接到 Internet,就可以与企业网在 Internet 上的虚拟专用网相关联,登录到内部网浏览或交换信息。

一般来说,VPN 使用在以下两种场合。

1) 远程客户端通过 VPN 连接到局域网

总公司(局域网)的网络已经连接到 Internet,而用户在远程拨号连接 ISP 并连上 Internet 后,就可以通过 Internet 来与总公司(局域网)的 VPN 服务器建立 PPTP 或 L2TP 的 VPN,并通过 VPN 来安全地传送信息。

2) 两个局域网通过 VPN 互联

两个局域网的 VPN 服务器都连接到 Internet,并且通过 Internet 建立 PPTP 或 L2TP 的 VPN,它可以让两个网络之间安全地传送信息,不用担心在 Internet 上传送时泄密。

除了使用软件方式实现外,VPN 的实现需要建立在交换机、路由器等硬件设备上。目前,在 VPN 技术和产品方面,最具有代表性的当属 Cisco 和华为 3Com。

**3. VPN 的连接过程**

(1) 客户端向服务器连接 Internet 的接口发送建立 VPN 的连接请求。

(2) 服务器接收到客户端建立连接的请求之后,将对客户端的身份进行验证。

(3) 如果身份验证未通过,则拒绝客户端的连接请求。

(4) 如果身份验证通过,则允许客户端建立 VPN 连接,并为客户端分配一个内部网的 IP 地址。

(5) 客户端将获得的 IP 地址与 VPN 连接组件绑定,并使用该地址与内部网进行通信。

# 10.2　项目设计与准备

## 10.2.1　部署架设 VPN 服务器的需求和环境

**1. 项目设计**

本项目中的任务将根据如图 10-1 所示的环境部署远程访问 VPN 服务器。

**2. 项目准备**

部署远程访问 VPN 服务之前,应做以下准备。

(1) 使用提供远程访问 VPN 服务的 Windows Server 2008 操作系统。

(2) VPN 服务器至少要有两个网络连接。

(3) VPN 服务器必须与内部网相连,因此需要配置与内部网连接所需要的 TCP/IP 参数(私有 IP 地址),该参数可以手动指定,也可以通过内部网中的 DHCP 服务器自动分配。

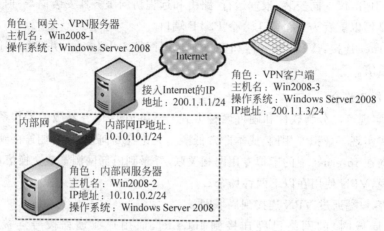

图 10-1　架设 VPN 服务器的网络拓扑图

本例 IP 地址为 10.10.10.1/24。

（4）VPN 服务器必须同时与 Internet 相连，因此需要建立和配置与 Internet 的连接。VPN 服务器与 Internet 的连接通常采用较快的连接方式，如专线连接。本例 IP 地址为 200.1.1.1/24。

（5）合理规划分配给 VPN 客户端的 IP 地址。VPN 客户端在请求建立 VPN 连接时，VPN 服务器需要为其分配内部网的 IP 地址。配置的 IP 地址也必须是内部网络中不使用的 IP 地址，地址的数量根据同时建立 VPN 连接的客户端数量来确定。在本项目中部署远程访问 VPN 时，使用静态 IP 地址池为远程访问客户端分配 IP 地址，地址范围采用 10.10.10.11～20。

（6）客户端在请求 VPN 连接时，服务器要对其进行身份验证，因此应合理规划需要建立 VPN 连接的用户账户。

## 10.2.2　部署架设 NAT 服务器的需求和环境

在架设 NAT 服务器之前，读者需要了解 NAT 服务器配置实例部署的需求和实训环境。

### 1. 部署需求

在部署 NAT 服务前需满足以下要求。

（1）设置 NAT 服务器的 TCP/IP 属性，手动指定 IP 地址、子网掩码、默认网关和 DNS 服务器、IP 地址等。

（2）部署域环境，域名为 long.com。

### 2. 部署环境

10.3.3 小节中所有实例都被部署在如图 10-2 所示的网络环境下。其中，NAT 服务器主机名为 Win2008-1，该服务器连接内部局域网网卡（LAN）的 IP 地址为 10.10.10.1/24，连接外部网络网卡（WAN）的 IP 地址为 200.1.1.1/24；NAT 客户端主机名为 Win2008-2，其 IP 地址为 10.10.10.2/24；内部 Web 服务器主机名为 Win2008-4，IP 地址为 10.10.10.4/24；Internet 上的 Web 服务器主机名为 Win2008-3，IP 地址为 200.1.1.3/24。

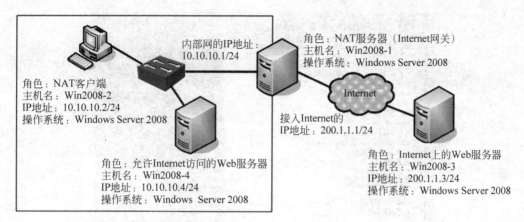

图 10-2　架设 NAT 服务器的网络拓扑图

# 10.3　项目实施

## 10.3.1　架设 VPN 服务器

在架设 VPN 服务器之前,读者需要了解本小节实例部署的需求和实训环境。

**1. 为 VPN 服务器添加第 2 块网卡**

(1) 在"服务器管理器"窗口的"虚拟机"面板中选择目标虚拟机(本例为 Win2008-1),在右侧的"操作"面板中单击"设置"超链接,打开"Win2008-1 的设置"对话框。

(2) 选择"硬件"→"添加硬件"选项,打开"添加硬件"对话框。在右侧的允许添加的硬件列表中显示允许添加的硬件设备,本例为"网络适配器"。选中要添加的硬件,单击"添加"按钮,并选择网络连接方式为"专用网络"。

(3) 启动 Win2008-1,更改两块网络连接的名称分别为"局域网连接"和"Internet 连接",并按图 10-1 分别设置两个连接的网络参数。

(4) 同理启动 Win2008-2 和 Win2008-3,并按图 10-1 设置这两台服务器的 IP 地址等信息。

**2. 安装"路由和远程访问服务"角色**

要配置 VPN 服务器,必须安装"路由和远程访问服务"。Windows Server 2008 中的路由和远程访问是包括在"网络策略和访问服务"角色中的,并且默认没有安装。用户可以根据自己的需要选择同时安装"网络策略和访问服务"中的所有服务组件或者只安装"路由和远程访问服务"。

路由和远程访问服务的安装步骤如下。

(1) 以管理员身份登录服务器 Win2008-1,打开"服务器管理器"窗口并展开"角色"。

(2) 单击"添加角色"超链接,打开如图 10-3 所示的"选择服务器角色"对话框,选择"网络策略和访问服务"角色。

(3) 单击"下一步"按钮,显示"网络策略和访问服务"对话框,提示该角色可以提供的网络功能,单击相关超链接可以查看详细帮助文件。

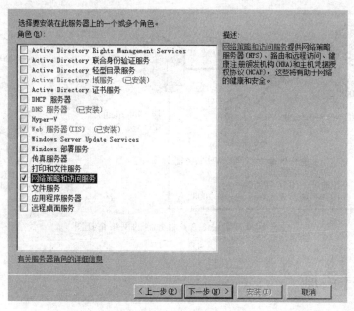

图 10-3 "选择服务器角色"对话框

（4）单击"下一步"按钮，显示如图 10-4 所示的"选择角色服务"对话框。网络策略和访问服务中包括"网络策略服务器""路由和远程访问服务""健康注册机构"和"主机凭据授权协议"角色服务，只选择其中的"路由和远程访问服务"即可满足搭建 VPN 服务器的需求，本例同时选择"网络策略服务器"角色。

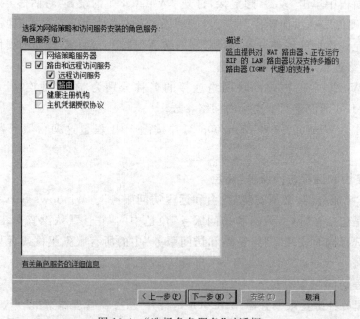

图 10-4 "选择角色服务"对话框

（5）单击"下一步"按钮，显示"确认安装选择"对话框，列表中显示的是将要安装的角色服务或功能，单击"上一步"按钮可返回修改。需要注意的是，如果选择了"网络策略服务器"

和"健康注册机构"等角色,则同时还需要安装 IIS 服务和 Active Directory 证书服务。

（6）单击"安装"按钮即可开始安装,完成后显示"安装结果"对话框。

（7）单击"关闭"按钮,退出安装向导。

**3. 配置并启用 VPN 服务**

在已经安装"路由和远程访问服务"角色服务的计算机 Win2008-1 上通过"路由和远程访问服务"控制台配置并启用"路由和远程访问服务",具体步骤如下。

1）打开"路由和远程访问服务器安装向导"页面

（1）以域管理员账户登录到需要配置 VPN 服务的计算机 Win2008-1 上,选择"开始"→"管理工具"→"路由和远程访问"选项,打开如图 10-5 所示的"路由和远程访问"控制台。

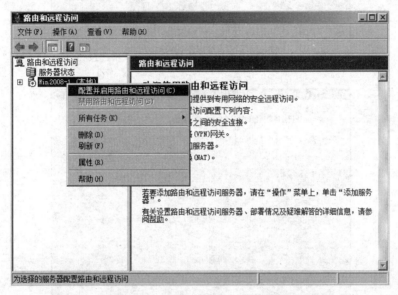

图 10-5  "路由和远程访问"控制台

（2）在该控制台树上右击服务器 Win2008-1(本地),在弹出的快捷菜单中选择"配置并启用路由和远程访问"命令,打开"路由和远程访问服务器安装向导"对话框。

2）选择 VPN 连接

（1）单击"下一步"按钮,出现"配置"对话框,在该对话框中可以配置 NAT、VPN 以及路由服务,在此选中"远程访问（拨号或 VPN）"复选框,如图 10-6 所示。

（2）单击"下一步"按钮,出现"远程访问"对话框,在该对话框中可以选择创建拨号或VPN 远程访问连接,在此选中 VPN 复选框,如图 10-7 所示。

3）选择连接到 Internet 的网络接口

单击"下一步"按钮,出现"VPN 连接"对话框,在该对话框中选择连接到 Internet 的网络接口,在此选择"Internet 连接"接口,如图 10-8 所示。

4）设置 IP 地址分配

（1）单击"下一步"按钮,出现"IP 地址分配"对话框,在该对话框中可以设置分配给VPN 客户端计算机的 IP 地址从 DHCP 服务器获取或是指定一个范围,在此选择"来自一个指定的地址范围"单选按钮,如图 10-9 所示。

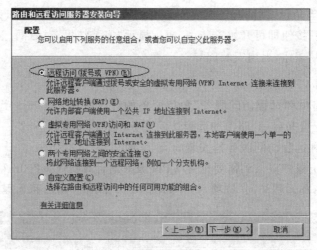

图 10-6　选择"远程访问（拨号或 VPN）"单选按钮

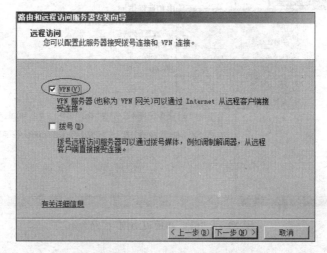

图 10-7　选择 VPN

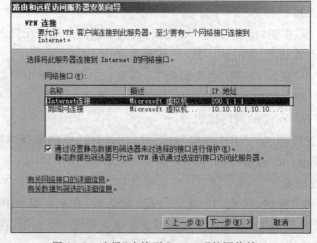

图 10-8　选择"连接到 Internet"的网络接口

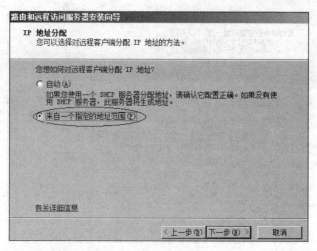

图 10-9  "IP 地址分配"对话框

（2）单击"下一步"按钮，出现"地址范围分配"对话框，在该对话框中指定 VPN 客户端计算机的 IP 地址范围。

（3）单击"新建"按钮，出现"新建 IPv4 地址范围"对话框，在"起始 IP 地址"文本框中输入 10.10.10.11，在"结束 IP 地址"文本框中输入 10.10.10.20，如图 10-10 所示，然后单击"确定"按钮即可。

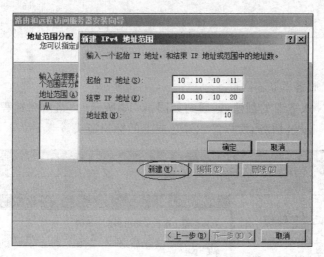

图 10-10  "新建 IPv4 地址范围"对话框

（4）返回到"地址范围分配"对话框，可以看到已经指定了一段 IP 地址范围。

5）结束 VPN 配置

（1）单击"下一步"按钮，出现"管理多个远程访问服务器"对话框。在该对话框中可以指定身份验证的方法是路由和远程访问服务器还是 RADIUS 服务器，在此选择"否，使用路由和远程访问来对连接请求进行身份验证"单选按钮，如图 10-11 所示。

（2）单击"下一步"按钮，出现"摘要"对话框，在该对话框中显示了之前步骤所设置的信息。

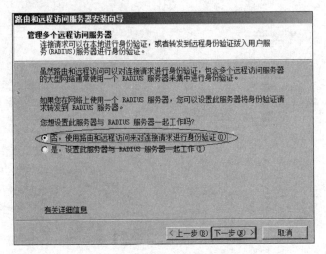

图 10-11　管理多个远程访问服务器

（3）单击"完成"按钮，出现如图 10-12 所示对话框，表示需要配置 DHCP 中继代理程序，最后单击"确定"按钮即可。

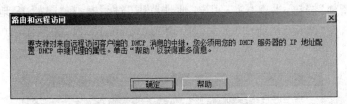

图 10-12　DHCP 中继代理信息

6）查看 VPN 服务器状态

（1）完成 VPN 服务器的创建，返回到如图 10-13 所示的"路由和远程访问"对话框。由于目前已经启用了 VPN 服务，所以显示绿色向上的标识箭头。

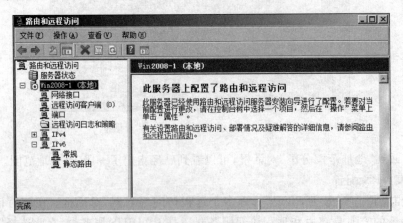

图 10-13　VPN 配置完成后的效果

（2）在"路由和远程访问"控制台树中展开服务器，选择"端口"选项，在控制台右侧界面中显示所有端口的状态为"不活动"，如图 10-14 所示。

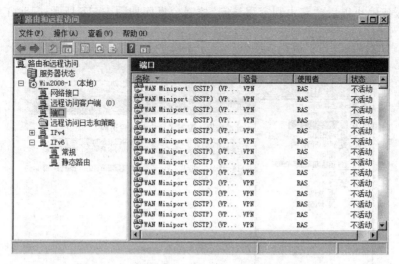

图 10-14　查看端口状态

（3）在"路由和远程访问"控制台树中展开服务器，选择"网络接口"选项，在控制台右侧界面中显示 VPN 服务器上的所有网络接口，如图 10-15 所示。

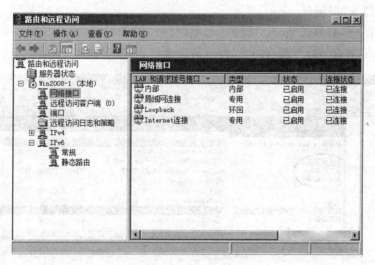

图 10-15　查看网络接口

### 4. 停止和启动 VPN 服务

要启动或停止 VPN 服务，可以使用 net 命令、"路由和远程访问"控制台或"服务"控制台，具体步骤如下。

1）使用 net 命令

以域管理员账户登录到 VPN 服务器 Win2008-1 上，在命令行提示符界面中输入命令 net stop remoteaccsee，停止 VPN 服务；输入命令 net sart remoteaccsee 启动 VPN 服务。

2）使用"路由和远程访问"控制台

在"路由和远程访问"控制台树中右击服务器，在弹出的快捷菜单中选择"所有任务"中的"停止"或"启动"命令，即可停止或启动 VPN 服务。

VPN 服务停止以后，"路由和远程访问"控制台界面如图 10-16 所示，显示了红色向下的标识箭头。

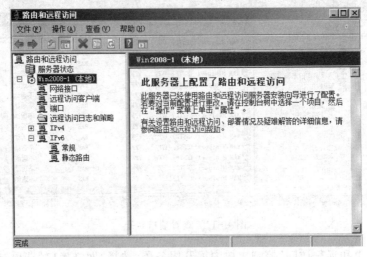

图 10-16 VPN 服务停止后的效果

3）使用"服务"控制台

选择"开始"→"管理工具"→"服务"选项，打开"服务"控制台。找到服务 Routing and Remote Access，单击"启动"或"停止"，即可启动或停止 VPN 服务，如图 10-17 所示。

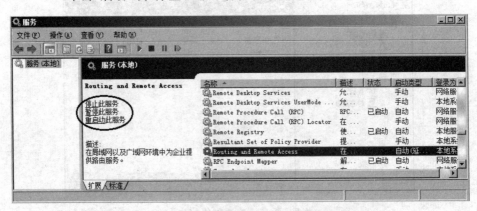

图 10-17 使用"服务"控制台启动或停止 VPN 服务

### 5. 配置域用户账户并允许 VPN 连接

在域控制器 Win2008-1 上设置允许用户 Administrator@long.com 使用 VPN 连接到 VPN 服务器的具体步骤如下。

（1）以域管理员账户登录到域控制器上 Win2008-1，打开"Active Directory 用户和计算机"控制台。依次打开 long.com 和 Users 节点，右击用户 Administrator，在弹出的快捷菜单中选择"属性"命令，打开"Administrator 属性"对话框。

（2）在"Administrator 属性"对话框中选择"拨入"选项卡。在"网络访问权限"选项区中选择"允许访问"单选按钮，如图 10-18 所示，最后单击"确定"按钮即可。

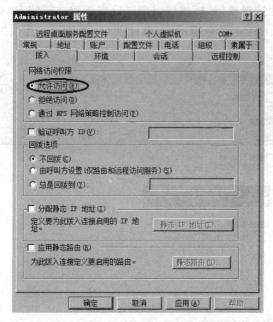

图 10-18　"Administrator 属性"对话框的"拨入"选项卡

### 6. 在 VPN 端建立并测试 VPN 连接

在 VPN 端计算机 Win2008-3 上建立 VPN 连接并连接到 VPN 服务器上,具体步骤如下。

1) 在客户端计算机上新建 VPN 连接

(1) 以本地管理员账户登录到 VPN 客户端计算机 Win2008-3 上,选择"开始"→"控制面板"→"网络和 Internet"→"网络和共享中心"选项,打开如图 10-19 所示的"网络和共享中心"对话框。

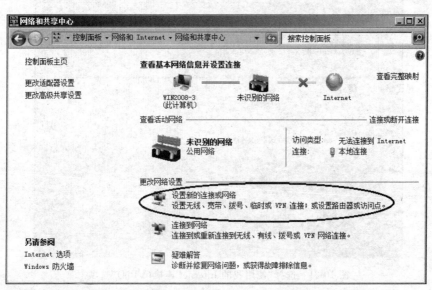

图 10-19　"网络和共享中心"对话框

（2）单击"设置新的连接或网络"按钮，打开"设置连接或网络"对话框，通过该对话框可以建立连接以连接到 Internet 或专用网络，在此选择"连接到工作区"连接选项，如图 10-20 所示。

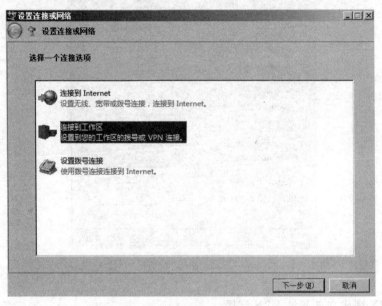

图 10-20　选择"连接到工作区"连接选项

（3）单击"下一步"按钮，出现"连接到工作区"对话框，在该对话框中指定使用 Internet 还是拨号方式连接到 VPN 服务器，在此选中"使用我的 Internet 连接（VPN）"选项，如图 10-21 所示。

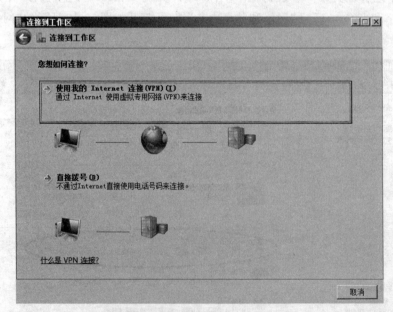

图 10-21　选择"使用我的 Internet 连接（VPN）"选项

（4）接着出现"您想在继续之前设置 Internet 连接吗?"对话框，在该对话框中设置

Internet 连接,由于本实例 VPN 服务器和 VPN 客户机是物理直接连接在一起的,所以单击"我将稍后设置 Internet 连接",如图 10-22 所示。

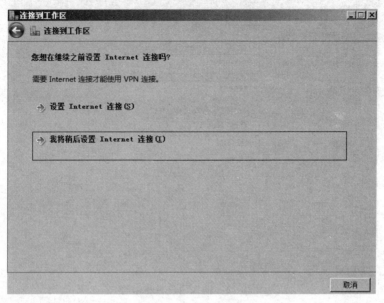

图 10-22　设置 Internet 连接

(5) 接着出现如图 10-23 所示的"键入要连接的 Internet 地址"对话框,在"Internet 地址"文本框中输入 VPN 服务器的外网网卡 IP 地址为 200.1.1.1,并设置"目标名称"为"VPN 连接"。

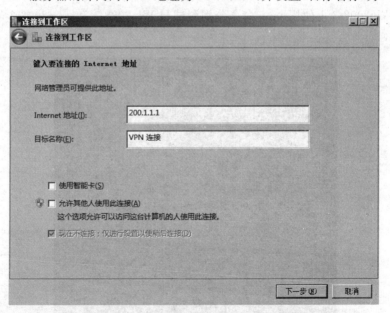

图 10-23　设置要连接的 Internet 地址

(6) 单击"下一步"按钮,出现"键入您的用户名和密码"对话框,在此输入希望连接的用户名、密码以及域,如图 10-24 所示。

(7) 单击"创建"按钮,创建 VPN 连接,接着出现"连接已经使用"对话框。完成 VPN 连接创建。

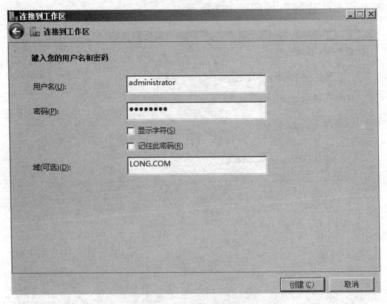

图 10-24　输入用户名和密码

2）未连接到 VPN 服务器时的测试

（1）以管理员身份登录到服务器 Win2008-3，打开 Windows Powershell 或者在"运行"行中输入 cmd。

（2）在 Win2008-3 上使用 ping 命令分别测试与 Win2008-1 和 Win2008-2 的连通性，如图 10-25 所示。

图 10-25　未连接到 VPN 服务器时的测试结果

3）连接到 VPN 服务器

（1）双击"网络连接"界面中的"VPN 连接"，打开如图 10-26 所示对话框。在该对话框中输入允许 VPN 连接的账户和密码，在此使用账户 administrator@long.com 建立连接。

（2）单击"连接"按钮，经过身份验证后即可连接到 VPN 服务器，在如图 10-27 所示的"网络连接"界面中可以看到"VPN 连接"的状态是连接的。

图 10-26　连接 VPN　　　　　　图 10-27　已经连接到 VPN 服务器的效果

## 7. 验证 VPN 连接

当 VPN 客户端计算机 Win2008-3 连接到 VPN 服务器 Win2008-1 上之后，可以访问公司内部局域网中的共享资源，具体步骤如下。

1）查看 VPN 客户机获取到的 IP 地址

（1）在 VPN 客户端计算机 Win2008-3 上打开命令提示符界面，使用命令 ipconfig /all 查看 IP 地址信息，如图 10-28 所示，可以看到 VPN 连接获得的 IP 地址为 10.10.10.13。

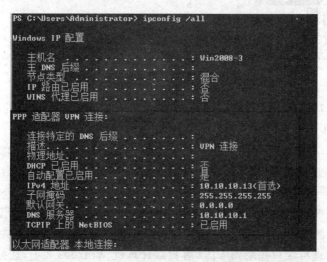

图 10-28　查看 VPN 客户机获取到的 IP 地址

（2）先后输入命令 ping 10.10.10.1 和 ping 10.10.10.2 测试 VPN 客户端计算机和

VPN 服务器以及内网计算机的连通性，如图 10-29 所示，显示能连通。

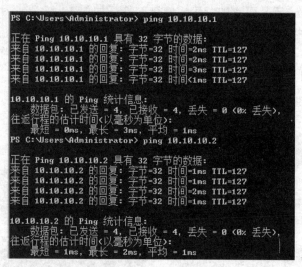

图 10-29　测试 VPN 连接

2）在 VPN 服务器上的验证

（1）以域管理员账户登录到 VPN 服务器上，在"路由和远程访问"控制台树中展开服务器节点，选择"远程访问客户端"选项，在控制台右侧界面中显示连接时间以及连接的账户，这表明已经有一个客户端建立了 VPN 连接，如图 10-30 所示。

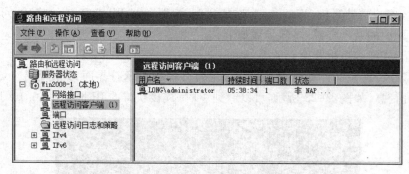

图 10-30　查看远程访问客户端

（2）选择"端口"选项，在控制台右侧界面中可以看到其中一个端口的状态是"活动"，表明有客户端连接到 VPN 服务器。

（3）右击该活动端口，在弹出的快捷菜单中选择"属性"命令，打开"端口状态"对话框，在该对话框中显示连接时间、用户以及分配给 VPN 客户端计算机的 IP 地址。

3）访问内部局域网的共享文件

（1）以管理员账户登录到内部网服务器 Win2008-2 上，在"计算机"管理器中创建文件夹 C：\share 作为测试目录，在该文件夹内存入一些文件，并将该文件夹共享。

（2）以本地管理员账户登录到 VPN 客户端计算机 Win2008-3 上，选择"开始"→"运行"命令，输入内部网服务器 Win2008-2 上共享文件夹的 UNC 路径为\\10.10.10.2。由于已经连接到 VPN 服务器上，所以可以访问内部局域网中的共享资源。

4）断开 VPN 连接

以域管理员账户登录到 VPN 服务器上,在"路由和远程访问"控制台树中依次展开服务器和"远程访问客户端"节点,在控制台右侧界面中右击连接的远程客户端,在弹出的快捷菜单中选择"断开"命令,即可断开客户端计算机的 VPN 连接。

## 10.3.2　配置 VPN 服务器的网络策略

### 1. 认识网络策略

1）什么是网络策略

部署网络访问保护(NAP)时,将向网络策略配置中添加健康策略,以便在授权的过程中使用 NPS(网络策略服务器)执行客户端健康检查。

当处理作为 RADIUS 服务器的连接请求时,网络策略服务器对此连接请求既执行身份验证,也执行授权。在身份验证过程中,NPS 验证连接到网络的用户或计算机的身份。在授权过程中,NPS 确定是否允许用户或计算机访问网络。

若要进行此决定,NPS 使用在 NPS Microsoft 管理控制台(MMC)管理单元中配置的网络策略。NPS 还检查 Active Directory 域服务(AD DS)中账户的拨入属性以执行授权。

可以将网络策略视为规则。每个规则都具有一组条件和设置。NPS 将规则的条件与连接请求的属性进行对比。如果规则和连接请求之间出现匹配,则规则中定义的设置会应用于连接。

当在 NPS 中配置了多个网络策略时,它们是一组有序规则。NPS 根据列表中的第 1 个规则检查每个连接请求,然后根据第 2 个规则进行检查,以此类推,直到找到匹配项为止。

每个网络策略都有"策略状态"设置,使用该设置可以启用或禁用策略。如果禁用网络策略,则授权连接请求时,NPS 不评估策略。

2）网络策略属性

每个网络策略中都有以下 4 种类别的属性。

(1) 概述。使用这些属性可以指定是否启用策略、是允许还是拒绝访问策略,以及连接请求是需要特定网络连接方法还是需要网络访问服务器类型。使用概述属性还可以指定是否忽略 AD DS 中的用户账户的拨入属性。如果选择该选项,则 NPS 只使用网络策略中的设置来确定是否授权连接。

(2) 条件。使用这些属性,可以指定为了匹配网络策略,连接请求所必须具有的条件;如果策略中配置的条件与连接请求匹配,则 NPS 将把网络策略中指定的设置应用于连接。例如,如果将网络访问服务器 IPv4 地址(NAS IPv4 地址)指定为网络策略的条件,并且 NPS 从具有指定 IP 地址的 NAS 接收连接请求,则策略中的条件与连接请求相匹配。

(3) 约束。约束是匹配连接请求所需的网络策略的附加参数。如果连接请求与约束不匹配,则 NPS 自动拒绝该请求。与 NPS 对网络策略中不匹配条件的响应不同,如果约束不匹配,则 NPS 不评估附加网络策略,只拒绝连接请求。

(4) 设置。使用这些属性,可以指定在策略的所有网络策略条件都匹配时,NPS 应用于连接请求的设置。

### 2. 配置网络策略

如图 10-1 所示,在 VPN 服务器 Win2008-1 上创建网络策略"VPN 网络策略",使用户在进行 VPN 连接时使用该网络策略。具体步骤如下。

1) 新建网络策略

（1）以域管理员账户登录到 VPN 服务器 Win2008-1 上，打开"路由和远程访问"控制台，展开服务器节点，右击"远程访问日志和策略"，在弹出的快捷菜单中选择"启动 NPS"命令，打开如图 10-31 所示的"网络策略服务器"控制台。

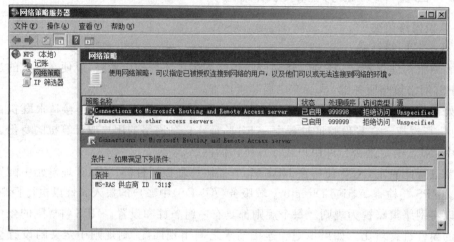

图 10-31    "网络策略服务器"控制台

（2）右击"网络策略"，在弹出的快捷菜单中选择"新建"命令，打开"新建网络策略"页面，在"指定网络策略名称和连接类型"对话框中指定网络"策略名称"为"VPN 策略"，指定"网络访问服务器的类型"为 Remote Access Server(VPN-Dial up)，如图 10-32 所示。

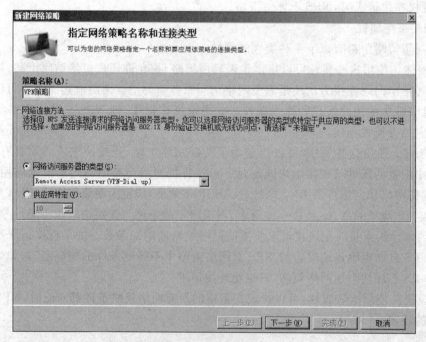

图 10-32    设置网络策略名称和连接类型

2）指定网络策略条件（日期和时间限制）

（1）单击"下一步"按钮，打开"指定条件"对话框，在该对话框中设置网络策略的条件，如日期和时间、用户组等。

（2）单击"添加"按钮，打开"选择条件"对话框。在该对话框中选择要配置的条件属性，选择"日期和时间限制"选项，如图 10-33 所示，该选项表示每周允许和不允许用户连接的时间与日期。

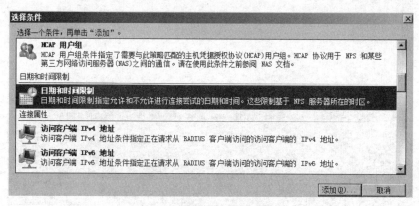

图 10-33    选择条件

（3）单击"添加"按钮，出现"日期和时间限制"对话框，在该对话框中设置允许建立 VPN 连接的时间和日期，如图 10-34 所示，设置为允许所有时间可以访问，然后单击"确定"按钮。

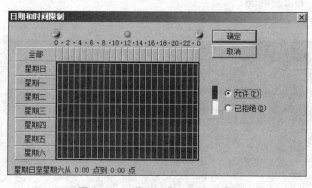

图 10-34    设置日期和时间限制

（4）返回如图 10-35 所示的"指定条件"对话框，从中可以看到已经添加了一条网络条件。

3）授予远程访问权限

单击"下一步"按钮，出现"指定访问权限"对话框，在该对话框中指定连接访问权限是允许还是拒绝，在此选择"已授予访问权限"单选按钮，如图 10-36 所示。

4）配置身份验证方法

单击"下一步"按钮，出现如图 10-37 所示的"配置身份验证方法"对话框，在该对话框中指定身份验证的方法和 EAP 类型。

5）配置约束

单击"下一步"按钮，出现如图 10-38 所示的"配置约束"对话框，在该对话框中配置网络

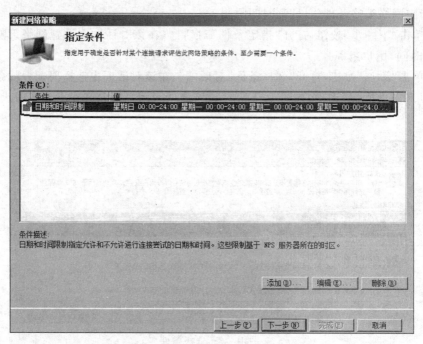

图 10-35　设置日期和时间限制后的效果

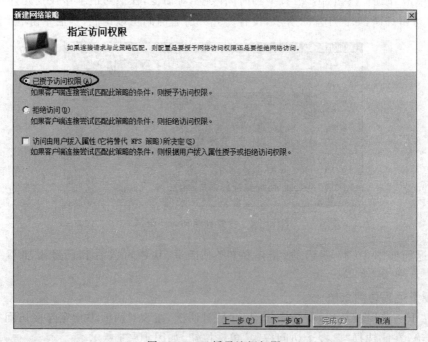

图 10-36　已授予访问权限

策略的约束,如空闲超时、会话超时、被叫站 ID、日期和时间限制、NAS 端口类型。

6）配置设置

单击"下一步"按钮,出现如图 10-39 所示的"配置设置"对话框,在该对话框中配置此网络策略的设置,如 RADIUS 属性、多链路和带宽分配协议(BAP)、IP 筛选器、加密、IP 设置。

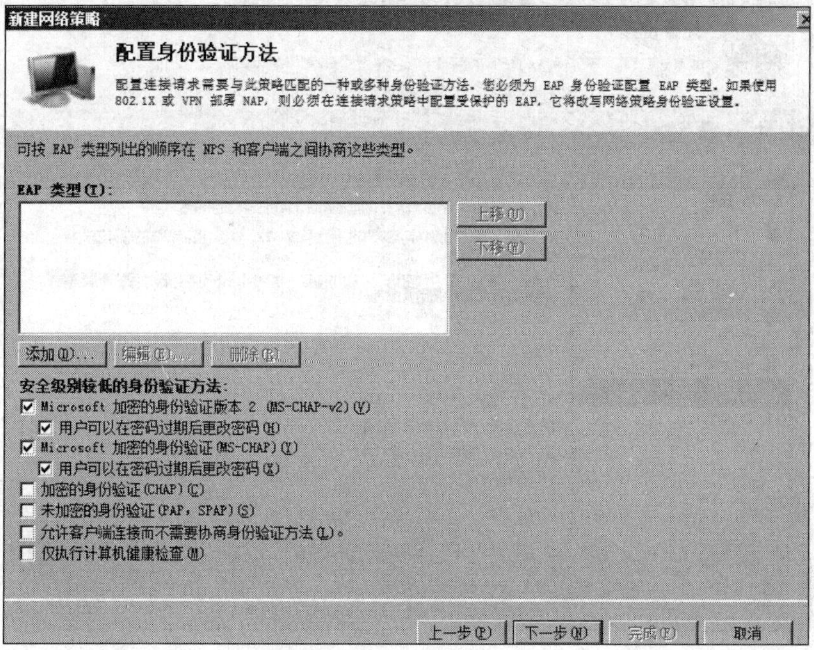

图 10-37　配置身份验证方法

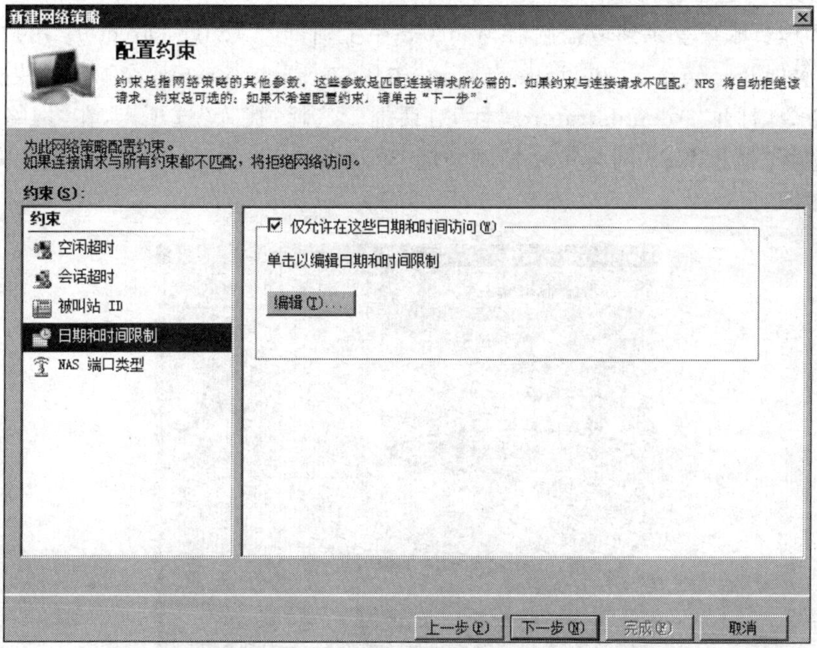

图 10-38　配置约束

7）正在完成新建网络策略

单击"下一步"按钮，出现"正在完成新建网络策略"对话框，最后单击"完成"按钮，即可完成网络策略的创建。

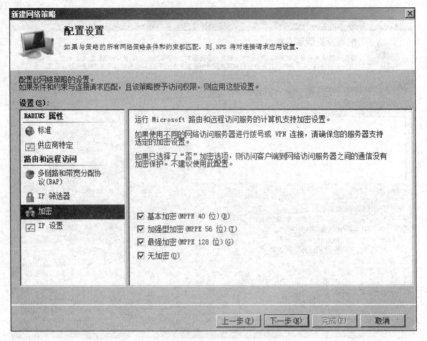

图 10-39　配置设置

8) 设置用户远程访问权限

以域管理员账户登录到域控制器 Win2008-1 上,打开"Active Directory 用户和计算机"控制台,依次展开 long. com 和 Users 节点,右击用户 Administrator,在弹出的快捷菜单中选择"属性"命令,打开"Administrator 属性"对话框。选择"拨入"选项卡,在"网络访问权限"选项区中选择"通过 NPS 网络策略控制访问"单选按钮,如图 10-40 所示,设置完成后单击"确定"按钮即可。

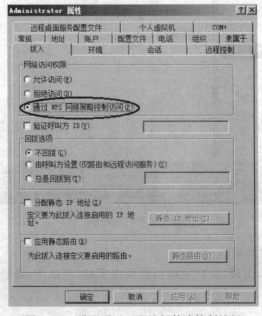

图 10-40　设置通过远程访问策略控制访问

9）客户端测试能否连接到 VPN 服务器

以本地管理员账户登录到 VPN 客户端计算机 Win2008-3 上，打开 VPN 连接，以用户 administrator@long.com 账户连接到 VPN 服务器，此时是按网络策略进行身份验证的，验证成功，连接到 VPN 服务器。

## 10.3.3　架设 NAT 服务器

网络地址转换器 NAT(Network Address Translator)位于使用专用地址的 Intranet 和使用公用地址的 Internet 之间。从 Intranet 传出的数据包由 NAT 将它们的专用地址转换为公用地址。从 Internet 传入的数据包由 NAT 将它们的公用地址转换为专用地址。这样在内网中计算机使用未注册的专用 IP 地址，而在与外部网络通信时使用注册的公用 IP 地址，大大降低了连接成本。同时 NAT 也起到将内部网隐藏起来，保护内部网的作用，因为对外部用户来说只有使用公用 IP 地址的 NAT 是可见的。

**1. 认识 NAT 的工作过程**

NAT 地址转换协议的工作过程主要有以下 4 个步骤。

（1）客户机将数据包发送给运行 NAT 的计算机。

（2）NAT 将数据包中的端口号和专用的 IP 地址换成它自己的端口号和公用的 IP 地址，然后将数据包发给外部网的目的主机，同时记录一个跟踪信息在映像表中，以便向客户机发送回答信息。

（3）外部网发送回答信息给 NAT。

（4）NAT 将所收到的数据包的端口号和公用 IP 地址转换为客户机的端口号和内部网使用的专用 IP 地址并转发给客户机。

以上步骤对于网络内部的主机和网络外部的主机都是透明的，对它们来讲就如同直接通信一样，如图 10-41 所示。担当 NAT 的计算机有两块网卡，两个 IP 地址。IP1 为 192. 168.0.1，IP2 为 202.162.4.1。

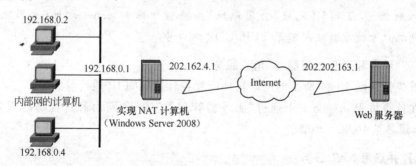

图 10-41　NAT 的工作过程

下面举例来说明。

（1）192.168.0.2 用户使用 Web 浏览器连接到位于 202.202.163.1 的 Web 服务器，则用户计算机将创建带有下列信息的 IP 数据包。

- 目标 IP 地址：202.202.163.1。
- 源 IP 地址：192.168.0.2。

- 目标端口：TCP 端口 80。
- 源端口：TCP 端口 1350。

（2）IP 数据包转发到运行 NAT 的计算机上，它将传出的数据包地址转换成下面的形式，用自己的 IP 地址新打包后转发。

- 目标 IP 地址：202.202.163.1。
- 源 IP 地址：202.162.4.1。
- 目标端口：TCP 端口 80。
- 源端口：TCP 端口 2500。

（3）NAT 协议在表中保留了"192.168.0.2，TCP 1350"到"202.162.4.1，TCP 2500"的映射，以便回传。

（4）转发的 IP 数据包是通过 Internet 发送的。Web 服务器响应通过 NAT 协议发回和接收。当接收时，数据包包含下面的公用地址信息。

- 目标 IP 地址：202.162.4.1。
- 源 IP 地址：202.202.163.1。
- 目标端口：TCP 端口 2500。
- 源端口：TCP 端口 80。

（5）NAT 协议检查转换表，将公用地址映射到专用地址，并将数据包转发给位于 192.168.0.2 的计算机。转发的数据包包含以下地址信息。

- 目标 IP 地址：192.168.0.2。
- 源 IP 地址：202.202.163.1。
- 目标端口：TCP 端口 1350。
- 源端口：TCP 端口 80。

说明：对于来自 NAT 协议的传出数据包，源 IP 地址（专用地址）被映射到 ISP 分配的地址（公用地址），并且 TCP/IP 端口号也会被映射到不同的 TCP/IP 端口号。对于到 NAT 协议的传入数据包，目标 IP 地址（公用地址）被映射到源 Internet 地址（专用地址），并且 TCP/UDP 端口号被重新映射回源 TCP/UDP 端口号。

**2. 安装"路由和远程访问服务"角色服务**

（1）首先按照图 10-41 所示的网络拓扑配置各计算机的 IP 地址等参数。

（2）在计算机 Win2008-1 上通过"服务器管理器"安装"路由和远程访问服务"角色服务，具体步骤参见 10.3.1 小节。

**3. 配置并启用 NAT 服务**

在计算机 Win2008-1 上通过"路由和远程访问"控制台配置并启用 NAT 服务，具体步骤如下。

1）打开"路由和远程访问服务器安装向导"页面

以管理员账户登录到需要添加 NAT 服务的计算机 Win2008-1 上，选择"开始"→"管理工具"→"路由和远程访问"选项，打开"路由和远程访问"控制台。右击服务器 Win2008-1，在弹出的快捷菜单中选择"配置启用路由和远程访问"命令，打开"路由和远程访问服务器安装向导"页面。

2）选择网络地址转换（NAT）

单击"下一步"按钮，出现"配置"对话框，在该对话框中可以配置 NAT、VPN 以及路由服务，在此选择"网络地址转换（NAT）"单选按钮，如图 10-42 所示。

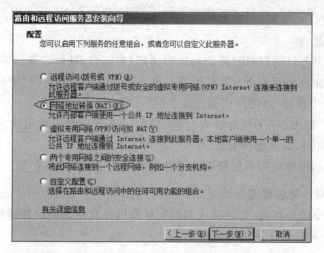

图 10-42　选择网络地址转换（NAT）

3）选择连接到 Internet 的网络接口

单击"下一步"按钮，出现"NAT Internet 连接"对话框，在该对话框中指定连接到 Internet 的网络接口，即 NAT 服务器连接到外部网的网卡，选择"使用此公共接口连接到 Internet"单选按钮，并选择接口为 WAN，如图 10-43 所示。

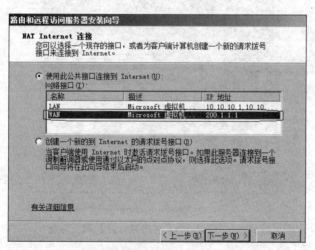

图 10-43　选择连接到 Internet 的网络接口

4）结束 NAT 配置

单击"下一步"按钮，出现"正在完成路由和远程访问服务器安装向导"对话框，最后单击"完成"按钮，即可完成 NAT 服务的配置和启用。

**4. 停止 NAT 服务**

可以使用"路由和远程访问"控制台停止 NAT 服务，具体步骤如下。

（1）以管理员账户登录到 NAT 服务器上，打开"路由和远程访问"控制台，NAT 服务启用后显示绿色向上标识箭头。

（2）右击服务器，在弹出的快捷菜单中选择"所有任务"→"停止"命令，停止 NAT 服务。

（3）NAT 服务停止以后，显示红色向下标识箭头，表示 NAT 服务已停止。

### 5. 禁用 NAT 服务

要禁用 NAT 服务，可以使用"路由和远程访问"控制台，具体步骤如下。

（1）以管理员账户登录到 NAT 服务器上，打开"路由和远程访问"控制台，右击服务器，在弹出的快捷菜单中选择"禁用路由和远程访问"命令。

（2）接着弹出"禁用 NAT 服务警告信息"界面。该信息表示禁用路由和远程访问服务后，要重新启用路由器，需要重新配置。

（3）禁用路由和远程访问后的控制台界面，显示红色向下标识箭头。

### 6. NAT 客户端计算机配置和测试

配置 NAT 客户端计算机，并测试内部网和外部网计算机之间的连通性，具体步骤如下。

1）设置 NAT 客户端计算机网关地址

以管理员账户登录到 NAT 客户端计算机 Win2008-2 上，打开"Internet 协议版本 4（TCP/IPv4）属性"对话框。设置其"默认网关"的 IP 地址为 NAT 服务器的内网网卡（LAN）的 IP 地址，在此输入 10.10.10.1，如图 10-44 所示。最后单击"确定"按钮即可。

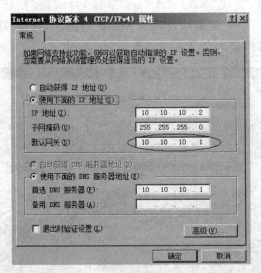

图 10-44　设置 NAT 客户端计算机网关地址

2）测试内部 NAT 客户端计算机与外部网计算机的连通性

在 NAT 客户端计算机 Win2008-2 上打开命令提示符界面，测试与 Internet 上的 Web 服务器（Win2008-3）的连通性，输入命令 ping　200.1.1.3，如图 10-45 所示，显示能连通。

3）测试外部网计算机与 NAT 服务器、内部 NAT 客户端的连通性

以本地管理员账户登录到外部网计算机（Win2008-3）上，打开命令提示符界面，依次使用命令 ping 200.1.1.1、ping 10.10.10.1、ping 10.10.10.2、ping 10.10.10.4，测试外部计算机 Win2008-3 与 NAT 服务器外网卡和内网卡以及内部网计算机的连通性，如图 10-46 所

示,除 NAT 服务器外网卡外均不能连通。

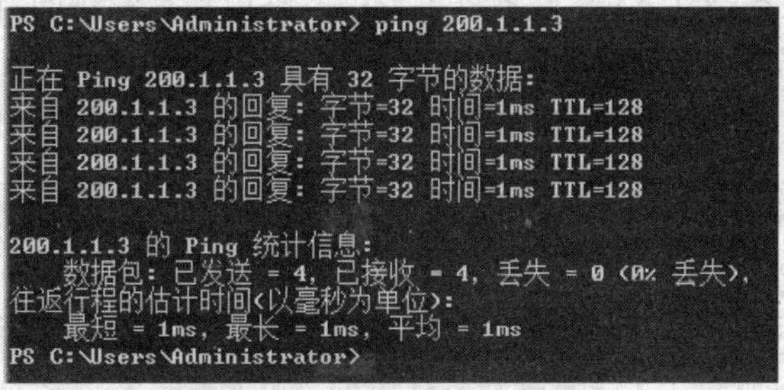

图 10-45　测试内部 NAT 客户端计算机与外部网计算机的连通性

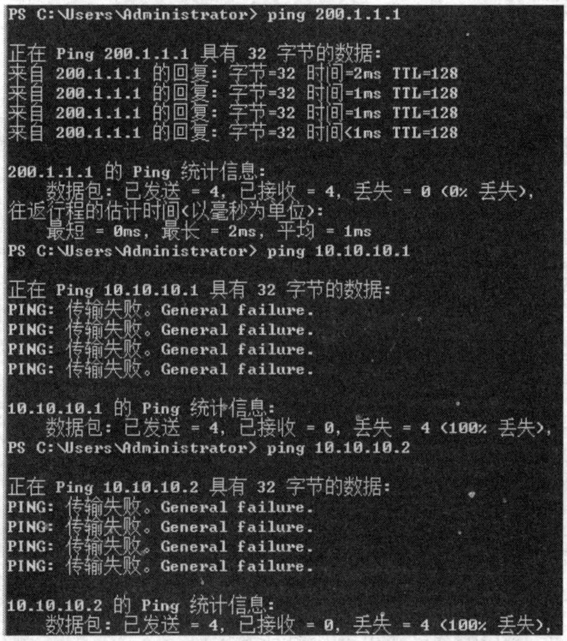

图 10-46　测试外部网计算机与 NAT 服务器、内部 NAT 客户端的连通性

### 7. 外部网主机访问内部 Web 服务器

要让外部网的计算机 Win2008-3 能够访问内部 Web 服务器 Win2008-4,具体步骤如下。

1) 在内部网计算机 Win2008-4 上安装 Web 服务器

如何在 Win2008-4 上安装 Web 服务器,请参考"项目 7"。

2) 将内部网计算机 Win2008-4 配置成 NAT 客户端

以管理员账户登录到 NAT 客户端计算机 Win2008-4 上,打开"Internet 协议版本 4 (TCP/IPv4)属性"对话框。设置其"默认网关"的 IP 地址为 NAT 服务器的内网网卡 (LAN)的 IP 地址,在此输入 10.10.10.1。最后单击"确定"按钮即可。

**注意**:使用端口映射等功能时,内部网计算机一定要配置成 NAT 客户端。

3）设置端口地址转换

（1）以管理员账户登录到 NAT 服务器上，打开"路由和远程访问"控制台，依次展开服务器 Win2008-1 和 IPv4 节点，单击 NAT，在控制台右侧界面中右击 NAT 服务器的外网网卡 WAN，在弹出的快捷菜单中选择"属性"命令，如图 10-47 所示，打开"WAN 属性"对话框。

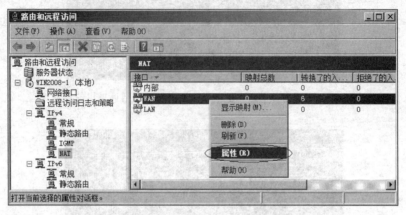

图 10-47　选择"属性"命令

（2）在打开的"WAN 属性"对话框中选择如图 10-48 所示的"服务和端口"选项卡，在此可以设置将 Internet 用户重定向到内部网上的服务。

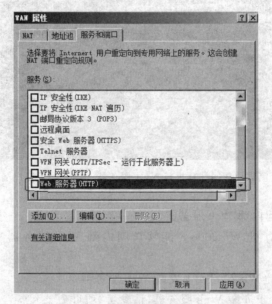

图 10-48　"服务和端口"选项卡

（3）选择"服务"列表中的"Web 服务器（HTTP）"复选框，会打开"编辑服务"对话框，在"专用地址"文本框中输入安装 Web 服务器的内部网计算机 IP 地址，在此输入 10.10.10.4，如图 10-49 所示。最后单击"确定"按钮即可。

（4）返回"服务和端口"选项卡，可以看到已经选择了"Web 服务器（HTTP）"复选框，然后单击"确定"按钮，可完成端口地址转换的设置。

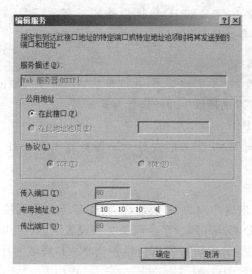

图 10-49 "编辑服务"对话框

4）从外部网访问内部 Web 服务器

（1）以管理员账户登录到外部网的计算机 Win2008-3 上。

（2）打开 IE 浏览器，输入 http：//200.1.1.1，会打开内部计算机 Win2008-4 上的 Web
网站。请读者试一试。

**注意**：200.1.1.1 是 NAT 服务器外部网卡的 IP 地址。

5）在 NAT 服务器上查看地址转换信息

（1）以管理员账户登录到 NAT 服务器 Win2008-1 上，打开"路由和远程访问"控制台，
依次展开服务器 Win2008-1 和 IPv4 节点，选择 NAT 选项，在控制台右侧界面中显示 NAT
服务器正在使用的连接内部网的网络接口。

（2）右击 WAN，在弹出的快捷菜单中选择"显示映射"命令，打开如图 10-50 所示的
"Win2008-1-网络地址转换会话映射表格"对话框。该信息表示外部网计算机 200.1.1.3 访
问到内部网计算机 10.10.10.4 的 Web 服务，NAT 服务器将 NAT 服务器外网卡 IP 地址
200.1.1.1 转换成内部网计算机 IP 地址 10.10.10.4。

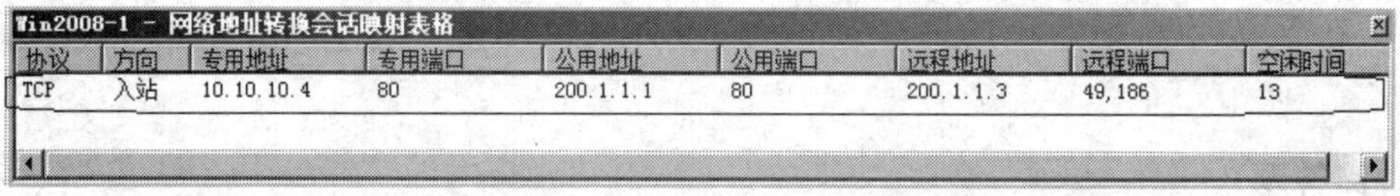

| 协议 | 方向 | 专用地址 | 专用端口 | 公用地址 | 公用端口 | 远程地址 | 远程端口 | 空闲时间 |
|------|------|----------|----------|----------|----------|----------|----------|----------|
| TCP | 入站 | 10.10.10.4 | 80 | 200.1.1.1 | 80 | 200.1.1.3 | 49,186 | 13 |

图 10-50 "Win2008-1-网络地址转换会话映射表格"对话框

### 8. 配置筛选器

数据包筛选器用于 IP 数据包的过滤。数据包筛选器分为入站筛选器和出站筛选器，分
别对应接收到的数据包和发出去的数据包。对于某一个接口而言，入站数据包是指从此接
口接收到的数据包，而不论此数据包的源 IP 地址和目的 IP 地址；出站数据包是指从此接口
发出的数据包，而不论此数据包的源 IP 地址和目的 IP 地址。

可以在入站筛选器和出站筛选器中定义 NAT 服务器只是允许筛选器中所定义的 IP 数

据包或者允许除了筛选器中定义的 IP 数据包外的所有数据包，对于没有允许的数据包，NAT 服务器默认将会丢弃此数据包。

**9. 设置 NAT 客户端**

前面已经实践过设置 NAT 客户端了，在这里总结一下。局域网 NAT 客户端只要修改 TCP/IP 的设置即可。可以选择以下两种设置方式。

1）自动获得 TCP/IP

此时客户端会自动向 NAT 服务器或 DHCP 服务器来索取 IP 地址、默认网关、DNS 服务器的 IP 地址等设置。

2）手动设置 TCP/IP

手动设置 IP 地址要求客户端的 IP 地址必须与 NAT 局域网接口的 IP 地址在相同的网段内，也就是 Network ID 必须相同。默认网关必须设置为 NAT 局域网接口的 IP 地址，本例中为 10.10.10.1。首选 DNS 服务器可以设置为 NAT 局域网接口的 IP 地址，或是任何一台合法的 DNS 服务器的 IP 地址。

完成后，客户端的用户只要上网、收发电子邮件、连接 FTP 服务器等，NAT 就会自动通过 PPPoE 请求拨号来连接 Internet。

**10. 配置 DHCP 分配器与 DNS 代理**

NAT 服务器另外还具备以下两个功能。

- DHCP 分配器（DHCP Allocator）：用来分配 IP 地址给内部的局域网客户端计算机。
- DNS 代理（DNS proxy）：可以替局域网内的计算机来查询 IP 地址。

# 10.4 习题

**1. 填空题**

（1）VPN 是 ＿＿＿＿＿＿＿ 的简称，中文是 ＿＿＿＿＿＿＿；NAT 是 ＿＿＿＿＿＿＿ 的简称，中文是 ＿＿＿＿＿＿＿。

（2）一般来说，VPN 使用在以下两种场合：＿＿＿＿＿＿＿ 和 ＿＿＿＿＿＿＿。

（3）VPN 使用的两种隧道协议是 ＿＿＿＿＿＿＿ 和 ＿＿＿＿＿＿＿。

（4）在 Windows Server 的命令提示符下，可以使用 ＿＿＿＿＿＿＿ 命令查看本机的路由表信息。

**2. 简答题**

（1）什么是专用地址和公用地址？

（2）网络地址转换 NAT 的功能是什么？

（3）简述地址转换的原理，即 NAT 的工作过程。

（4）下列不同技术有何异同？（可参考课程网站上的补充资料）

①NAT 与路由的比较；②NAT 与代理服务器；③NAT 与 Internet 共享。

## 10.5　项目实训　配置与管理 VPN 服务器和 NAT 服务器

### 一、项目实训目的

- 了解掌握使局域网内部的计算机连接到 Internet 的方法。
- 掌握使用 NAT 实现网络互联的方法。
- 掌握远程访问服务的实现方法。
- 掌握 VPN 的实现。

### 二、项目环境

　　本项目根据如图 10-1 所示的环境来部署 VPN 服务器,根据如图 10-41 所示的环境来部署 NAT 服务器。

### 三、项目要求

　　1. 根据网络拓扑图图 10-1 完成以下任务。

（1）部署架设 VPN 服务器的需求和环境。

（2）为 VPN 服务器添加第 2 块网卡。

（3）安装"路由和远程访问服务"角色。

（4）配置并启用 VPN 服务。

（5）停止和启动 VPN 服务。

（6）配置域用户账户允许 VPN 连接。

（7）在 VPN 端建立并测试 VPN 连接。

（8）验证 VPN 连接。

　　2. 根据网络拓扑图图 10-41 完成以下任务。

（1）部署架设 NAT 服务器的需求和环境。

（2）安装"路由和远程访问服务"角色服务。

（3）配置并启用 NAT 服务。

（4）停止 NAT 服务。

（5）禁用 NAT 服务。

（6）NAT 客户端计算机配置和测试。

（7）外部网主机访问内部 Web 服务器。

（8）配置筛选器。

（9）设置 NAT 客户端。

（10）配置 DHCP 分配器与 DNS 代理。

# 综合实训一

## 一、实训场景

假如你是某公司的系统管理员,现在公司要做一台文件服务器。公司购买了一台某品牌的服务器,在这台服务器内插有 3 块硬盘。

公司有 3 个部门:销售、财务、技术。每个部门有 3 个员工,其中 1 名是其部门经理(另 2 名是副经理)。

## 二、实训基本要求

(1) 在 3 块硬盘上共创建 3 个分区(盘符),并要求在创建分区时,使磁盘实现容错的功能。

(2) 在服务器上创建相应的用户账号和组。

命名规范,如:

用户名:sales-1,sales-2…
组名:sale,tech…

要求用户账号只能从网络访问服务器,不能在服务器本地登录。

(3) 在文件服务器上创建 3 个文件夹分别存放各部门的文件,并要求只有本部门的用户能访问其部门的文件夹(完全控制的权限),每个部门的经理和公司总经理可以访问所有文件夹(读取),另创建一个公共文件夹,使所有用户都能在里面查看和存放公共的文件。

(4) 每个部门的用户可以在服务器上存放最多 500MB 的文件。

(5) 做好文件服务器的备份工作以及灾难恢复的备份工作。

## 三、实训前的准备

进行实训之前,完成以下任务。
(1) 画出网络拓扑图。
(2) 写出具体的实施方案。

## 四、实训后的总结

完成实训后,进行以下工作。
(1) 完善网络拓扑图。
(2) 修改方案。
(3) 写出实训心得和体会。

# 综合实训二

## 一、实训场景

假定你是某公司的系统管理员,公司内有 500 台计算机,现在公司的网络要进行规划和实施,现有条件如下:公司已租借了一个公网的 IP 地址 100.100.100.10 和 ISP 提供的一个公网 DNS 服务器的 IP 地址 100.100.100.200。

## 二、实训基本要求

(1)搭建一台 NAT 服务器,使公司的 Intranet 能够通过租借的公网地址访问 Internet。

(2)搭建一台 VPN 服务器,使公司的移动员工可以从 Internet 访问内部网资源(访问时间:9:00—17:00)。

(3)在公司内部搭建一台 DHCP 服务器,使网络中的计算机可以自动获得 IP 地址访问 Internet。

(4)在内部网中搭建一台 Web 服务器,并通过 NAT 服务器将 Web 服务发布出去。

(5)公司内部用户访问此 Web 服务器时,使用 https,在内部搭建一台 DNS 服务器使 DNS 能够解析此主机名称,并使内部用户能够通过此 DNS 服务器解析 Internet 主机名称。

(6)在 Web 服务器上搭建 FTP 服务器,使用户可以远程更新 Web 站点。

## 三、实训前的准备

进行实训之前,完成以下任务。

(1)画出网络拓扑图。

(2)写出具体的实施方案。

**注意**:在网络拓扑图和方案中,要求公网和私网部分都要模拟实现。

## 四、实训后的总结

完成实训后,进行以下工作。

(1)完善网络拓扑图。

(2)修改方案。

(3)写出实训心得和体会。

# 习题答案

## 项目 1　规划与安装 Windows Server 2008 R2

**1. 填空题**

(1) 基础版、标准版、企业版、数据中心版、Web 版、安腾版

(2) FAT、FAT32、NTFS、NTFS

(3) 升级安装、远程安装、Server Core 安装

(4) 512MB、10GB(基础版)或 32GB(其他)、64

(5) 数字(0~9)、特殊字符

(6) 服务器管理器

(7) 60 天

(8) pagefile. sys

(9) 1.5 倍

(10) 作者模式、用户模式

**2. 选择题**

(1) A　(2) D　(3) B　(4) D　(5) A

**3. 简答题**

(略)

## 项目 2　管理活动目录与用户

**1. 填空题**

(1) 域

(2) DCPROMO

(3) 活动目录

(4) 平等、双向可传递的、活动目录

(5) 域控制器、独立服务器、成员服务器

(6) 域、组织单位(Organizational Unit，OU)、域树、域林

(7) 站点、域控制器、全局编录服务器

(8) 一

(9) %SystemRoot%\Ntds

(10) NETLOGON

(11) 本地用户账户、域用户账户、组账户

(12) 本地组、域组

(13) 非域控制器的"本地安全账户数据库(SAM)"、域控制器的活动目录数据库

(14) 本地域组、全局组、通用组

**2. 选择题**

(1) C　(2) C　(3) C

**3. 判断题**

(1) √　(2) √　(3) √　(4) ×　(5) √　(6) √　(7) ×　(8) √　(9) ×

**4. 简答题**

(1) 答:

① 在一个域中可以有多台域控制器。安装多台域控制器有以下优点。

- 提高用户登录的效率。因为多台域控制器可以同时分担审核用户的工作,可以加快用户的登录速度。当网络内的用户数量较多,或者多种网络服务都需要进行身份认证时,应当安装多台域控制器。

- 提供容错功能。即使其中一台域控制器出错,仍然可以由其他域控制器提供服务,让用户可以正常登录,并提供用户身份认证。

- 无须备份活动目录。域内多台域控制器(Domain Controller,DC)之间可以相互复制和备份。因此,当重新安装其中一台域控制器时,备份活动目录并不是必需的,只需将其从域中删除,再重新安装,并使之回到域中,那么其他 DC 会自动将数据复制到这台 DC 上。也就是说,如果一个域内只有或者只剩下最后一台 DC 时,才有必要而且必须对 AD 进行备份。

② 当网络中有多个域名,而这些域名的名字不连续时,如一个是 ab.com,另一个是 cd.com,要为每个域建立一棵域树。

(2) 答:

活动目录就是 Windows 网络中的目录服务。所谓目录服务,有两方面内容:目录和与目录相关的服务。活动目录是一个分布式的目录服务,信息可以分散在多台不同的计算机上,保证用户能够快速访问,因为多台计算机上有相同的信息,所以在信息容错方面具有很强的控制能力。既提高了管理效率,又使网络应用更加方便。

域是在 Windows NT/2000/2003 网络环境中组建客户机/服务器网络的实现方式。所谓域,是由网络管理员定义的一组计算机集合,实际上就是一个网络。在这个网络中,至少有一台称为域控制器的计算机,充当服务器角色。在域控制器中保存着整个网络的用户账号及目录数据库,即活动目录。构建域后,管理员可以对整个网络实施集中控制和管理。

当需要配置一个包含多个域的网络时,应该将网络配置成域目录树结构。域目录树是一种树形结构。在整个域目录树中,所有域共享同一个活动目录,即整个域目录树中只有一个活动目录。在配置一个较大规模的企业网络时,可以配置为域目录树结构,比如,将企业总部的网络配置为根域,各分支机构的网络配置为子域,整体上形成一棵域目录树,以实现集中管理。

如果网络的规模比域目录树还要大,甚至包含多棵域目录树,这时可以将网络配置为域目录林(也称森林)结构。域目录林由一棵或多棵域目录树组成。域目录林中的每棵域目录树都有唯一的命名空间,它们之间并不是连续的。在整个域目录林中也存在着一个根域,这个根域是域目录林中最先安装的域。

(3) 答:

信任关系是网络中不同域之间的一种内在联系。只有在两个域之间创建了信任关系,这两个域才可以相互访问。在通过 Windows Server 2003 操作系统创建域目录树和域目录林时,域目录树的根域和子域之间,域目录林的不同树根之间都会自动创建双向的、传递的信任关系,有了信任关系,使根域与子域之间、域目录林中的不同树之间可以相互访问,并可以从其他域登录到本域。

(4) 答:

Windows Server 2003 使用 DNS 服务器来登记域控制器的 IP 地址、各种资源的定位等。

(5) 答:

活动目录存放了域目录林中的各种信息,包括用户、组的信息,域的架构等都分别存放在域目录林中的各个域控制器上的活动目录中。

(6) 答:

① 工作组(Work Group)

在一个网络内,可能有成百上千台计算机,如果这些计算机不进行分组,都列在"网上邻居"内,可想而知会有多么乱。为了解决这一问题,Windows 9x/NT/2000/2003 就引用了"工作组"这个概念,将不同的计算机一般按功能分别列入不同的组中,如财务部的计算机都列入"财务部"工作组中,人事部的计算机都列入"人事部"工作组中。要访问某个部门的资源,就在"网上邻居"里找到那个部门的工作组名,双击就可以看到那个部门的计算机了。

那么怎么加入工作组呢? 其实很简单,只需右击你的 Windows 桌面上的"网上邻居",在弹出的快捷菜单出选择"属性"命令,单击"标识",在"计算机名"一栏中填入想好的名字,在"工作组"一栏中填入想加入的工作组名称。

如果输入的工作组名称以前没有,那么相当于新建一个工作组,当然只有你的计算机在里面。计算机名和工作组的长度不能超过 15 个英文字符。可以输入汉字,但是不能超过7 个。"计算机说明"是附加信息,不填也可以,但是最好填上一些这台计算机主人的信息,如"技术部主管"等。单击"确定"按钮后,Windows 提示需要重新启动,按要求重新启动之后,再进入"网上邻居",就可以看到所在工作组的成员了。

一般来说,同一个工作组内部成员相互交换信息的频率最高,所以一进入"网上邻居",首先看到的是所在工作组的成员。如果要访问其他工作组的成员,需要双击"整个网络",就会看到网络上所有的工作组,双击工作组名称,就会看到里面的成员。

也可以退出某个工作组,只要将工作组名称改动即可。不过这样在网上别人照样可以访问你的共享资源,只不过换了一个工作组而已。你可以随便加入同一网络上的任何工作组,也可以离开一个工作组。"工作组"就像一个自由加入和退出的俱乐部一样,它本身的作用仅仅是提供一个"房间",以方便网上计算机共享资源的浏览。

② 域(Domain)

与工作组的"松散会员制"有所不同,"域"是一个相对严格的组织。"域"是指服务器控制网络上的计算机能否加入的计算机组合。

实行严格的管理对网络安全是非常必要的。在对等网模式下,任何一台计算机只要接入网络,就可以访问共享资源,如共享 ISDN 上网等。尽管对等网络上的共享文件可以加访问密码,但是非常容易被破解。在由 Windows 9x 构成的对等网中,数据是非常不安全的。

在"域"模式下,至少有一台服务器负责每一台接入网络的计算机和用户的验证工作,相当于一个单位的门卫一样,称为"域控制器"(Domain Controller,DC)。"域控制器"中包含由这个域的账户、密码、属于这个域的计算机等信息构成的数据库。当计算机连入网络时，域控制器首先要鉴别这台计算机是否是属于这个域的，用户使用的登录账号是否存在、密码是否正确。如果以上信息不正确，域控制器就拒绝这个用户从这台计算机登录。不能登录，用户就不能访问服务器上有权限保护的资源，只能以对等网用户的方式访问 Windows 共享出来的资源，这样就一定程度上保护了网络上的资源。

想把一台计算机加入域，仅仅使它和服务器在"网上邻居"能够相互看到是远远不够的，必须由网络管理员把这台计算机加入域的相关操作。操作过程由服务器端设置和客户端设置构成。

a. 服务器端设置

以系统管理员身份在已经设置好 Active Directory（活动目录）的 Windows Server 2003 上登录，选择"开始"→"程序"→"管理工具"→"Active Directory 用户和计算机"选项，在程序界面中右击 computers（计算机），在弹出的快捷菜单中选择"新建"→"计算机"命令，填入想要加入域的计算机名即可。要加入域的计算机名最好为英文，否则系统会提示中文计算机名可能会引起一些问题。

b. 客户端设置

首先要确认计算机名称是否正确，然后在桌面"网上邻居"上右击，选择"属性"命令出现网络属性设置对话框，确认"主网络登录"为"Microsoft 网络用户"。

选中窗口上方的"Microsoft 网络用户"（如果没有此项，说明没有安装，单击"添加"按钮安装"Microsoft 网络用户"选项）。单击"属性"按钮，出现"Microsoft 网络用户 属性"对话框，选中"登录到 Windows NT 域"复选框，在"Windows NT 域"中输入要登录的域名。

Windows 98 会提示需要重新启动计算机。重新启动后，会出现一个登录对话框，在输入正确的域用户账号、密码以及登录域之后，就可以使用 Windows Server 2003 域中的资源了。注意，这里的域用户账号和密码必须是网络管理员为用户建的那个账号和密码，而不是由本机用户自己创建的账号和密码。如果没有将计算机加入域，或者登录的域名、用户名、密码有一项不正确，就会出现错误信息。

（7）答：

① 本地域组

本地域组的概念是在 Windows Server 2000 中引入的。本地域组主要用于指定其所属域内的访问权限，以便访问该域内的资源。对于只拥有一个域的企业而言，建议选择"本地域组"选项。其特征如下。

- 本地域组内的成员可以是任何一个域内的用户、通用组与全局组，也可以是同一个域内的本地域组，但不能是其他域内的本地组域。
- 本地组域只能访问同一个域内的资源，无法访问其他不同域内的资源。也就是说，当在某台计算机上设置权限时，可以设置同一域内的本地域组的权限，但无法设置其他域内的本地域组的权限。

② 全局组

全局组主要用于组织用户，即可以将多个被赋予相同权限的用户账户加入同一个全局组内。其特征如下。

- 全局组内的成员，只能包含所属域内的用户与全局组，即只能将同一个域内的用户或其他全局组加入全局组内。

- 全局组可以访问任何一个域内的资源，即可以在任何一个域内设置全局组的使用权限，无论该全局组是否在同一个域内。

③ 通用组

通用组可以设置在所有域内的访问权限，以便访问所有域资源。其特征如下。

- 通用组成员可以包括整个域林（多个域）中任何一个域内的用户，但无法包含任何一个域内的本地域组。
- 通用组可以访问任何一个域内的资源，也就是说，可以在任何一个域内设置通用组的权限，无论该通用组是否在同一个域内。

这意味着，一旦将适当的成员添加到通用组，并赋予通用组执行任务的权利和赋予成员适当的访问资源权限，成员就可以管理整个企业。管理企业最有效的方式就是使用通用组，而不必使用其他类型的组。

## 项目 3　配置与管理文件服务器和磁盘

### 1. 填空题

(1) 权限、加密、压缩、磁盘配额

(2) 硬件资源、软件资源

(3) $

(4) 完全控制、更改、读取

(5) 基本磁盘、动态磁盘

(6) 4、4、3

(7) 简单卷(Simple Volume)、跨区卷(Spanned Volume)、带区卷(Striped Volume)、镜像卷(Mirrored Volume)、带奇偶校验的带区卷

(8) convert e：/fs：ntfs

(9) 条带卷 RAID-0、镜像卷(Mirrored Volume)、带奇偶校验的带区卷

(10) 50%、$(n-1)/n$

### 2. 判断题

(1) √　(2) √　(3) √　(4) √　(5) ×　(6) √　(7) √

### 3. 简答题

(1) 答：

在推出 FAT32 文件系统之前，通常 PC 使用的文件系统是 FAT16。像基于 MS-DOS，Windows 95 等操作系统都采用了 FAT16 文件系统。在 Windows 9x 下，FAT16 支持的分区最大为 2GB。我们知道，计算机将信息保存在硬盘上称为"簇"的区域内。使用的簇越小，保存信息的效率就越高。在 FAT16 的情况下，分区越大簇就相应的要增大，存储效率就越低，势必造成存储空间的浪费。并且随着计算机硬件和应用的不断提高，FAT16 文件系统已不能很好地适应系统的要求。在这种情况下，推出了增强的文件系统 FAT32。同 FAT16相比，FAT32 主要具有以下特点。

① 同 FAT16 相比，FAT32 最大的优点是可以支持的磁盘大小达到 2TB(2047GB)，但

是不能支持小于 512MB 的分区。基于 FAT32 的 Windows Server 2000 可以支持分区最大为 32GB;而基于 FAT16 的 Windows Server 2000 支持的分区最大为 4GB。

② 由于采用了更小的簇,FAT32 文件系统可以更有效率地保存信息。如两个分区大小都为 2GB,一个分区采用了 FAT16 文件系统,另一个分区采用了 FAT32 文件系统。采用 FAT16 分区的簇大小为 32KB,而 FAT32 分区的簇只有 4KB 的大小。这样 FAT32 就比 FAT16 的存储效率要高很多,通常情况下可以提高 15%。

③ FAT32 文件系统可以重新定位根目录和使用 FAT 的备份副本。另外,FAT32 分区的启动记录被包含在一个含有关键数据的结构中,减少了计算机系统崩溃的可能性。

NTFS 和 FAT32 分区的区别到底是什么呢? NTFS 和 FAT32 都是目前比较流行的磁盘分区格式,由 FAT→FAT16→FAT32→NTFS,NTFS 功能强大一些。

① NTFS 支持文件加密和分别管理功能(也就是著名的 EFS 加密格式),可为用户提供更高层次的安全保证。

② NTFS 具有更好的磁盘压缩性能,可进一步满足小硬盘用户的需要(读取会慢一些)。

③ NTFS 最大支持高达 2TB (1TB=1024GB)的大硬盘,而且它的性能不会随着磁盘容量的增大而降低。

由此可见,NTFS 格式具有许多独特的优点。不过,它也有一个缺点,那就是该磁盘文件格式不能被除它自己之外的其他操作系统所识别(NT 4.0 也不例外),这就对数据交流造成了一定的影响,也就不支持 DOS 操作系统了,不过还是值得支持。

所以,只使用 Windows Server 2000/2003 的用户应首选使用 NTFS 格式,要是同时使用 Windows Server 2000/2003 和其他操作系统,则应谨慎从事。最好将磁盘划分为多个不同的磁盘分区,将 Windows Server 2000/2003 安装到其中的一个磁盘分区并选择使用 NTFS 格式;将其他操作系统安装到另外的磁盘分区中并使用 FAT 或 FAT32 格式。

下面介绍 NTFS 文件系统。

NTFS 文件系统是一个基于安全性的文件系统,是 Windows NT 所采用的独特的文件系统结构,它是建立在保护文件和目录数据基础上,同时兼顾节省存储资源、减少磁盘占用量的一种先进的文件系统。使用非常广泛的 Windows NT 4.0 采用的就是 NTFS 4.0 文件系统,相信它所带来的强大的系统安全性一定给广大用户留下了深刻的印象。Windows Server 2000 采用了更新版本的 NTFS 文件系统 NTFS 5.0,它的推出使用户不但可以像 Windows 9x 那样方便快捷地操作和管理计算机,同时也可享受到 NTFS 所带来的系统安全性。

NTFS 5.0 的特点主要体现在以下几个方面。

① NTFS 支持的分区(如果采用动态磁盘则称为卷)大小可以达到 2TB。而 Windows Server 2000 中的 FAT32 支持分区的大小最大为 32GB。

② NTFS 是一个可恢复的文件系统。在 NTFS 分区上用户很少需要运行磁盘修复程序。NTFS 通过使用标准的事务处理日志和恢复技术来保证分区的一致性。发生系统失败事件时,NTFS 使用日志文件和检查点信息自动恢复文件系统的一致性。

③ NTFS 支持对分区、文件夹和文件的压缩。任何基于 Windows 的应用程序对 NTFS 分区上的压缩文件进行读/写时不需要事先由其他程序进行解压缩。当对文件进行读取时,文件将自动进行解压缩;文件关闭或保存时会自动对文件进行压缩。

④ NTFS 采用了更小的簇,可以更有效地管理磁盘空间。在 Windows Server 2000 的 FAT32 文件系统的情况下,分区大小在 2~8GB 时簇的大小为 4KB;分区大小在 8~16GB 时簇的大小为 8KB;分区大小在 16~32GB 时簇的大小则达到了 16KB。而 Windows Server 2000 的 NTFS 文件系统,当分区大小在 2GB 以下时,簇的大小都比相应的 FAT32 簇小;当分区大小在 2GB 以上时(2GB~2TB),簇的大小都为 4KB。相比之下,NTFS 可以比 FAT32 更有效地管理磁盘空间,最大限度地避免了磁盘空间的浪费。

⑤ 在 NTFS 分区上,可以为共享资源、文件夹以及文件设置访问许可权限。许可的设置包括两方面的内容:一是允许哪些组或用户对文件夹、文件和共享资源进行访问;二是获得访问许可的组或用户可以进行什么级别的访问。访问许可权限的设置不但适用于本地计算机的用户,同样也适用于通过网络的共享文件夹对文件进行访问的网络用户。与 FAT32 文件系统下对文件夹或文件进行访问相比,安全性要高得多。另外,在采用 NTFS 格式的 Windows Server 2000 中,应用审核策略可以对文件夹、文件以及活动目录对象进行审核,审核结果记录在安全日志中,通过安全日志就可以查看哪些组或用户对文件夹、文件或活动目录对象进行了什么级别的操作,从而发现系统可能面临的非法访问,通过采取相应的措施,将这种安全隐患减到最低。这些在 FAT32 文件系统下,是不能实现的。

⑥ 在 Windows Server 2000 的 NTFS 文件系统下可以进行磁盘配额管理。磁盘配额就是管理员可以为用户所能使用的磁盘空间进行配额限制,每一用户只能使用最大配额范围内的磁盘空间。设置磁盘配额后,可以对每一个用户的磁盘使用情况进行跟踪和控制,通过监测可以标识出超过配额报警阈值和配额限制的用户,从而采取相应的措施。磁盘配额管理功能的提供,使管理员可以方便合理地为用户分配存储资源,避免由于磁盘空间使用的失控可能造成的系统崩溃,提高了系统的安全性。

⑦ NTFS 使用一个"变更"日志来跟踪记录文件所发生的变更。

选取 FAT32 和 NTFS 的建议:在系统的安全性方面,NTFS 文件系统具有很多 FAT32 文件系统所不具备的特点,而且基于 NTFS 的 Windows Server 2000/2003 运行要快于基于 FAT32 的 Windows Server 2000/2003;而在与 Windows 9x 的兼容性方面,FAT32 优于 NTFS。所以在决定 Windows Server 2000/2003 中采用什么样的文件系统时应从以下几点出发。

- 计算机是单一的 Windows Server 2000 操作系统,还是采用多启动的 Windows Server 2000 操作系统;
- 本地安装的磁盘的个数和容量;
- 是否有安全性方面的考虑等。

基于以上的考虑,如果要在 Windows Server 2000/2003 中使用大于 32GB 的分区,那么只能选择 NTFS 格式。如果计算机作为单机使用,不需要考虑安全性方面的问题,更多地注重与 Windows 9x 的兼容性,那么 FAT32 是最好的选择。如果计算机作为网络工作站或更多的追求系统的安全性,而且可以在单一的 Windows Server 2000/2003 模式下运行,强烈建议所有的分区都采用 NTFS 格式;如果要兼容以前的应用,需要安装 Windows 9x 或其他的操作系统,建议做成多启动系统,这就需要两个以上的分区,一个分区采用 NTFS 格式,另一个分区采用 FAT32 格式,同时为了获得最快的运行速度建议将 Windows Server 2000/2003 的系统文件放置在 NTFS 分区上,其他的个人文件则放置在 FAT32 分区中。

（2）答：

EFS 内置于 Windows Server 2008 的 NTFS 文件系统中。利用 EFS 可以启用基于公共密钥的文件级或者文件夹级的保护功能。

新安装系统的管理员账号与原系统尽管名称相同,但它们的公钥与私钥是不一样的,因此无法打开原来加密的文件。

（3）答：

标准 NTFS 权限通常提供了必要的保证资源被安全访问的权限,如果要分配给用户特定的访问权限,就需要设置特殊 NTFS 权限。标准权限可以说是特殊 NTFS 权限的特定组合。特殊 NTFS 权限包含了各种情况下对资源的访问权限,它规定了用户访问资源的所有行为。为了简化管理,将一些常用的特殊 NTFS 权限组合起来并内置到操作系统中形成标准 NTFS 权限。

（4）答：

Write 权限和 Read 权限。

（5）答：

删除和禁用某员工的账号,同时新开账号,并使该账号获得他或她的文件所有权。

（6）答：

拒绝对该文件夹内某文件的 Write 权限。

# 项目 4　配置与管理打印服务器

## 1. 填空题

（1）打印服务器＋打印机、打印服务器＋网络打印机

（2）本地打印机、网络接口打印机

（3）多、1、99

（4）打印机池

（5）Administrators 组、域控制器上的 Print Operator、Server Operator

（6）针式打印设备、喷墨打印设备

（7）共享该打印机

## 2. 选择题

（1）B　（2）A　（3）D　（4）C

## 3. 简答题

（1）答：

① 打印设备:实际执行打印的物理设备,可以分为本地打印设备和带有网络接口的打印设备。根据使用的打印技术,可以分为针式打印设备、喷墨打印设备和激光打印设备。

② 打印机:即逻辑打印机,打印服务器上的软件接口。当发出打印作业时,作业在发送到实际的打印设备之前先在逻辑打印机上进行后台打印。

③ 打印服务器:连接本地打印机,并将打印机共享出来的计算机系统。网络中的打印客户机会将作业发送到打印服务器处理,因此打印服务器需要有较高的内存以处理作业,对于较频繁的或大尺寸文件的打印环境,还需要打印服务器上有足够的磁盘空间以保存打印

假脱机文件。

(2) 答：

最主要的是节省资源、充分利用资源。

(3) 答：

要利用打印优先级系统,需为同一打印设备创建多台逻辑打印机。为每台逻辑打印机指派不同的优先等级,然后创建与每台逻辑打印机相关的用户组。

## 项目5 配置与管理 DNS 服务器

**1. 填空题**

(1) 区域(Zone)

(2) gov

(3) MX

(4) ping、nslookup

(5) 正向查询、反向查询

**2. 选择题**

(1) A (2) A (3) A (4) A (5) C

**3. 简答题**

(1) 答：

按照 DNS 搜索区域的类型,DNS 的区域可分为正向搜索区域和反向搜索区域。正向搜索是 DNS 服务器要实现的主要功能,它根据计算机的 DNS 名称解析出相应的 IP 地址;而反向搜索则是根据计算机的 IP 地址解析出它的 DNS 名称。

① 正向查询

正向查询方式有两种：递归查询和转寄查询。

递归查询：当收到 DNS 工作站的查询请求后,DNS 服务器在自己的缓存或区域数据库中查找,如找到,则返回正确结果;如找不到,则返回错误结果。即 DNS 服务器只会向 DNS 工作站返回两种信息：要么是在该 DNS 服务器上查到的结果,要么是查询失败。该 DNS 服务器不会主动地告诉 DNS 工作站另外的 DNS 服务器的地址,而需要 DNS 工作站自行向该 DNS 服务器询问。"递归"的意思就是有来有往,并且来、往的次数是一致的。一般由 DNS 工作站提出的查询请求便属于递归查询。

转寄查询(又称迭代查询)：当收到 DNS 工作站的查询请求后,如果在 DNS 服务器中没有查到所需数据,该 DNS 服务器便会告诉 DNS 工作站另外一台 DNS 服务器的 IP 地址,然后再由 DNS 工作站自行向此 DNS 服务器查询,以此类推,一直到查到所需数据为止。如果到最后一台 DNS 服务器都没有查到所需数据,则通知 DNS 工作站查询失败。"转寄"的意思就是,若在某地查不到,该地就会告诉你其他地方的地址,让你转到其他地方去查。一般在 DNS 服务器之间的查询请求便属于转寄查询(DNS 服务器也可以充当 DNS 工作站的角色)。

② 反向查询

反向查询的方式与递归查询和转寄查询两种方式都不同,递归查询和转寄查询都是正向查询,而反向查询则恰好相反,它是从客户机收到一个 IP 地址,而返回对应的域名。

(2) 答:

SOA:初始授权记录。

NS:名称服务器记录,指定授权的名称服务器。

A:主机记录,实现正向查询,建立域名到 IP 地址的映射。

CNAME:别名记录,为其他资源记录指定名称的替补。

PTR:指针记录,实现反向查询,建立 IP 地址到域名的映射。

MX:邮件交换记录,指定用来交换或者转发邮件信息的服务器。

(3) 答:

① 安装和管理 DNS 服务器。

② 创建和管理 DNS 区域。

③ 设置 DNS 服务器。

④ 设置 DNS 客户端。

(4) 答:

转发器主要用来帮助解析该 DNS 服务器不能回答的 DNS 查询时可转到另一个 DNS 服务器的 IP 地址。如果服务器是根服务器,则没有转发器属性对话框。

(5) 答:

Windows Server 2000/2003 操作系统在 DNS 客户端和服务器端支持 DNS 动态更新,允许在每个区域上启用或禁用动态更新。默认情况下,DNS 客户端服务在配置用于 TCP/IP 时,将动态更新 DNS 中的主机资源记录。Windows Server 2000/XP/2003 计算机支持动态 DNS,通过动态更新协议,允许 DNS 客户机变动时自动更新 DNS 服务器上的资源记录,而不需要管理员的干涉。除了在 DNS 客户端和服务器之间实现 DNS 动态更新外,还可通过 DHCP 服务器来代理 DHCP 客户机向支持动态更新的 DNS 服务器进行 DNS 记录更新。

**4. 案例分析题**

分析:企业内部员工在访问 Intranet 资源时,使用企业内部的 DNS 服务器提供解析;访问 Internet 时,需要使用 ISP 提供的 DNS 服务器来完成域名解析。

解决办法:使用 DNS 服务器的"转发器"功能,可以很方便地实现用户的需求。在 DNS 服务器的属性对话框中选择"转发器"选项卡。在"所选域的转发器的 IP 地址列表"中添加 ISP 提供的 DNS 服务器的 IP 地址即可。

# 项目 6　配置与管理 DHCP 服务器

**1. 填空题**

(1) DHCPDISCOVER、DHCPOFFER、DHCPREQUEST、DHCPACK

(2) 169.254.0.1~169.254.255.254

(3) 服务器选项、作用域选项、类别选项、保留选项

(4) ipconfig、ipconfig/release、ipconfig/renew

**2. 选择题**

(1) C　(2) B　(3) D　(4) C

### 3. 简答题

（1）答：

优点：减少网络管理员管理 IP 地址的工作量；提高 IP 地址的使用率，节约 IP 地址。

缺点：主机获得的 IP 地址不固定，对于提供网络服务的主机不适用；需要 DHCP 服务器。

DHCP 服务器的工作过程：

① DHCP 客户机发送 IP 租用请求。

② DHCP 服务器提供 IP 地址。

③ DHCP 客户机进行 IP 租用选择。

④ DHCP 服务器 IP 租用认可。

（2）答：

① 备份 DHCP

先停止 DHCP 服务，然后将％systemroot％\system32\dhcp\backup\new 文件夹内的所有内容进行备份，可以备份到其他磁盘、磁带机上，以备系统出现故障时还原。或者直接将％systemroot％\system32\dhcp 文件中的 dhcp.mdb 数据库文件备份出来。

② 还原过程

a. 停止 DHCP 服务。

b. 在％systemroot％\system32\dhcp（数据库文件的路径）目录下删除 j50.log、j50××××.log 和 dhcp.tmp 文件。

c. 将备份的 dhcp.mdb 复制到％systemroot％\system32\dhcp 目录下。

d. 重新启动 DHCP 服务。

### 4. 案例分析题

（1）分析：原因可能是没有获得正确的 IP 地址，因为人事部和财务部一般不设置在一个网段内。用户的计算机搬到财务部后需要重新获得一个 IP 地址。

解决办法：可以根据财务部的 IP 地址范围为用户手动设置一个 IP 地址。最好的方法是选择自动获得 IP 地址，一般情况下企业内部都安装有 DHCP 服务器，可以使用 ipconfig/release 命令，先释放计算机现有的 IP 地址，然后使用 ipconfig/renew 命令重新获得一个新的 IP 地址就可以了。也可以直接使用 ipconfig/renew 命令获得新的 IP 地址。

（2）分析：因为新添加的作用域与 DHCP 服务器不在同一个子网中，所以新建的作用域中的 IP 地址不能自动分配给客户端计算机。

解决办法：创建超级作用域，将所有的作用域都添加到这个超级作用域中。

## 项目 7  配置与管理 Web 服务器和 FTP 服务器

### 1. 填空题

（1）Internet、Intranet、Extranet

（2）虚拟目录

（3）ftp ftp.long.com、ls、anonymous、电子邮件账户

（4）CuteFTP、LeapFTP、FlashFXP

（5）匿名 FTP 身份验证、基本 FTP 身份验证

**2. 选择题**

（1）A　（2）C　（3）A　（4）A

**3. 判断题**

（1）√　（2）√　（3）×　（4）√　（5）√

**4. 简答题**

（1）答：

架设多个 Web 网站可以通过以下 3 种方式实现。

- 使用不同 IP 地址架设多个 Web 网站。
- 使用不同端口号架设多个 Web 网站。
- 使用不同主机头架设多个 Web 网站。

在创建一个 Web 网站时，要根据企业本身现有的条件，如投资的多少、IP 地址的多少、网站性能的要求等，选择不同的虚拟主机技术。

（2）答：

IIS 提供了基本服务，包括发布信息、传输文件、支持用户通信和更新这些服务所依赖的数据存储。

① 万维网发布服务。

② 文件传输协议服务。

③ 简单邮件传输协议服务。

④ 网络新闻传输协议服务。

⑤ 管理服务。

（3）答：

将一台物理主机分割成多台逻辑上的主机使用，这些逻辑上的主机就是虚拟主机。虽然虚拟主机能够节省经费，对于访问量较小的网站来说比较经济实惠，但由于这些虚拟主机共享这台服务器的硬件资源和带宽，在访问量较大时就容易出现资源不够用的情况。

（4）答：

创建基于 Active Directory 隔离用户的 FTP 服务器的具体步骤如下。

① 建立主 FTP 目录与用户 FTP 目录。

以域管理员账户登录到 FTP 服务器 Win2008-1 上，创建 C：\ftproot 文件夹、C：\ftproot\user1 和 C：\ftproot\user2 子文件夹。

② 建立组织单位及用户账户。

③ 创建有权限读取 FTPRoot 与 FTPDir 两个属性的账户。

④ 新建 FTP 站点。

⑤ 在 AD 数据库中设置用户的主目录。

⑥ 测试 AD 隔离用户 FTP 服务器。

# 项目 8　配置与管理远程桌面服务器

**1. 填空题**

（1）Remote Desktop Users

（2）远程桌面协议

（3）两个会话、远程桌面服务

（4）远程桌面服务器、远程桌面服务客户机、远程桌面协议

（5）3389

## 2. 简答题

（1）答：

远程桌面服务功能提供了很多好处。

① 提供了基于图形环境的管理模式。

② 为低端硬件设备提供了访问 Windows Server 2008 桌面的能力。

③ 提供了集中的应用程序和用户管理方式。

（2）答：

"断开"这种方法并不会结束用户在终端服务器已经启动的程序，程序仍然会继续运行，而且桌面环境也会被保留，用户下次重新从远程桌面登录时，还是继续上一次的环境。"注销"这种方式会结束用户在终端服务器上所执行的程序。

（3）答：

在远程桌面的选项中进行设置：选择"选项"→"本地资源"选项卡，选中"磁盘驱动器"复选框。

# 项目9  配置与管理数字证书服务器

## 1. 填空题

（1）私钥

（2）数字签名、公钥信息、数字签名

（3）X.509 V3

（4）公钥基础结构、Public Key Infrastructure

（5）证书颁发机构（CA）、证书认证机构

（6）企业级 CA、独立 CA

（7）Web 浏览器

（8）人工核准并颁发

## 2. 简答题

（1）答：

密码学中两种常见的密码算法为对称密钥算法（单钥密钥算法）和非对称密钥算法（公钥密钥算法）。

① 对称密钥算法

对称密钥算法有时又叫传统密码算法，就是加密密钥能够从解密密钥中推算出来，反过来也成立。在大多数对称密钥算法中，加解密密钥是相同的。这些算法也叫秘密密钥算法或单钥密钥算法，它要求发送者和接收者在安全通信之前，商定一个密钥。对称密钥算法的安全性依赖于密钥，泄露密钥就意味着任何人都能对消息进行加解密。只要通信需要保密，密钥就必须保密。

② 非对称密钥算法

非对称密钥算法是指一个加密算法的加密密钥和解密密钥是不一样的,或者说不能由其中一个密钥推导出另一个密钥。①加解密时采用的密钥的差异:从上述对对称密钥算法和非对称密钥算法的描述中可以看出,对称密钥加解密使用的是同一个密钥,或者能从加密密钥很容易推出解密密钥。②对称密钥算法具有加密处理简单、加解密速度快、密钥较短、发展历史悠久等特点;非对称密钥算法具有加解密速度慢、密钥尺寸大、发展历史较短等特点。

(2) 答:

电子证书又叫数字证书,也称为 Digital ID,它等效于一张数字身份证。数字证书提供了一种在 Internet 上身份验证的方式,是用来标识和证明通信双方身份的数字信息文件,其功能与司机的驾驶照和日常生活中的身份证相似。在网上进行电子商务活动时,交易双方需要使用数字证书来表明自己的身份,并使用数字证书来进行有关交易操作。通俗地讲,数字证书就是个人或单位在 Internet 上的身份证。它由认证权威含有机构(CA),例如"VeriSign,Inc."对某个拥有者的公钥进行核实之后发布。数字证书是由 CA 进行数字签名的公钥。证书通过加密的邮件发送以证明发信人确实和其宣称的身份一致。

(3) 答:

数字证书是由作为第三方的法定数字认证中心(CA)中心签发,以数字证书为核心的加密技术可以对网络上传输的信息进行加密和解密、数字签名和签名验证,确保网上传递信息的机密性、完整性,以及交易实体身份的真实性、签名信息的不可否认性,从而保障网络应用的安全性。

例如,在中国建设银行网上银行系统中有 3 种证书:中国建设银行 CA 认证中心的根证书、中国建设银行网银中心的服务器证书和每个网上银行用户在浏览器端的客户证书。有了这 3 种证书,就可以在浏览器与中国建设银行网银服务器之间建立起 SSL 连接。这样,你的浏览器与中国建设银行网银服务器之间就有了一个安全的加密信道。你的证书可以使与你通信的对方验证你的身份,同样,你也可以用与你通信的对方的证书验证他的身份,而这一验证过程是由系统自动完成的。

(4) 答:

Windows Server 2008 支持两类认证中心:企业级 CA 和独立 CA。每类 CA 中都包含根 CA 和从属 CA。如果打算为 Windows 网络中的用户或计算机颁发证书,需要部署一个企业级 CA,并且企业级 CA 只对活动目录中的计算机和用户颁发证书。

独立 CA 可向 Windows 网络外部的用户颁发证书,并且不需要活动目录的支持。

在建立认证服务之前,选择一种适应需要的认证模式是非常关键的,安装认证服务时可选择 4 种 CA 模式,每种模式都有各自的性能和特性。

(5) 答:

① 安装证书服务并架设企业级 CA。

② 申请和使用证书。

(6) 答:

**说明**:证书服务器和 Web 服务器可以由不同计算机担任。

① 创建 Web 站点,如"我的安全站点"。

② 申请证书。

- 在 Web 服务器中为"我的安全站点"安装证书（依次选择"我的安全站点"→"属性"→"目录安全性"命令，然后在网站上建立证书申请文件）。
- 在 Web 服务器端将申请文件传送到独立 CA。
- 在证书服务器上颁发网站的证书。
- 在 Web 服务器端下载与存储所申请的证书。

③ 在 Web 服务器端安装证书并启用 SSL。

④ 在任何一台计算机上访问已经启用 SSL 的站点"我的安全站点"，并记录在地址栏里所输入的能够访问到站点的信息。

（7）答：

① 颁发证书的过程

认证中心 CA 颁发证书涉及如下 4 个步骤：

- CA 收到证书请求信息，包括个人资料和公钥等。
- CA 对用户提供的信息进行核实。
- CA 用自己的私钥对证书进行数字签名。
- CA 将证书发给用户。

② 证书吊销

证书的吊销使得证书在自然过期之前便宣告作废。作为安全凭据的证书在其过期之前变得不可信任，其中的原因很多。可能的原因包括：

- 证书拥有者的私钥泄露或被怀疑泄露。
- 发现证书是用欺骗手段获得的。
- 证书拥有者的情况发生了改变。

## 项目 10　配置与管理 VPN 服务器和 NAT 服务器

### 1. 填空题

（1）Private Network、虚拟专用网、Network Address Translator、网络地址转换

（2）远程客户端通过 VPN 连接到局域网、两个局域网通过 VPN 互联

（3）PPTP（Point-to-Point Tunneling Protocol，点对点隧道协议）、L2TP（Layer Two Tunneling Protocol，第二层隧道协议）

（4）route print

### 2. 简答题

（1）答：

① 专用地址

要使小型办公室或家庭办公室中的多台计算机能通过 Internet 进行通信，每台计算机都必须有自己的公用地址。IP 地址是有限的资源，为网络中数以亿计的主机都分配公用的 IP 地址是不可能的。因此，NIC 为公司专用网络提供了保留网络 IP 专用的方案。这些专用网络 ID 包括：

- 子网掩码为 255.0.0.0 的 10.0.0.0 地址（一个 A 类的地址）。
- 子网掩码为 255.240.0.0 的 172.160.0.0 地址（一个 B 类的地址）。

- 子网掩码为 255.255.0.0 的 192.168.0.0 地址(一个 C 类的地址)。

这些范围内的所有地址都称为专用地址。局域网(LAN)可根据自己的计算机的多少和网络的拓扑结构进行选择。

② 公用地址

Internet 使用 TCP/IP 协议,所有连入 Internet 的计算机必须有一个唯一合法的 IP 地址,它由 Internet 网络信息中心(NIC)分配。NIC 分配的 IP 地址称为公用地址或合法的 IP 地址。一般的单位或家庭由 Internet 服务提供商(ISP)处申请获得公用合法的 IP 地址,ISP 向 Inter NIC 申请得到某一序列号 IP 地址,然后再租借给用户。

(2) 答:

网络地址转换器 NAT(Network Address Translator)位于使用专用地址的 Intranet 和使用公用地址的 Internet 之间。从 Intranet 传出的数据包由 NAT 将它们的专用地址转换为公用地址。从 Internet 传入的数据包由 NAT 将它们的公用地址转换为专用地址。这样在内部网中计算机使用未注册的专用 IP 地址,而在与外部网通信时使用注册的公用 IP 地址,大大降低了连接成本。同时 NAT 也起到将内部网隐藏起来并保护内部网的作用,因为对外部用户来说只有使用公用 IP 地址的 NAT 是可见的。

(3) 答:

NAT 地址转换协议的工作过程主要有以下 4 步。

① 客户机将数据包发送给运行 NAT 的计算机。

② NAT 将数据包中的端口号和专用的 IP 地址换成它自己的端口号和公用的 IP 地址,然后将数据包发送给外部网的目的主机,同时记录一个跟踪信息在映像表中,以便向客户机发送回答信息。

③ 外部网发送回答信息给 NAT。

④ NAT 将所收到的数据包的端口号和公用 IP 地址转换为客户机的端口号和内部网使用的专用 IP 地址并转发给客户机。

(4) 答:

① NAT 与路由的比较。

- NAT 可将大量未注册的网络内部的专用地址转换为个别的公用地址,降低了网络成本。
- NAT 提供了路由所不支持的网络安全性。
- 因为要进行地址转换,所以 NAT 要比路由占用更多的网络资源,并且不是支持所有的协议。

② NAT 与代理服务器。

- 二者都提供地址转换功能且提供网络的安全性。
- 代理服务器需配置端口,且提供对客户访问数据的缓存功能。

③ NAT 与 Internet 共享。

- NAT 与 Internet 共享功能相同,只是 Internet 共享的配置简单。
- Internet 共享只适用于小型的网络。需要固定的内部 IP 地址、只能使用一个公用 IP 地址,只允许单个内部网接口。

# 参 考 文 献

[1] 杨云.网络服务器搭建、配置与管理——Windows Server[M].2 版.北京：清华大学出版社,2015.

[2] 杨云.网络服务器配置与管理项目教程(Windows & Linux)[M].北京：清华大学出版社,2015.

[3] 杨云.计算机网络项目实训教程[M].北京：清华大学出版社,2014.

[4] 杨云.Windows Server 2012 网络操作系统项目教程[M].4 版.北京：人民邮电出版社,2016.

[5] 杨云.Windows Server 2008 组网技术与实训[M].3 版.北京：人民邮电出版社,2015.

[6] 杨云.Windows Server 2008 网络操作系统项目教程[M].3 版.北京：人民邮电出版社,2015.

[7] 杨云.Windows Server 2003 组网技术与实训[M].2 版.北京：人民邮电出版社,2012.